기초 전자 실험 with PSpice

3판

그림으로 배우는
기초 전기전자 실험서

한빛아카데미
Hanbit Academy, Inc.

지은이 **홍순관** skhong@hj.ac.kr

현재 혜전대학교 전기과 교수로 재직 중이다. 전국 최초로 PCB(전자기판, Printed Circuit Board) 학과를 제안하여 개설했으며 PCB 및 전자 분야의 전공 도서들을 다수 저술했다. 주요 저서로는 『Easy LED : 초보자를 위한 LED 가이드북』(한빛아카데미, 2017), 『디지털 회로 실험 : with PSpice』(한빛아카데미, 2021), 『새로운 PCB 제조기술입문(제7판)』(복두출판사, 2023) 등이 있다.

기초전자실험 with PSpice 3판

초판발행 2023년 2월 28일
5쇄발행 2025년 10월 10일

지은이 홍순관 / **펴낸이** 전태호
펴낸곳 한빛아카데미(주) / **주소** 서울시 서대문구 연희로2길 62 한빛아카데미(주) 2층
전화 02-336-7112 / **팩스** 02-336-7199
등록 2013년 1월 14일 제2017-000063호 / **ISBN** 979-11-5664-635-8 93560

총괄 박현진 / **책임편집** 김평화 / **기획** 김평화 / **편집** 김평화, 심진성 / **진행** 송유림
디자인 박정우 / **전산편집** 임희남 / **제작** 박성우, 김정우
영업 김호철, 김태진, 김성삼, 이정훈, 임현기, 이성훈, 김주성, 심지연

이 책에 대한 의견이나 오탈자 및 잘못된 내용은 출판사 홈페이지나 아래 이메일로 알려주십시오.
파본은 구매처에서 교환하실 수 있습니다. 책값은 뒤표지에 표시되어 있습니다.

홈페이지 www.hanbit.co.kr / 이메일 question@hanbit.co.kr

Published by HANBIT Academy, Inc. Printed in Korea

전기/전자공학의 기초를 실험으로 배운다!

'기초전자실험'은 전기/전자공학을 전공하는 학생들이 처음 배우는 전공 실습과목이다. 이 과목에서 다루는 실험 내용은 회로의 개념을 익힌 선배들이나 교수들에게는 쉬워 보일 수 있지만, 실험을 처음 접하는 학생들에게는 낯설고 어렵게 느껴질 수도 있다. 이 책은 이런 점을 고려하여 '실습조교의 시범을 직접 보는 것 같은 실험서'라는 콘셉트를 가지고 만들었다.

■ 이 책은 다음 질문에 대한 나름의 제안이다

- 전자실험을 처음 접하는 학생들이 어떻게 하면 흥미를 느끼며 실험할 수 있을까?
- 어려워하는 회로 개념과 실습을 어떻게 하면 쉽게 익힐 수 있을까?

■ 해답으로 선택한 방법은 단순하지만 강력하다

- 내용을 직관적으로 이해할 수 있도록 문장을 짧고 명료하게 서술한다.
- 풍부한 그림과 사진을 통해 실제 실험을 보는 것 같이 구성한다.
- 책에 제시된 실험 과정을 따라 하면서 직접 회로를 꾸미고 측정할 수 있도록 한다.
- 주요 내용과 실험을 쉽게 익힐 수 있도록 동영상을 제공한다.

이 책은 2011년에 초판이 출간된 이후 쉬운 실험서라는 특성과 PSpice를 활용하는 장점으로 많은 지지를 받았다. 그리고 2016년에 출간된 개정판에서는 전기/전자공학의 기초를 익히는 데 필요한 몇몇 실험들을 추가하고, 이론과 실험 내용을 보완했다. 이번 3판에서는 '커패시터와 인덕터의 전기 에너지 저장'에 관한 실험을 추가하고, 이론과 실험 내용도 새롭게 기술했다. 아울러 실험에서 다루는 실습 장비를 새롭게 바꾸었고, PSpice 프로그램은 17.2 버전으로 업그레이드했다.

감사의 글

이 책의 초판이 출간된 이래 '실습조교의 시범을 직접 보는 것 같은 실험서'라는 콘셉트를 지지해준 모든 분들에게 감사를 드립니다. 이번 3판에서 새롭게 기술된 내용과 추가된 실험을 통해 전자실험을 처음 접하는 학생들이 흥미를 가지고 공부하는 데 도움이 되기를 바랍니다. 원고를 함께 검토해주고, 책의 내용을 충실하게 만들어준 한빛아카데미(주)에 감사드립니다.

지은이 **홍순관**

미리보기

실험 01

저항

1.1 실험 목표

- 저항의 종류를 구별하고, 특성을 설명할 수 있다.
- 컬러코드를 보고 저항값을 읽을 수 있다.
- 디지털 멀티미터로 저항값을 측정할 수 있다.

1.2 기초 이론

저항(Resistor)은 회로에서 전류의 흐름을 억제하는 전자부품이다. 저항은 R로 표시하며, 단위는 옴([Ω], ohm)이다. 저항은 재료의 종류와 크기에 따라 그 값이 달라지며, 이러한 성질을 이용하여 다양한 용량의 저항을 만든다. [그림 1-1]과 같은 원통형 저항에서 저항값 R은 식 (1.1)과 같다. 이 식에서 A는 단면적, l은 길이, ρ는 재료 고유의 저항률(Resistivity)이다.

$$R = \rho\frac{l}{A} \tag{1.1}$$

실험 목표

해당 실험의 목표를 소개한다.

기초 이론

실험과 연계된 이론과 지식을 설명한다.

■ **권선 저항**

권선 저항(Wire Wound Resistor)은 금속선을 세라믹 봉에 감아서 만들며, 금속선의 길이와 굵기를 조절하여 정밀한 저항을 만들 수 있다. 다만, 금속선을 사용하므로 값이 큰 저항은 만들기 어려우며, 주로 대전력용 저항으로 만들어진다. 권선 저항에는 몸체를 법랑으로 덮은 할로우(Hollow) 저항과, 저항체를 세라믹 케이스에 넣고 시멘트로 감싼 시멘트(Cement) 저항이 있다.

[그림 1-6]은 할로우 저항(10[W], 47[Ω])과 시멘트 저항(10[W], 15[Ω])을 보여준다.

3 나선형 홈의 간격에 따라 저항값이 달라진다. 예를 들어, 홈의 간격이 넓어지면 탄소피막의 길이가 짧아져 저항값이 작아진다(식 (1.1) 참조).
4 1.2.2절의 '컬러코드'를 참고하라.

각주

본문에 대한 참고 내용을
페이지 하단에 제시한다.

PSpice 시뮬레이션

시뮬레이션을 통해 실험 결과를
확인하고 검토한다.

5.4 PSpice 시뮬레이션

[그림 5-4]의 회로를 시뮬레이션하여 전체 전류 I와 가지 전류 I_1, I_2, I_3를 구해보자. 시뮬레이션 설정은 [표 5-3]과 같다.

[표 5-3] 시뮬레이션 설정

시뮬레이션 목적		전체 전류 I와 가지 전류 I_1, I_2, I_3 구하기
대상 회로		[그림 5-4]
시뮬레이션 설정	Analysis Type	Time Domain(Transient)
	Options	General Settings
	Run to time	40[ms]

시뮬레이션 설정

[그림 5-5]는 [표 5-3]에 맞춰 설정한 시뮬레이션 설정 화면이다.

여기서 잠깐

본문 내용 중에서 보충설명이
필요한 내용을 소개한다.

전류의 방향 여기서 잠깐

전기를 본격적으로 연구하던 18세기, 과학자들은 도선을 통해 전류가 흐르는 것은 알았지만 그 방향은 알 수 없었다. 이에 과학자들은 물이 높은 곳에서 낮은 곳으로 흐르듯 전류도 (+)에서 (−)로 흐른다고 방향을 정했다.

그런데 19세기 말 톰슨(Thomson)의 음극선 실험을 통해 전류란 (−) 전기를 띤 전자의 이동에 의한 것임을 알게 되었다. 즉 전류는 (−)에서 (+)로 흐르고 있었던 것이다. 그런데 오랫동안 알고 있던 전류의 방향을 반대로 할 경우 혼란이 생길 것을 걱정한 과학자들은 처음에 정한 전류의 방향을 그대로 사용하기로 결정했다.

결국 전류는 (+)에서 (−)로 흐르고, 전자는 (−)에서 (+)로 이동하는 것으로 방향이 정리되면서 전류와 전자의 이동 방향이 반대가 되었다.

실험 따라하기

실험을 보다 수월하게 진행할 수 있도록
실험 과정을 사진과 함께 상세히 설명한다.

실험 따라하기 **전압 및 전류 측정([그림 2-16])**

1 실험에 사용할 저항을 확인한다. $R_1 = 200[\Omega]$, $R_2 = 330[\Omega]$, $R_3 = 470[\Omega]$이다.

2 [그림 2-16]의 회로도를 따라서 다음과 같이 브레드보드에 실험 회로를 구성한다. 또한 직류전원 공급장치로 $V = 5[\text{V}]$를 공급한다.

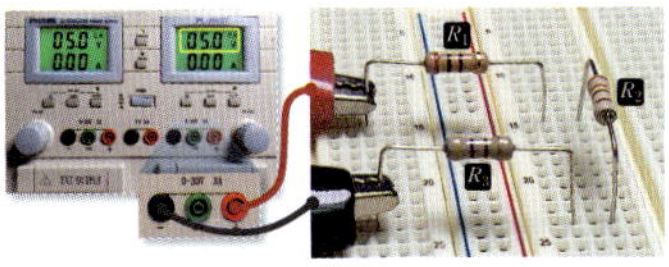

3 멀티미터를 직류전압 측정모드로 설정하고, 저항 $R_1 \sim R_3$에 걸린 전압 V_{R_1}, V_{R_2}, V_{R_3}를 측정하여 [표 2-1]의 '실험 과정 3'에 기록한다.

실험 동영상

QR 코드를 통해 실험 동영상을 바로
확인할 수 있도록 한다.

TIP

실험 시 주의해야 할 점이나 요령을 알려준다.

18.3.1 RC 직렬회로의 위상차

1 [그림 18-10]의 실험 회로를 구성하라. 저항 $R = 1[\text{k}\Omega]$, 커패시터 $C = 22[\text{nF}]$이다.

2 교류전원 v로 $20[\text{V}_{\text{PP}}]$, $30[\text{kHz}]$의 정현파를 인가하라.

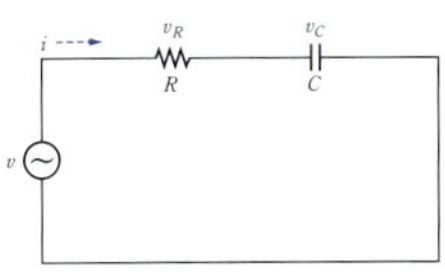

[그림 18-10] 실험 회로(RC 직렬회로)

실험 동영상

3 오실로스코프의 채널 1로 v_R을, 채널 2로 v_C를 동시에 측정하여 화면에 표시되도록 하라. 이때 채널 1에 연결한 프로브의 접지 단자는 회로에서 떼어낸다.

Tip 이렇게 해야 채널 2에 연결한 프로브의 메인 팁이 채널 1의 접지 단자를 통해 오실로스코프 본체의 접지와 연결되지 않아 채널 2의 파형이 표시된다.

셀프 테스트

간단한 문제를 제시하여 본문과 실험에서 다룬
주요 내용을 스스로 확인할 수 있도록 한다.

셀프 테스트

(1) 원통형 저항의 저항값은 원통의 길이에 (비례, 반비례)하고, 단면적에는 (비례, 반비례)한다.
(2) 대전력용으로 주로 사용되며 금속선을 감아서 만드는 저항은 무엇인가?
① 금속피막 저항 ② 권선 저항 ③ 어레이 저항 ④ 탄소피막 저항
(3) 같은 크기의 저항을 회로의 여러 곳에 연결할 때 효율적인 저항은 무엇인가?
① 칩 저항 ② 가변저항 ③ 어레이 저항 ④ 할로우 저항
(4) 3개의 단자(ⓐ, ⓑ, ⓒ)를 가진 $5[\text{k}\Omega]$의 가변저항에서 ⓑ~ⓒ 단자 사이의 저항이 $2[\text{k}\Omega]$이라면, ⓐ~ⓑ 단자 사이의 저항은 얼마인가?
(5) 정밀 저항에 사용되는 컬러코드는 (4개, 5개)의 컬러 띠를 사용한다.
(6) 컬러 띠가 4개일 때 승수는 (두 번째, 세 번째, 네 번째)이다.
(7) 어떤 저항의 마지막 컬러 띠가 갈색이라면, 이 저항의 오차는 ($\pm1[\%]$, $\pm5[\%]$, $\pm10[\%]$)이다.
(8) 다음 중에서 멀티미터로 측정할 수 없는 것은 무엇인가?
① 전류 ② 전압 ③ 전력 ④ 저항

예비학습

다음 실험에서 다룰 주요 내용을
미리 학습할 수 있도록 한다.

예비학습

(1) 전압과 전류에는 AC(교류)와 DC(직류)가 있다.
- AC와 DC의 차이점을 설명하라.
- AC와 DC는 우리 주변에서 각각 어떻게 사용되는지 조사하라.

(2) 전압과 전류를 측정할 때 멀티미터의 내부저항이 어떻게 달라지는지 조사하라.

이 책은 크게 3개의 PART로 구성되어 있다. 목차는 일반적인 회로이론 교재에 맞추려고 노력했으나, 교재에 따라 다를 수 있으므로 사용하는 교재에 맞춰 학습하기 바란다.

PART 01 _ 기초 및 직류 실험

실험 과목을 처음 접하는 학생들을 위해 실험에 대한 기초 지식과 브레드보드 사용법, 멀티미터로 저항과 전류 및 전압을 측정하는 방법을 실험한다. 또한 PSpice를 이용한 회로 시뮬레이션 방법을 자세하게 살펴보고, 옴의 법칙과 같은 간단한 회로 법칙들을 실험하여 직류회로의 특성을 익힌다.

PART 02 _ 회로망 실험

회로망을 이해하는 데 중요한 테브난의 등가회로와 노턴의 등가회로 및 중첩의 원리를 실험한다. 또한 전원이나 앰프와 같은 능동회로의 출력(전력)을 부하에 손실 없이 전달하기 위한 최대전력 전달조건을 실험한다.

PART 03 _ 교류 실험

교류회로에서 가장 중요한 소자는 커패시터와 인덕터이다. PART 03의 모든 실험은 커패시터 및 인덕터와 관련이 있다. 먼저 교류 실험에 쓰이는 실습 장비인 오실로스코프와 파형발생기의 사용법을 익히고, 커패시터와 인덕터의 기본 특성을 실험한다. 이어서 R, L, C로 구성되는 기본 회로들인 미분 및 적분회로를 실험한다. 그리고 RC 및 RL 직렬/병렬회로의 특성과 RLC 직렬/병렬회로의 공진 특성을 실험한다.

이 책에서는 실험을 마친 후에 실험 회로를 시뮬레이션하면서 기초 이론을 한 번 더 복습하고, 실험 결과를 확인하고 검토할 수 있도록 구성했다. 아래에 각 실험에서 실습할 수 있는 PSpice 시뮬레이션 주제를 정리했다(실험 01, 02, 07, 12, 15는 제외).

실험	시뮬레이션 주제
실험 03	PSpice의 기본적인 사용법
실험 04	옴의 법칙 확인
실험 05	병렬회로의 전체 전류와 가지 전류 측정
실험 06	키르히호프의 전압법칙 확인
실험 08	테브난 등가회로의 정확성(등가성) 확인
실험 09	노턴 등가회로의 정확성(등가성) 확인
실험 10	중첩의 원리 확인
실험 11	최대전력 전달조건 확인
실험 13	커패시터에 따른 용량성 리액턴스의 변화 확인
실험 14	주파수에 따른 유도성 리액턴스의 변화 확인
실험 16	휘스톤 브리지의 활용
실험 17	RC 미분회로의 동작 확인
실험 18	RC 직렬회로의 전압 위상차 확인
실험 19	RL 병렬회로의 전류 위상차 확인
실험 20	RLC 직렬회로의 공진 특성 확인

이 책은 회로이론 과목과 병행하여 학습하는 것이 바람직하다. 이 책은 모두 20개의 실험으로 구성되어 있으며, 차례대로 학습하는 것이 좋다. 다만, 전공 특성에 따라 필요한 실험을 선택하거나 연관성이 높은 실험을 묶어 학습할 수도 있다. 실습과목을 처음 접하는 학생들을 생각하여 실습 장비(디지털 멀티미터, 직류전원 공급장치, 파형발생기, 오실로스코프 등)의 사용법도 관련 실험에 포함하여 다루었다. 이 책에서 다루는 실습 장비의 규격과 특징은 부록(Appendix)을 참조하라.

실험 따라하기와 실험 동영상

이 책에서는 주요 실험에 대한 '실험 따라하기'와 '실험 동영상'을 제공한다. 실험 따라하기와 실험 동영상의 내용은 실험 회로에 사용되는 부품 설명, 회로 구성 및 배선 과정, 동작 확인의 순서로 구성했다.

실험 따라하기 목록

[PART 01]

- 실험 02 : 전압 및 전류 측정([그림 2-16])
- 실험 04 : 옴의 법칙($I = \frac{V}{R}$)([그림 4-3])
- 실험 05 : 병렬회로([그림 5-4])
- 실험 06 : 키르히호프의 전류법칙([그림 6-4])

[PART 02]

- 실험 09 : 기본 회로([그림 9-7])와 노턴 등가회로([그림 9-8])

[PART 03]

- 실험 15 : 인덕터의 에너지([그림 15-6])

실험 동영상 목록

실험 따라하기 동영상은 다음 링크에서 확인할 수 있다.

https://www.youtube.com/한빛아카데미TV

[PART 01]

- 실험 01 : 컬러코드로 저항 읽기
- 실험 03 : PSpice를 이용한 회로 시뮬레이션([그림 3-6] ~ [그림 3-29])
- 실험 05 : 직렬회로([그림 5-3])

[PART 02]

- 실험 10 : 중첩의 원리([그림 10-8])
- 실험 11 : 최대전력 전달조건 시뮬레이션([그림 11-3])

[PART 03]

- 실험 12 : 오실로스코프 사용법
- 실험 13 : 시정수 측정([그림 13-19])
- 실험 15 : 인덕터의 에너지([그림 15-6])
- 실험 18 : RC 직렬회로의 위상차([그림 18-10])
- 실험 20 : RLC 직렬회로([그림 20-8])

강의 보조 자료

한빛아카데미 홈페이지에서 '교수회원'으로 가입하신 분은 인증 후 교수용 강의 보조 자료를 제공받을 수 있습니다. 한빛아카데미 홈페이지 상단의 〈교수전용공간〉 메뉴를 클릭하세요.

http://www.hanbit.co.kr/academy

온라인 자료 안내

이 책의 〈셀프 테스트 정답〉과 〈실험 보고서 예시〉는 다음 경로에서 내려받을 수 있습니다.

한빛아카데미 홈페이지 접속 → [도서명] 검색 → 도서 상세 페이지의 [부록/예제소스]

참고 문헌

1. 김현후, 전자부품(수동부품), 내하출판사, 2004
2. 김현후, 전자부품(기구부품), 내하출판사, 2006
3. 김능연 외 3인, 전기 전자 및 통신공학도를 위한 기초실험, 문운당, 2008
4. 최평 외 3인, PSpice 기초와 활용(Ver 16.0), 복두출판사, 2008
5. 백주기, 공학도를 위한 기초회로실험, 성안당, 2010
6. 전광일, PSpice를 이용한 기초 회로 해석, 복두출판사, 2012
7. 최윤식, 기초 회로이론(개정 2판), 한빛아카데미, 2017
8. 박송배, 알기 쉬운 회로이론, 문운당, 2018
9. 전기/전자공학 정보 사이트(http://www.allaboutcircuits.com)
10. 선형 홀 센서 가이드 사이트(https://www.electroschematics.com/linear-hall-sensor/)
11. Basic Electronics Tutorials(http://www.electronics-tutorials.ws)

목차

PART 03 교류 실험

들어가기 전에

기초 지식

1 실험 목적

전자공학은 응용 학문이므로 이론과 실험을 함께 배우면 이해의 폭을 넓힐 수 있고, 실험하는 과정에서 자연스럽게 실무 능력도 높일 수 있다. 실험 목적을 구체적으로 살펴보면 다음과 같다.

- 이론으로 배운 전기/전자공학의 원리를 실험을 통해 쉽게 이해하고 활용할 수 있다.
- 전자공학에서 사용하는 각종 전자부품의 특성을 이해하고, 실습 장비의 사용법을 익힐 수 있다.
- 체계적이고 합리적인 과제수행 방법을 배울 수 있다.
- 실험 중 발생하는 문제를 해결하는 과정에서 자연스럽게 과제수행 능력을 기를 수 있다.
- 실험 내용을 정리하고 실험 결과를 검토하면서 보고서를 체계적으로 작성할 수 있게 된다.
- 조원들과 함께 실험하면서 협력을 통해 과제를 수행하고 결과를 얻는 능력을 기를 수 있다.

2 실험 시 주의사항

전자공학의 실험은 다양한 실습 장비와 부품을 사용하므로 실험 전후에 주의할 점이 많다. 주의사항을 지키지 않으면 실험 목적을 달성하기 어렵고, 올바른 실험 결과도 얻을 수 없다.

- 실험은 경험하며 체득하는 과정이므로 부품 준비와 확인, 회로 구성, 실습 장비 준비와 측정 등의 과정에 직접 참여해야 한다.
- 실험 전에 기본적인 이론과 실습 장비 사용법을 충분히 익혀야 한다.
- 각종 실습 장비와 도구에 과부하가 걸리지 않도록 유의하고, 감전에 주의해야 한다.
- 실험 회로는 반드시 전원을 차단한 상태에서 구성해야 하고, 잘못 구성한 곳은 없는지 확인한 후에 전원을 공급해야 한다.
- 실습 장비와 시설은 공동으로 사용하므로 사용 후에는 원래 위치와 상태로 정리해야 한다.

3 실험 보고서의 작성

실험 보고서를 작성하면서 결과를 정리하고, 실험 중 발생한 문제의 원인이나 오차를 살펴보는 것은 실험 내용을 본인의 지식으로 만들 수 있는 중요한 과정이다. 실험 보고서에는 다음의 내용을 포함시키는 것이 좋다.

- 실험 주제, 제출일, 소속 및 성명, 공동 실험자
- 실험과 관련된 기초 이론(요약)
- 실험 회로, 실습 장비, 사용한 부품
- 실험 결과 : 결과를 기록한 표, 그래프 등
- 결과 검토 : 실험 결과 분석, 오차 발생 이유, 관련 문제 풀이 등
- 기타 : 배운 점, 실험 중 발생한 문제와 해결 과정, 기타 제안사항 등

4 실험 결과의 정리

실험 결과를 정리하려면 오차와 유효숫자, 각종 단위에 대해 알아야 한다. 여기에서 유효숫자와 오차 및 단위에 대해 살펴보자.

유효숫자

유효숫자란 '의미를 가지는 숫자'를 말한다. 실험을 통해 얻은 측정값과 계산값은 유효숫자의 개념을 적용하여 정리해야 한다.

유효숫자의 개수

어떤 수에서 유효숫자의 개수는 0이 아닌 정수의 수를 말하며, 숫자 중간에 오는 0과 소수점 아래의 끝자리에 있는 0은 유효숫자에 포함된다.

예 1.005의 유효숫자의 개수는? 4개(1, 0, 0, 5)
0.012의 유효숫자의 개수는? 2개(1, 2)
0.01200의 유효숫자의 개수는? 4개(1, 2, 0, 0)

연산에서의 유효숫자

덧셈과 뺄셈은 계산에 사용한 숫자 중에서 소수점 아래의 자리수가 가장 작은 숫자에 맞춘다.

> 예 $12.46+3.4=15.86 \rightarrow 15.9$(3.4에 맞추어 반올림)
> $12.345+3.41=15.755 \rightarrow 15.76$(3.41에 맞추어 반올림)

곱셈과 나눗셈은 계산에 사용한 숫자 중에서 유효숫자의 수가 가장 작은 숫자에 맞춘다.

> 예 $2.46 \times 2.1=5.1666 \rightarrow 5.2$(2.1에 맞추어 반올림)
> $2.46 \times 2=4.92 \rightarrow 5$(2에 맞추어 반올림)

예를 들어, 전압이 17.4[V]이고 전류가 2.3[A]이면, 저항은 다음과 같이 계산한다.

$$R=\frac{V}{I}=\frac{17.4}{2.3}=7.56521\cdots \rightarrow 7.6[\Omega]$$

즉 유효숫자가 2개인 2.3[A]에 맞추어 소수점 아래 두 번째 자리에서 반올림한다.

오차

실습 장비로 측정한 값은 아무리 주의를 기울여도 오차(e, Error)가 발생하기 마련이다. 오차는 '측정값 M과 참값 T(실험에서는 이론값)의 차이'이며, $e=M-T$로 주어진다.

백분율 오차([%]오차)는 다음의 식으로 계산한다.

$$[\%]\text{오차}=\frac{M-T}{T}\times 100[\%]$$

단위

전기/전자 및 통신 분야에서는 주로 MKS(Meter · Kilogram · Second) 단위계를 사용한다. 실험에서 자주 사용하는 단위를 [표 1]에 정리했다.

[표 1] MKS 단위계

물리량	단위	표시
저항	Ohm	[Ω]
전도도(컨덕턴스)	Siemens	[S]
	Mho	[℧]
전류	Ampere	[A]
전압(전위차)	Volt	[V]
전하량	Coulomb	[C]
커패시터의 용량(커패시턴스)	Farad	[F]
인덕터의 용량(인덕턴스)	Henry	[H]
주파수	Hertz	[Hz]
전력	Watt	[W]
에너지	Joule	[J]
자속(자기량)	Weber	[Wb]

[표 2]에는 MKS 단위계에 붙여서 사용하는 배수 접두어를 정리했다.

[표 2] 단위의 배수 접두어

지수값	접두어	약호	지수값	접두어	약호
10^3	Kilo	k	10^{-3}	Milli	m
10^6	Mega	M	10^{-6}	Micro	μ
10^9	Giga	G	10^{-9}	Nano	n
10^{12}	Tera	T	10^{-12}	Pico	p
10^{15}	Peta	P	10^{-15}	Femto	f
10^{18}	Exa	E	10^{-18}	Atto	a

5 PSpice 활용

이 책에서는 PSpice 프로그램에 의한 시뮬레이션으로 실험 결과를 확인하고, 기초 이론과 회로 동작을 복습할 수 있다. 주어진 실험 내용 외에 부품값을 바꾸거나 회로 연결을 변경하면서 시뮬레이션을 연습해보자. 실제 실험에서는 단시간에 얻기 어려운 실험 결과도, 시뮬레이션을 이용하면 쉽게 얻을 수 있으므로 실험에 대해 좀 더 깊이 있게 학습할 수 있다.

PART 01

기초 및 직류 실험

PART 01에서는 컬러코드로 저항을 읽는 방법을 익히고, 직류회로의 기본 회로법칙(옴의 법칙, 직렬과 병렬연결, 키르히호프의 법칙)을 실험한다. 이를 위해 브레드보드에 실험 회로를 구성하는 요령, 디지털 멀티미터로 저항과 전류 및 전압을 측정하는 방법을 배운다. 특별히 [실험 03]에서는 PSpice 시뮬레이션 방법을 다루는데, 이를 이용하여 실험 결과를 모의실험(시뮬레이션)해볼 수 있다.

실험 01

저항

1.1 실험 목표

- 저항의 종류를 구별하고, 특성을 설명할 수 있다.
- 컬러코드를 보고 저항값을 읽을 수 있다.
- 디지털 멀티미터로 저항값을 측정할 수 있다.

1.2 기초 이론

저항(Resistor)은 회로에서 전류의 흐름을 억제하는 전자부품이다. 저항은 R로 표시하며, 단위는 옴([Ω], ohm)이다. 저항은 재료의 종류와 크기에 따라 그 값이 달라지며, 이러한 성질을 이용하여 다양한 용량의 저항을 만든다. [그림 1-1]과 같은 원통형 저항에서 저항값 R은 식 (1.1)과 같다. 이 식에서 A는 단면적, l은 길이, ρ는 재료 고유의 저항률(Resistivity)이다.

$$R = \rho \frac{l}{A} \tag{1.1}$$

식 (1.1)로부터 저항값 R은 재료의 저항률 및 길이에 비례하고, 단면적에 반비례함을 알 수 있다.

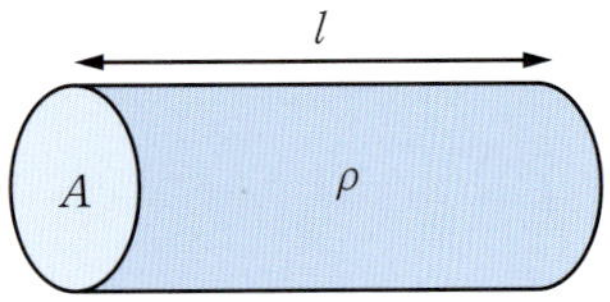

[그림 1-1] 원통형 저항

1.2.1 저항의 종류

저항은 저항값을 바꿀 수 없는 고정저항(Fixed Resistor)과 바꿀 수 있는 가변저항(Variable Resistor)으로 구분한다. 이외에 재료와 모양, 전력 용량에 따라서도 구분한다.

[그림 1-2]는 고정저항과 가변저항의 회로 기호(Symbol)이다. 가변저항은 여러 가지 모양으로 표시되지만 공통적으로 저항값을 바꿀 수 있음을 표현하고 있다.

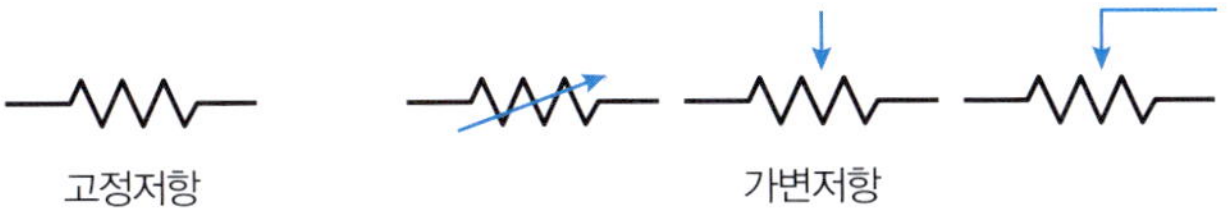

[그림 1-2] 저항의 회로 기호

고정저항

고정저항은 여러 가지 재료를 사용하여 만들며, 전력 용량에 따라 크기가 다르다. 또한 저항값을 바꿀 수 없는 대신에 다양한 값을 가진 저항을 만들어 사용한다.

■ 탄소피막 저항

탄소피막 저항(Carbon Film Resistor)은 일반적인 용도로 가장 많이 사용되는 저항이며 가격도 싸다. 다만, 잡음이 많이 발생하기 때문에 작은 신호를 증폭할 때는 사용하지 않는다.

[그림 1-3]은 탄소피막 저항의 예로, 위에서부터 2[W], 1[W], 1/2[W], 1/4[W]의 전력 용량을 가지고 있다.[1] 전력 용량이 클수록 크기가 크지만 숫자로 값을 표시하기에는 크기가 작다. 이 때문에 대부분의 저항은 [그림 1-3]과 같이 여러 개의 띠로 이루어진 컬러코드로 값을 표시한다.[2]

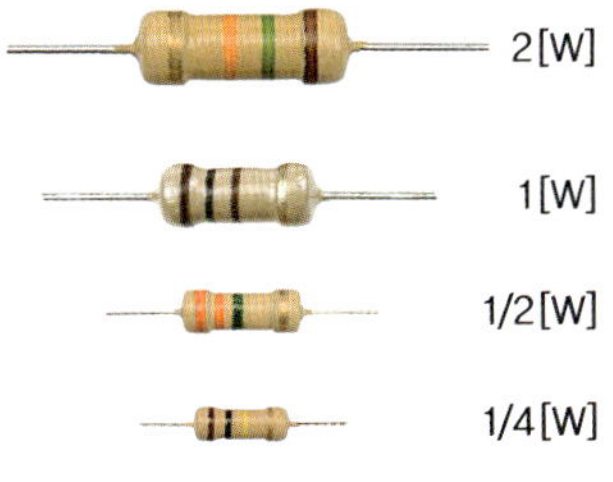

[그림 1-3] 탄소피막 저항

1 그림에 보이는 크기가 실제 저항의 크기이다.
2 컬러코드는 1.2.2절에서 설명한다.

탄소피막 저항은 [그림 1-4]와 같이 세라믹 봉에 나선형의 탄소피막을 형성하여 만든다. 나선형 홈은 저항값을 조절하는 역할을 한다.[3] 세라믹 봉의 양끝에는 리드선이 붙어 있다.

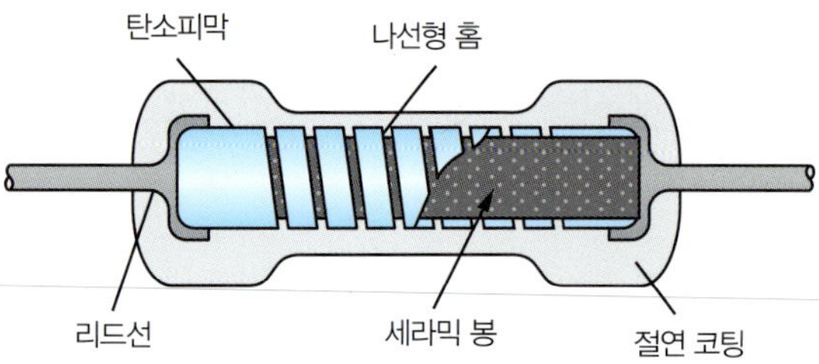

[그림 1-4] 탄소피막 저항

■ 금속피막 저항

금속피막 저항(Metal Film Resistor)은 탄소피막 저항과 같은 방법으로 만들며, 탄소 대신에 니켈, 크롬과 같은 금속피막을 사용한다. 탄소피막 저항보다 온도에 따른 저항값 변화가 적고 잡음에도 강하다. 금속피막 저항은 주로 정밀 저항[4]으로 만들어지며, [그림 1-5]와 같이 대부분 푸른 바탕색을 가지고 있다.

[그림 1-5] 금속피막 저항

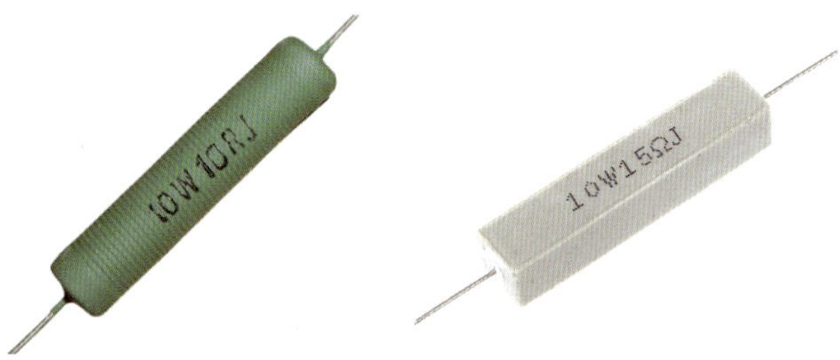

할로우 저항 시멘트 저항

[그림 1-6] 권선 저항

■ 권선 저항

권선 저항(Wire Wound Resistor)은 금속선을 세라믹 봉에 감아서 만들며, 금속선의 길이와 굵기를 조절하여 정밀한 저항을 만들 수 있다. 다만, 금속선을 사용하므로 값이 큰 저항은 만들기 어려우며, 주로 대전력용 저항으로 만들어진다. 권선 저항에는 몸체를 법랑으로 덮은 할로우(Hollow) 저항과, 저항체를 세라믹 케이스에 넣고 시멘트로 감싼 시멘트(Cement) 저항이 있다. [그림 1-6]은 할로우 저항(10[W], 47[Ω])과 시멘트 저항(10[W], 15[Ω])을 보여준다.

3 나선형 홈의 간격에 따라 저항값이 달라진다. 예를 들어, 홈의 간격이 넓어지면 탄소피막의 길이가 짧아져 저항값이 작아진다(식 (1.1) 참조).

4 1.2.2절의 '컬러코드'를 참고하라.

■ 칩 저항

칩 저항(Chip Resistor)은 리드선 대신에 평평한 전극이 만들어져 있는 칩 모양의 저항으로, 부품을 기판 표면에 붙이는 표면실장(Surface Mounting)이 가능하다.[5] [그림 1-7]은 칩 저항 및 기판에 실장된 칩 저항의 모습이다. 칩 저항은 크기도 작고 리드선 없이 표면에 실장할 수 있어서 실장 밀도와 신뢰도를 높일 수 있다. 칩 저항에 표시된 '0805'는 칩 저항의 크기이다.[6]

칩 저항

기판에 실장된 칩 저항

[그림 1-7] 칩 저항

■ 어레이 저항

어레이 저항(Array Resistor)은 같은 저항 여러 개를 묶어 일체형으로 만든 저항이다. [그림 1-8]은 어레이 저항의 모습으로 위쪽은 외형, 아래쪽은 내부의 저항 연결도이다. [그림 1-8]의 어레이 저항은 220[Ω][7]의 저항 9개가 연결되어 있으며, 맨 왼쪽의 'C'로 표시된 것이 공통 리드선이다.

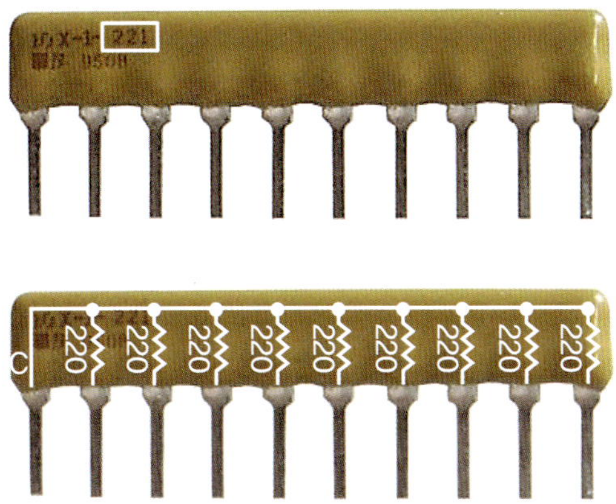

[그림 1-8] 어레이 저항

5 저항 재료는 SiO_2, RuO_2, CuNi 등이다.

6 0805는 0.08(길이) × 0.05(너비)를 나타내며, 단위는 [inch]이다. 이를 [mm]로 환산하면 2.0×1.25가 된다. 참고로 0.01[inch]는 약 0.25[mm]이다.

7 [그림 1-8]에서 '221'의 숫자를 확인할 수 있으며, 22는 저항값을, 1은 승수를 나타낸다. 이를 적용하면 '221'은 '$22 \times 10^1 = 220$[Ω]'이 된다.

공통 전원을 저항을 거쳐 회로의 여러 곳에 연결할 때 어레이 저항을 사용하면, 개별 저항보다 실장 면적을 줄일 수 있다. 이 경우에는 [그림 1-8]에 'C'로 표시한 공통 리드선을 전원과 연결하고, 나머지 리드선을 필요에 따라 회로에 연결한다.

가변저항

가변저항에는 일반 가변저항과 반고정 저항(Semi Fixed Resistor)이 있다. 반고정 저항은 기판에 실장되며, 회로의 특성을 조절하는 등의 특별한 경우에만 저항값을 바꾼다. [그림 1-9]는 일반 가변저항과 반고정 저항의 모습이다.

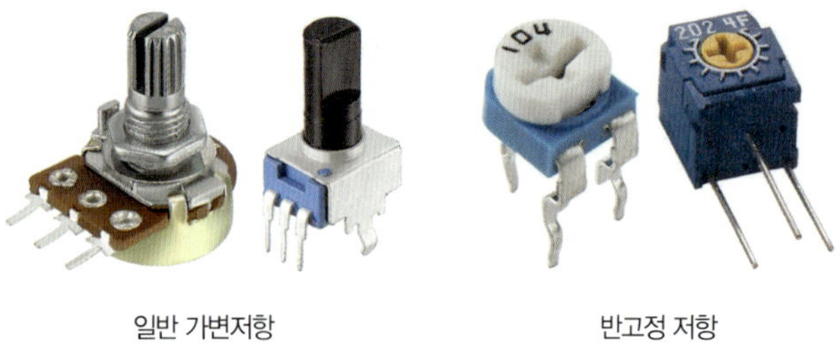

[그림 1-9] 가변저항

[그림 1-10]은 일반 가변저항으로, 3개의 단자(ⓐ, ⓑ, ⓒ)와 저항값을 조절하기 위한 손잡이(Knob)가 있다. 양쪽 끝의 ⓐ~ⓒ 단자 사이는 고정저항처럼 일정한 저항값을 나타내고, ⓑ 단자를 중심으로 전체 저항값이 나뉜다.

[그림 1-10] 가변저항 단자

예를 들어, 1[kΩ] 용량의 가변저항에서 ⓐ~ⓒ 단자 사이는 항상 1[kΩ]이다. 이때 ⓐ~ⓑ 단자 사이가 0.3[kΩ]이라면, ⓑ~ⓒ 단자 사이는 0.7[kΩ]이 된다. 가변저항의 손잡이를 돌리면 비율이 바뀐다. 이러한 원리로 ⓐ~ⓑ 또는 ⓑ~ⓒ 단자 사이의 저항값을 0~1[kΩ] 범위에서 가변할 수 있다.

1.2.2 컬러코드

컬러코드(Color Code)란 컬러마다 숫자를 지정하고, 컬러 띠(Band)를 인쇄하여 저항값을 표시하는 방법이다. 일반 저항은 4개, 정밀 저항은 5개의 컬러 띠로 컬러코드를 표시한다. 컬러코드를 사용하면 특정한 저항을 찾거나 섞여 있는 저항을 분류하기 쉽다.

[표 1-1]은 컬러코드에 사용되는 컬러와 해당 컬러에 지정된 숫자를 나타낸다.

[표 1-1] 컬러와 지정된 숫자

컬러	숫자	오차	컬러	숫자	오차
흑색(Black)	0		청색(Blue)	6	
갈색(Brown)	1	±1 [%]	자색(Violet)	7	
적색(Red)	2		회색(Gray)	8	
등색(Orange)	3		백색(White)	9	
황색(Yellow)	4		금색(Gold)	0.1(승수 : −1)	±5 [%]
녹색(Green)	5		은색(Silver)	0.01(승수 : −2)	±10 [%]

일반 저항

[그림 1-11]은 일반 저항의 컬러코드로, 4개의 컬러 띠를 사용한다. 앞쪽 2개의 컬러 띠는 숫자 1과 숫자 2를 나타내고, 세 번째와 네 번째 컬러 띠는 승수와 오차를 나타낸다. 오차의 컬러 띠는 구분을 위해 앞쪽보다 간격이 조금 넓다.[8]

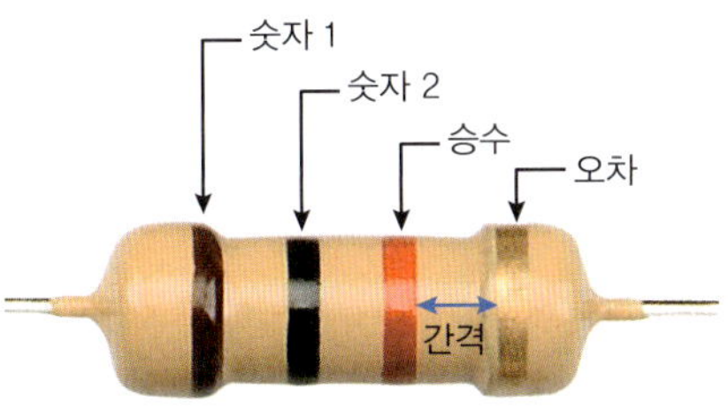

[그림 1-11] 일반 저항의 컬러코드

[그림 1-11]에 보인 저항의 컬러코드는 '갈흑적금'이므로 [표 1-1]을 참조하면, '1, 0, 2, ±5 [%]'이다. 이로부터 저항값을 구하면, $10 \times 10^2 = 1{,}000$이므로 1 [kΩ] ± 5 [%]가 된다.

8 실제 저항에서는 간격을 구별하기 어려운 경우도 많다. 이 경우 오차를 나타내는 컬러 띠(대부분 금색, 은색 또는 갈색)를 기준으로 앞과 뒤를 구분한다.

컬러코드를 조금 더 쉽게 읽는 요령은 숫자 1과 숫자 2를 그대로 읽고, 세 번째 컬러 띠의 숫자만큼 0을 붙이는 것이다. [그림 1-12]를 살펴보자. 이 저항은 컬러코드가 '청회적금'이므로 '6, 8, 2, ±5 [%]'이다. 앞의 요령에 따라 숫자 68에 2개의 0을 붙이면, 6,800이므로 6.8 [kΩ] ± 5 [%]가 된다.

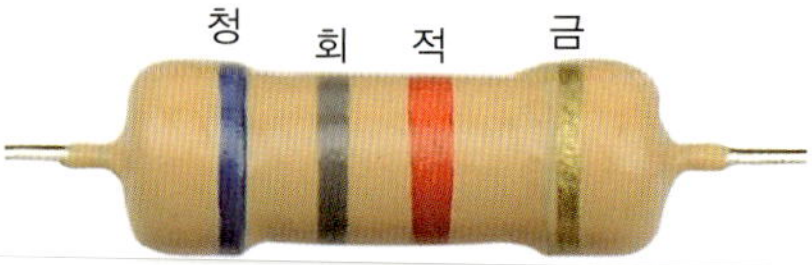

[그림 1-12] 일반 저항의 컬러코드 읽기

컬러 띠 5개

정밀 저항의 컬러코드는 5개의 컬러 띠를 사용하며, 앞쪽 3개의 컬러 띠로 저항값을 정밀하게 표현한다. 정밀 저항은 대부분 금속피막 저항이며, 일반 저항과 구별하기 위해 푸른 바탕색을 사용한다.

[그림 1-13]은 정밀 저항으로, 첫 번째 ~ 세 번째 컬러 띠로 숫자 1 ~ 3을 표시하고, 네 번째 컬러 띠는 승수, 다섯 번째 컬러 띠는 오차를 나타낸다. 정밀 저항은 오차를 나타내는 컬러 띠가 대부분 갈색(±1 [%])이므로 쉽게 구분할 수 있다.

[그림 1-13]에 보인 정밀 저항의 컬러코드는 '황자흑갈갈'이므로 [표 1-1]을 참조하면, '4, 7, 0, 1, ±1 [%]'이다. 이로부터 저항값을 구하면, $470 \times 10^1 = 4{,}700$이므로 4.7 [kΩ] ± 1 [%]가 된다.

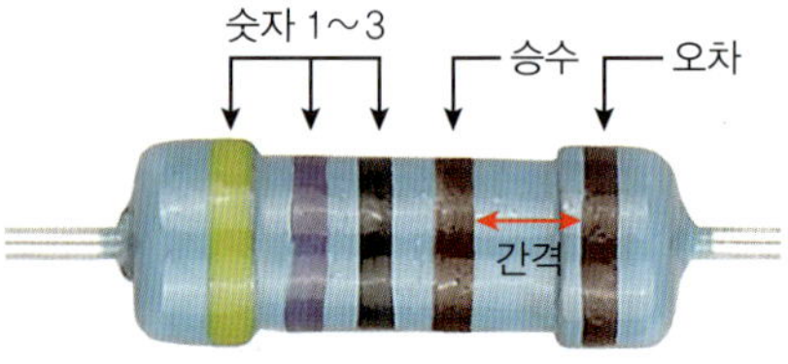

[그림 1-13] 정밀 저항의 컬러코드

[그림 1-14]에 보인 저항의 경우, 컬러코드가 '녹갈흑흑갈'이므로 [표 1-1]을 참조하면, '5, 1, 0, 0, ±1 [%]'이다. 이로부터 저항값을 구하면, $510 \times 10^0 = 510$ [Ω] ± 1 [%]가 된다.

[그림 1-14] 정밀 저항의 컬러코드 읽기

1.2.3 멀티미터

멀티미터(Multimeter)는 전류, 전압, 저항 등의 전기적인 물리량을 측정하는 다기능 계측기이다. 멀티미터는 VOM(Volt-Ohm-Milli ampere meter)이라고도 하며, 아날로그 멀티미터와 디지털 멀티미터가 있다. 아날로그 멀티미터는 현재 거의 사용되지 않는다.

[그림 1-15]는 디지털 멀티미터로,[9] 번호를 붙인 각 부분의 기능은 다음과 같다.

❶ 저항 또는 전압을 측정할 때, 적색 프로브(Probe) 삽입

❷ 전류를 측정할 때, 적색 프로브 삽입

❸ 흑색 프로브 삽입(공통 단자, COM)

❹ 직류전압 측정모드 버튼

❺ 교류전압 측정모드 버튼

❻ + ❹ 직류전류 측정모드 설정

❻ + ❺ 교류전류 측정모드 설정

❼ 저항 측정모드 버튼

❽ 측정 범위(Range) 자동 설정(Auto) 버튼

❾ 레벨(Level) 버튼(측정 범위를 임의로 설정하려는 경우에 사용)

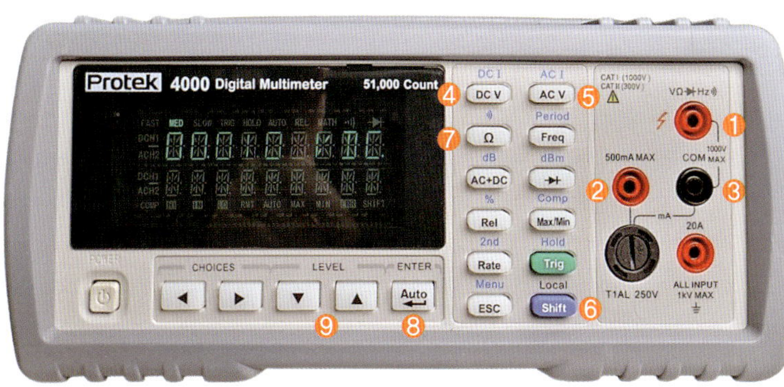

[그림 1-15] 디지털 멀티미터

9 이후에는 간단히 '멀티미터'로 표시한다.

멀티미터를 이용하여 전압, 전류, 저항을 측정하는 방법은 다음과 같다.

■ 전압 측정

(1) ❶에 적색 프로브 삽입, ❸에 흑색 프로브 삽입

(2) ❹번 버튼(직류전압 측정모드) 또는 ❺번 버튼(교류전압 측정모드) 선택

(3) 설정 확인 후, 회로에 프로브 연결

(4) ❽번 또는 ❾번 버튼으로 측정 범위 설정[10]

■ 전류 측정

(1) ❷에 적색 프로브 삽입, ❸에 흑색 프로브 삽입

(2) ❻번의 Shift 버튼을 누른 다음, ❹번 버튼(직류전류 측정모드) 또는 ❺번 버튼(교류전류 측정모드) 선택

(3) 설정 확인 후, 회로에 프로브 연결

(4) ❽번 또는 ❾번 버튼으로 측정 범위 설정

■ 저항 측정

(1) ❶에 적색 프로브 삽입, ❸에 흑색 프로브 삽입

(2) ❼번 버튼(저항 측정모드 설정)

(3) 적색과 흑색의 프로브를 저항과 연결

(4) ❽번 또는 ❾번 버튼으로 측정 범위 설정

1.3 실험

【실습 장비】

실험 기기	멀티미터	1대	
실험 부품	저항[11]	100[Ω], 330[Ω], 4.7[kΩ], 15[kΩ], 470[kΩ]	각 1개
	가변저항	5[kΩ]	1개

10 측정값이 측정 범위를 벗어나면 화면에 'OVL.D'가 표시된다. 전류 및 전압을 측정할 때도 측정 범위를 벗어나면 'OVL.D'가 표시된다. 측정 범위가 작을수록 보다 정확한 값이 측정됨을 감안하여 측정 범위를 설정한다.

11 5개의 저항 중 2개 정도를 정밀저항으로 준비한다.

1.3.1 저항 측정

1 주어진 저항의 컬러코드를 [표 1-2]의 '컬러코드' 칸에 기록하라.

2 컬러코드를 이용하여 저항값을 읽어 [표 1-2]의 '저항값(T)' 칸에 기록하라.

실험 동영상

3 멀티미터로 저항을 측정하여 [표 1-2]의 '측정값(M)' 칸에 기록하라.

4 측정값(M)과 저항값(T)의 [%]오차를 계산하여 [표 1-2]에 기록하라.

이때 [%]오차 $= \dfrac{M-T}{T} \times 100$ [%]의 식을 이용하라.

[표 1-2] 저항 측정

저항	컬러코드	저항값(T)	측정값(M)	[%]오차
100 [Ω]				
330 [Ω]				
4.7 [kΩ]				
15 [kΩ]				
470 [kΩ]				

1.3.2 가변저항 측정

1 5[kΩ]의 가변저항을 준비하고, 손잡이를 좌우로 돌려 적당히 중간에 위치시킨다.

2 [그림 1-10]을 참고하면서 ⓐ~ⓒ 단자 사이의 저항을 측정하여 [표 1-3]에 기록하라.

3 ⓐ~ⓑ 단자 사이의 저항을 측정하여 [표 1-3]에 기록하라. 측정 후에도 가변저항의 손잡이는 돌리지 않는다.

4 ⓑ~ⓒ 단자 사이의 저항을 측정하여 [표 1-3]에 기록하라.

5 가변저항의 손잡이를 오른쪽 또는 왼쪽으로 적당히 회전시킨다.

6 ⓐ~ⓒ 단자 사이의 저항을 측정하여 [표 1-3]에 기록하라.

7 ⓐ~ⓑ 및 ⓑ~ⓒ 단자 사이의 저항을 측정하여 [표 1-3]에 기록하라.

[표 1-3] 가변저항 측정

실험 과정	ⓐ~ⓒ 단자 사이의 저항	ⓐ~ⓑ 단자 사이의 저항	ⓑ~ⓒ 단자 사이의 저항
1 ~ 4			
5 ~ 7			

1.4 결과 검토

(1) [표 1-4]의 예와 같이 그림으로 주어진 저항의 컬러코드와 그에 따른 저항값을 써 넣어라.

[표 1-4] 컬러코드 읽기

저항	컬러코드	저항값
	갈흑흑금	예 10 [Ω] ± 5 [%]

(2) [표 1-2]에서 구한 [%]오차가 컬러코드에 따른 오차 범위(예 금색이면 ±5[%])를 만족하는지 확인하라.

(3) [표 1-3]에서 ⓐ~ⓑ 및 ⓑ~ⓒ 단자 사이 저항의 합이 ⓐ~ⓒ 단자 사이의 저항과 같은지 계산해보라.

(4) 가변저항으로 조명의 밝기를 조절하려면, 3개의 단자(ⓐ, ⓑ, ⓒ) 중에서 어떤 단자를 사용해야 하는가?

셀프 테스트

(1) 원통형 저항의 저항값은 원통의 길이에 (비례, 반비례)하고, 단면적에는 (비례, 반비례)한다.

(2) 대전력용으로 주로 사용되며 금속선을 감아서 만드는 저항은 무엇인가?

① 금속피막 저항 ② 권선 저항 ③ 어레이 저항 ④ 탄소피막 저항

(3) 같은 크기의 저항을 회로의 여러 곳에 연결할 때 효율적인 저항은 무엇인가?

① 칩 저항 ② 가변저항 ③ 어레이 저항 ④ 할로우 저항

(4) 3개의 단자(ⓐ, ⓑ, ⓒ)를 가진 5[kΩ]의 가변저항에서 ⓑ~ⓒ 단자 사이의 저항이 2[kΩ]이라면, ⓐ~ⓑ 단자 사이의 저항은 얼마인가?

(5) 정밀 저항에 사용되는 컬러코드는 (4개, 5개)의 컬러 띠를 사용한다.

(6) 컬러 띠가 4개일 때 승수는 (두 번째, 세 번째, 네 번째)이다.

(7) 어떤 저항의 마지막 컬러 띠가 갈색이라면, 이 저항의 오차는 (±1[%], ±5[%], ±10[%])이다.

(8) 다음 중에서 멀티미터로 측정할 수 없는 것은 무엇인가?

① 전류 ② 전압 ③ 전력 ④ 저항

예비학습

(1) 전압과 전류에는 AC(교류)와 DC(직류)가 있다.

- AC와 DC의 차이점을 설명하라.
- AC와 DC는 우리 주변에서 각각 어떻게 사용되는지 조사하라.

(2) 전압과 전류를 측정할 때 멀티미터의 내부저항이 어떻게 달라지는지 조사하라.

실험 02

전압과 전류

2.1 실험 목표

- 직류전원 공급장치를 사용할 수 있다.
- 브레드보드에 실험 회로를 구성할 수 있다.
- 멀티미터로 전압과 전류를 측정할 수 있다.

2.2 기초 이론

직류전원 공급장치와 브레드보드에 대해 살펴보고, 멀티미터를 이용해 전압 및 전류를 측정하는 방법을 알아보자.

2.2.1 직류전원 공급장치

직류전원 공급장치(DC Power Supply)는 교류(AC) 전기로부터 직류(DC) 전기를 만들어 회로에 공급하는 장치이다. 여기에서 교류의 'AC'는 'Alternating Current'를 줄인 말이고, 직류의 'DC'는 'Direct Current'를 줄인 말이다. [그림 2-1]은 교류와 직류의 파형으로, 교류는 시간에 따라 전류의 크기와 흐르는 방향이 바뀌고, 직류는 일정한 전류가 한쪽 방향으로만 흐르는 것이 특징이다.

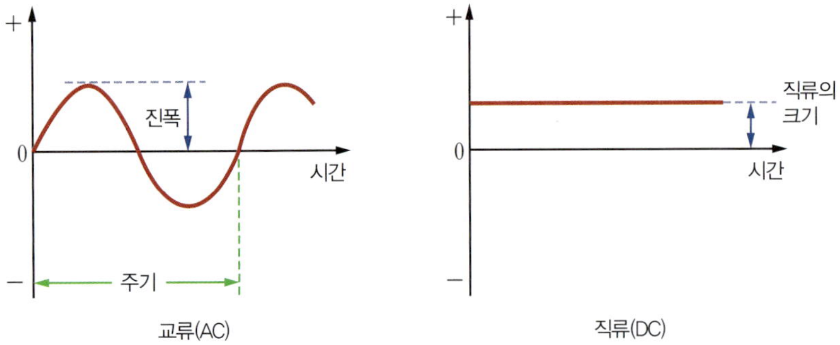

[그림 2-1] 교류와 직류

[그림 2-1]의 교류에서 같은 상태로 돌아올 때까지의 시간 간격을 주기(Period)라 하고, 0으로부터의 변화 폭은 진폭(Amplitude)이라 한다. 직류는 시간에 따라 변하지 않으므로 0을 기준으로 크기만을 결정한다.

[그림 2-2]는 직류전원 공급장치이다. 장치 제조사에 따라 차이가 있지만, 일반적으로 정전압/정전류 출력단 및 2개의 가변 출력단을 가지고 있다.

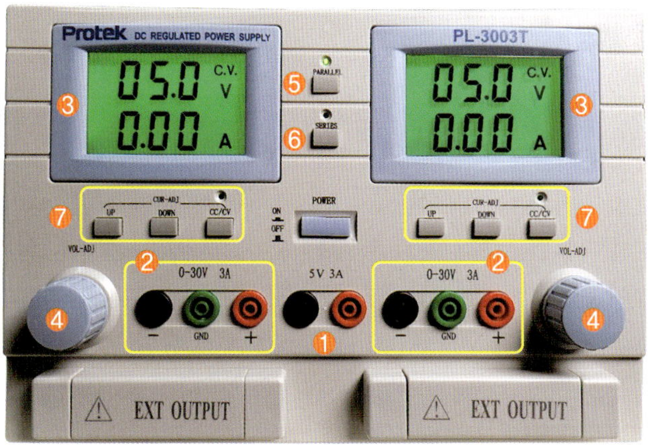

[그림 2-2] 직류전원 공급장치

[그림 2-2]에서 번호를 붙인 각 부분의 기능은 다음과 같다.

❶ 정전압/정전류 출력단 : 5[V]/3[A] 고정 출력
❷ 가변 출력단(2개) : 0 ~ 30[V], 3[A] 가변 출력
❸ 표시창 : 가변 출력단으로 출력되는 전압(위)과 전류(아래) 표시
❹ 다이얼 : 가변 출력단의 출력 조절
❺ 패러렐(PARALLEL) 버튼 : 두 가변 출력단을 병렬로 연결(동일 전압 설정)
❻ 시리즈(SERIES) 버튼 : 두 가변 출력단을 직렬로 연결(합산 전압 출력 가능)
❼ 정전류(CC) 설정부 : 'CC/CV' 버튼을 누른 다음(LED 온), 'UP, DOWN' 버튼으로 출력 전류 크기 조절

직류전원 공급장치를 이용하여 전압을 설정하는 방법은 다음과 같다.

■ 전압 설정

(1) ❷의 (+)에 적색 프로브, (−)에 흑색 프로브 삽입
(2) ❹의 다이얼을 돌려 전압 설정

■ **패러렐/시리즈 버튼을 사용한 전압 설정**

(1) 패러럴 버튼 사용(❺의 LED 온, 예 가변 출력 5[V]/3[A] 설정) : [그림 2-3]

2개의 가변 출력 : 동일 전압 출력(별도로 조절할 수 없음)

출력단 양끝 : 5[V]/6[A] 출력(전압은 5[V]로 동일, 전류는 3[A]+3[A]=6[A])

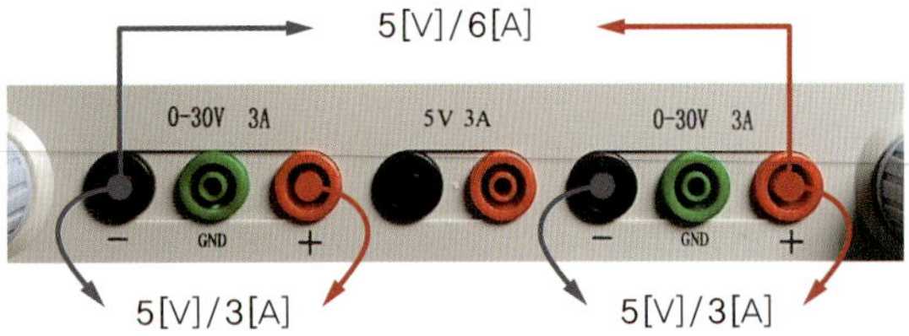

[그림 2-3] 패러렐 버튼을 이용한 전압 설정

(2) 시리즈 버튼 사용(❻의 LED 온, 예 가변 출력 5[V]/3[A] 및 3[V]/3[A] 설정) : [그림 2-4]

2개의 가변 출력 : 설정에 따라 서로 다른 전압 출력(별도로 조절할 수 있음)

출력단 양끝 : 8[V]/3[A] 출력(전압은 5[V]+3[V]=8[V], 전류는 3[A]로 동일)

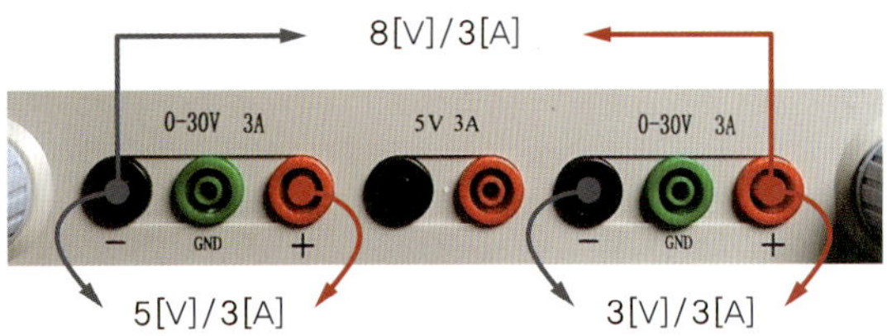

[그림 2-4] 시리즈 버튼을 이용한 전압 설정

2.2.2 브레드보드

브레드보드(Bread Board)는 납땜 없이 부품들을 연결하여 회로를 구성할 수 있는 기판이다. 브레드보드를 사용하면 부품을 추가하거나 제거하고, 연결을 바꾸는 작업이 쉬워진다. [그림 2-5]는 브레드보드로, 왼쪽은 전체의 모습이고, 오른쪽은 A 부분을 확대한 모습이다. 브레드보드에는 [그림 2-5]와 같이 작은 구멍들이 만들어져 있으며, 여기에 부품의 리드선을 꽂아 회로를 구성한다.

[그림 2-5]에서 '수직'으로 표시한 부분은 '+'의 붉은 줄과 '−'의 파란 줄을 따라 수직방향의 모든 구멍들이 연결되어 있다.[1]

[그림 2-5]에서 '수평'으로 표시한 부분은 수평방향으로 놓인 5개의 구멍들이 서로 연결되어 있다. 예를 들어, 그림에 보인 ❶~❸의 직사각형에서 각 직사각형으로 둘러싼 5개의 구멍들은 서로 연결되어 있지만, 다른 직사각형의 구멍들은 연결되어 있지 않다.

1 그림에서는 수직방향의 구멍들이 5개씩 떨어져 있는 것처럼 보이지만, 실제로는 한 줄로 연결되어 있다. 이를 표현하기 위해 붉은 색과 파란 색 줄이 표시되어 있다.

[그림 2-5] 브레드보드(전체 모습과 A 부분을 확대한 모습)

[그림 2-6]은 브레드보드의 안쪽 모습으로, 구멍 아래에 금속 핀들이 부착되어 있음을 알 수 있다. '수직'으로 표시한 부분은 구멍을 따라 길게 금속 핀이 부착되어 있으며, 이를 통해 수직방향의 모든 구멍들이 연결된다. 또한 '수평'으로 표시한 부분은 짧은 금속 핀들이 부착되어 있으며, 이를 통해 수평방향으로 놓인 5개의 구멍들이 서로 연결된다.

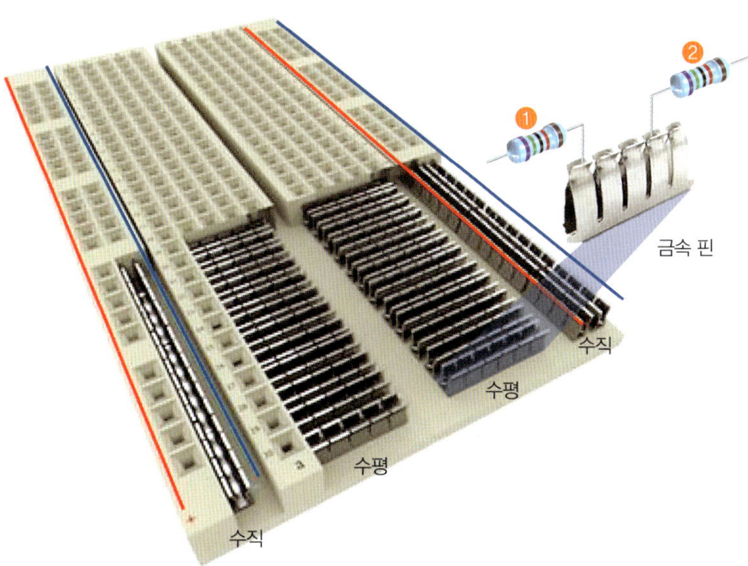

[그림 2-6] 브레드보드의 안쪽

브레드보드를 이용해서 부품을 연결하는 방법을 살펴보자. [그림 2-6]의 ❶과 같이 수평방향으로 놓인 5개의 구멍 중 하나에 저항을 꽂고, ❷와 같이 나머지 4개의 구멍 중 하나에 다른 저항을 꽂으면 이들은 별도의 배선이 없어도 서로 연결된다.

[그림 2-7]은 브레드보드를 이용해 다양한 방법으로 저항을 연결한 모습이다. 각 저항 간의 연결을 살펴보자.

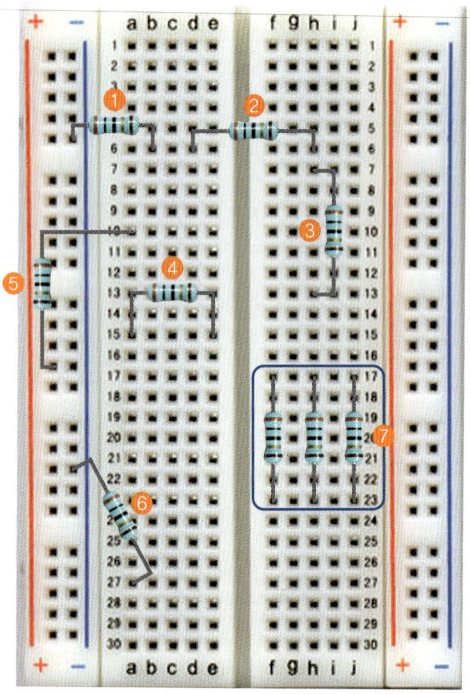

[그림 2-7] 브레드보드를 이용한 저항 연결

- **저항 ❶과 저항 ❷는 연결되어 있을까?** Yes

  두 저항의 한쪽 리드선이 수평방향의 5개의 구멍 중 하나에 꽂혀 있기 때문이다.

- **저항 ❶과 저항 ❻은 연결되어 있을까?** Yes

  저항 ❶과 저항 ❻의 한쪽 리드선이 '+'의 수직방향 구멍 중 하나에 꽂혀 있기 때문이다.
  결과적으로 저항 ❷, ❶, ❻은 브레드보드를 통해 차례로 연결된다.

- **저항 ❷와 저항 ❸은 연결되어 있을까?** No

  두 저항의 리드선이 다른 그룹의 수직방향 구멍에 꽂혀 있기 때문이다.

• **저항 ❶과 저항 ❺는 연결되어 있을까?** No

저항 ❶의 리드선은 '+'의 수직방향 구멍에 꽂혀 있고, 저항 ❺의 리드선은 '–'의 수직방향의 구멍에 꽂혀 있기 때문이다.

• **저항 ❹는 브레드보드에 올바르게 꽂혀 있는 것일까?** No

저항의 양쪽 리드선이 서로 연결된 수평방향 5개의 구멍에 꽂혀 있다. 이렇게 되면 리드선이 단락(Short)되면서 저항은 제 역할을 하지 못한다.

다음으로 [그림 2-7]에 ❼로 표시한 저항 3개를 살펴보자. 각 저항의 위쪽과 아래쪽 리드선들이 수평방향 5개의 구멍에 각각 꽂혀 있으므로 이들은 서로 연결된다. 3개의 저항을 R_1, R_2, R_3라 하고, 회로도를 그려보면 [그림 2-8]과 같다. 이는 3개의 저항이 병렬(Parallel)로 연결된 회로가 된다.

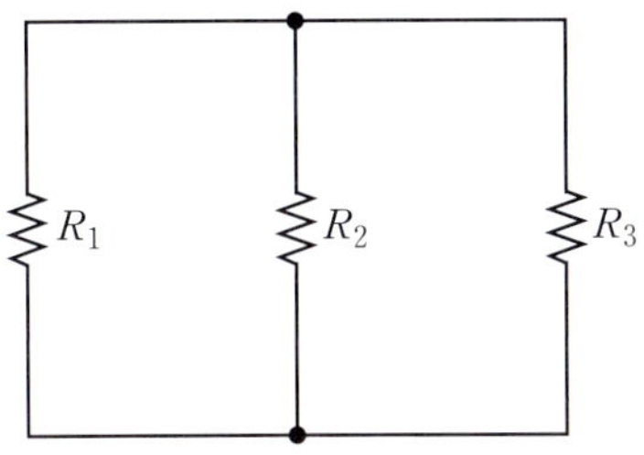

[그림 2-8] 브레드보드 연결과 회로도

2.2.3 멀티미터를 이용한 전압 및 전류 측정

전압

전압(Voltage)이란 두 점 사이의 전기적인 에너지의 차이로, 전위차(Potential Difference)라고도 한다. 전압의 단위는 [V](Volt)이고, 1[V]는 1[C]의 전하에 1[J]의 에너지가 주어질 때 생기는 전압의 크기이다. 물이 높은 곳에서 낮은 곳으로 흐르는 것처럼 전류는 전압이 높은 곳에서 낮은 곳으로 흐른다. 즉 전압은 전류가 흐르는 데 필요한 에너지를 제공한다. 전압은 지표면의 전압(접지, 0[V])를 기준으로 크기를 표시한다.

[그림 2-9]는 직렬로 연결된 2개의 저항에 5[V]의 전압을 공급한 회로이다. 이 회로에서 접지 G를 기준으로 ⓐ점의 전압은 5[V]이고, ⓑ점은 3[V], ⓒ점은 0[V]이다.

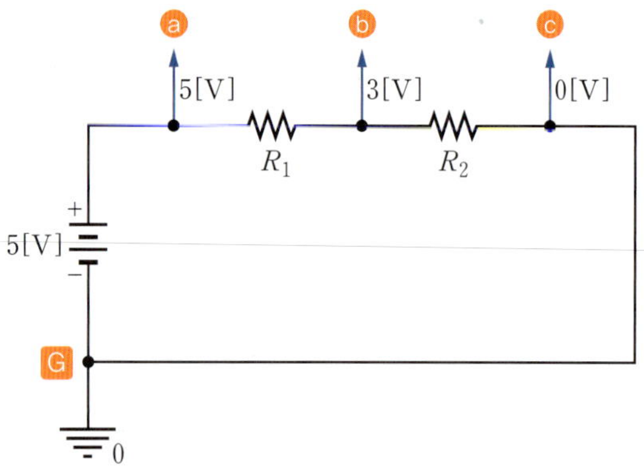

[그림 2-9] 전압의 기준

[그림 2-9]에서 R_1에 걸린(인가된) 전압은 얼마일까? 이는 ⓐ점과 ⓑ점 사이의 전압이며, 접지 G가 아닌 ⓑ점이 기준이 된다. 그에 따라 R_1에 걸린 전압은 5[V]−3[V]=2[V]가 된다. 비슷하게 R_2에 걸린 전압은 ⓑ점과 ⓒ점 사이의 전압이며, 3[V]−0[V]=3[V]가 된다.

전압 측정

전압을 측정하려면, 먼저 멀티미터를 전압 측정모드로 설정해야 한다.[2] 설정이 끝나면 적색과 흑색 프로브를 회로에 연결하여 전압을 측정한다. 직류일 경우에는 극성에 맞춰야 하며, 적색 프로브는 (+)쪽에, 흑색 프로브는 (−)쪽에 연결한다.

[그림 2-10]은 멀티미터로 R_2에 걸린 전압을 측정하는 방법이다. 적색 프로브는 저항의 왼쪽 리드선에, 흑색은 오른쪽 리드선에 연결한다. 이를 간략히 나타내보면 [그림 2-10]의 오른쪽과 같이 멀티미터(전압 측정모드이므로 V로 표시)와 저항 R_2가 병렬로 연결된 상태이다.

2 설정 방법은 1.2.3절을 참조하라.

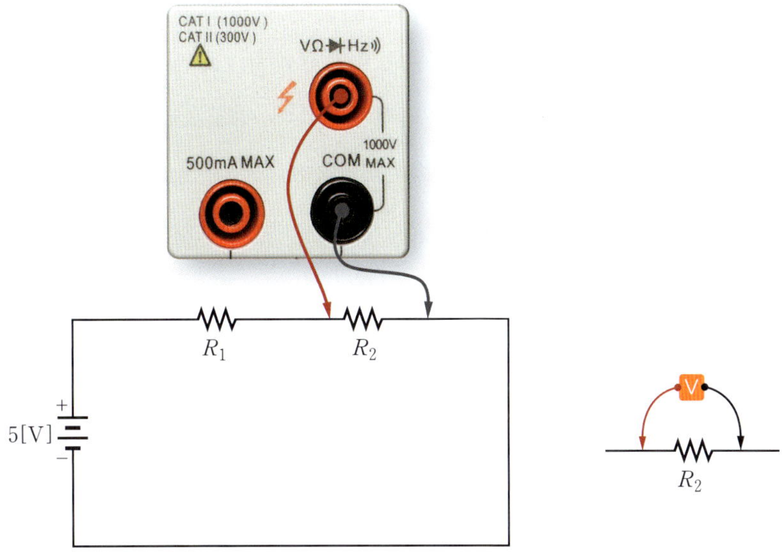

[그림 2-10] 전압 측정 방법

전류

전류(Current)란 전하가 연속적으로 이동하는 것으로, 단위 시간에 도선의 단면을 지나간 전하의 양으로 정의된다. 전류의 단위는 [A](Ampere)이고, 1[A]는 1초 동안에 1[C]의 전하가 이동할 때의 전류 크기이다. 전류가 흐르려면 전기적인 에너지의 높낮이인 전압이 인가되어야 한다. 아무리 많은 전하가 모여 있어도 전압이 인가되지 않으면 전류는 흐르지 않는다.

전류의 방향

여기서 잠깐

전기를 본격적으로 연구하던 18세기, 과학자들은 도선을 통해 전류가 흐르는 것은 알았지만 그 방향은 알 수 없었다. 이에 과학자들은 물이 높은 곳에서 낮은 곳으로 흐르듯 전류도 (+)에서 (−)로 흐른다고 방향을 정했다.

그런데 19세기 말 톰슨(Thomson)의 음극선 실험을 통해 전류란 (−) 전기를 띤 전자의 이동에 의한 것임을 알게 되었다. 즉 전류는 (−)에서 (+)로 흐르고 있었던 것이다. 그런데 오랫동안 알고 있던 전류의 방향을 반대로 할 경우 혼란이 생길 것을 걱정한 과학자들은 처음에 정한 전류의 방향을 그대로 사용하기로 결정했다.

결국 전류는 (+)에서 (−)로 흐르고, 전자는 (−)에서 (+)로 이동하는 것으로 방향이 정리되면서 전류와 전자의 이동 방향이 반대가 되었다.

전류 측정

전류를 측정하려면 멀티미터를 전류 측정모드로 설정해야 한다.[3] 설정이 끝나면, 적색과 흑색 프로브를 회로에 연결하여 전류를 측정한다. 직류일 경우에는 극성에 맞추어 적색 프로브는 (+)쪽에, 흑색 프로브는 (−)쪽에 연결한다.

[그림 2-11]은 멀티미터로 전류를 측정하는 방법[4]으로, 저항 R_1과 R_2 사이의 연결을 끊고, 적색 프로브는 (+)쪽인 R_1의 오른쪽 리드선에, 흑색 프로브는 (−)쪽인 R_2의 왼쪽 리드선에 연결한다. 이를 간략히 나타내보면 [그림 2-11]의 오른쪽과 같이 멀티미터(전류 측정모드이므로 A로 표시)가 저항 사이에 직렬로 연결된 상태이다.

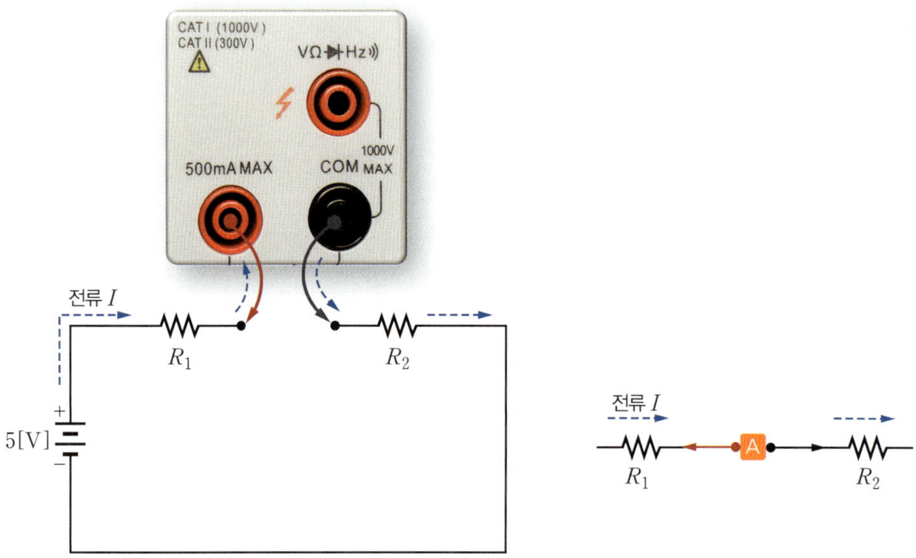

[그림 2-11] 전류 측정 방법

3 설정 방법은 1.2.3절을 참조하라.

4 [그림 2-11]은 직렬회로이므로 전류 I는 어느 곳이나 같다.

멀티미터의 내부저항

여기서 잠깐

멀티미터와 같은 계측기 등이 가진 자체 저항을 내부저항(Internal Resistance)이라 한다. 멀티미터의 내부저항은 전압 측정모드에서는 수 [MΩ] 이상으로 매우 크고, 전류 측정모드에서는 0[Ω]에 가깝게 매우 작다. 이렇게 내부저항이 변해야 전압이나 전류를 측정할 때 멀티미터가 회로에 영향을 미치지 않는다.

먼저 [그림 2-12]와 같이 전압을 측정하는 경우를 살펴보자. 이 경우 멀티미터 V는 내부저항이 매우 크므로 전류 I는 멀티미터를 연결해도 원래대로 저항 R_2로만 흐르며 정확한 전압이 측정된다. 만일 이 경우 내부저항이 작다면, 멀티미터 V로도 전류가 흐르며, 그 결과 R_2에 걸리는 전압이 낮아져 측정값이 부정확해진다.

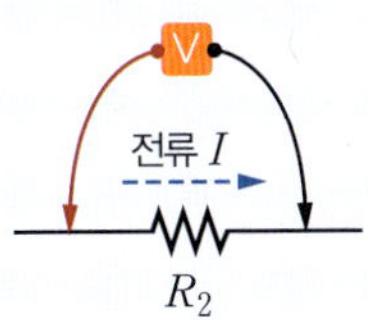

[그림 2-12] 멀티미터로 전압을 측정하는 경우

다음으로, [그림 2-13]과 같이 전류를 측정하는 경우를 살펴보자. 이 경우 멀티미터 A는 내부저항이 0[Ω]에 가깝다. 따라서 그림과 같이 전류를 측정하기 위해 멀티미터를 연결해도 회로의 저항은 변화가 없으며 정확한 전류가 측정된다. 만일 이 경우 내부저항이 크다면, 내부저항만큼 회로의 저항이 증가하여 전류가 감소하므로 측정값이 부정확해진다.

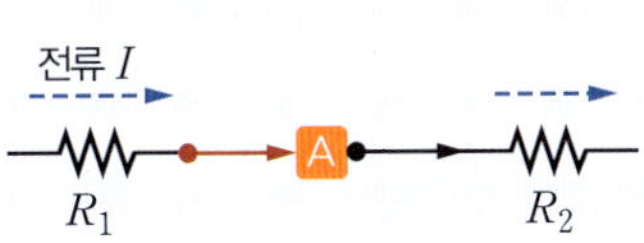

[그림 2-13] 멀티미터로 전류를 측정하는 경우

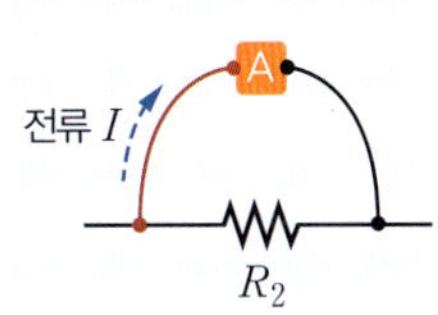

[그림 2-14] 멀티미터를 잘못 연결한 경우

다음으로 전류 측정모드로 설정된 멀티미터 A를 [그림 2-14]와 같이 전압을 측정할 때처럼 저항과 병렬로 연결한 경우를 생각해보자. 이 경우 멀티미터는 내부저항이 매우 작으므로 모든 전류가 멀티미터 A로 흐른다. 나아가 저항 R_2가 회로에서 제거된 것처럼 되어 원래보다 더 큰 전류가 흐르게 되므로 멀티미터가 손상될 수 있다. 따라서 전류를 측정할 때는 특히 프로브 연결에 주의해야 한다.

2.3 실험

【실습 장비】

실험 기기	직류전원 공급장치	1대	
	멀티미터	1대	
	브레드보드	1개	
실험 부품	저항	200[Ω], 330[Ω], 470[Ω], 1.2[kΩ]	각 1개
	임의의 저항	브레드보드를 이용한 회로 구성 실습용	16개

2.3.1 브레드보드를 이용한 회로 구성

1 [그림 2-15]에 주어진 (a)~(d)의 회로를 브레드보드에 구성하라. 이때 저항은 크기에 관계없이 자유롭게 사용한다. 브레드보드에 회로를 구성할 때는 실험 회로와 비슷한 모양으로 만들어야 실험할 때 편리하다.

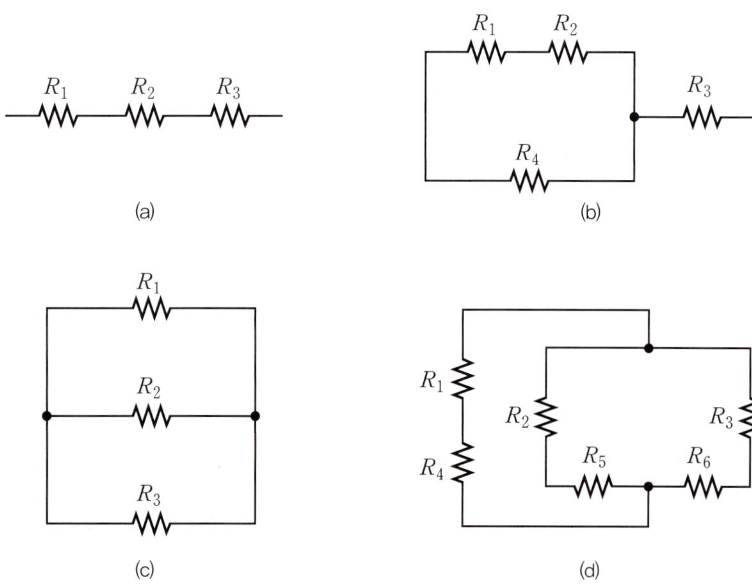

[그림 2-15] 회로 구성 연습 회로

2 회로 구성이 완료된 사람은 지도 교수의 확인을 받는다.

3 확인 후에는 브레드보드에 구성한 실습 회로를 촬영하라(실험 보고서에 사용).

2.3.2 멀티미터를 이용한 전압 및 전류 측정

1 [그림 2-16]의 실험 회로를 브레드보드에 구성하라. 회로에서 저항 $R_1=200[\Omega]$, $R_2=330[\Omega]$, $R_3=470[\Omega]$이다.

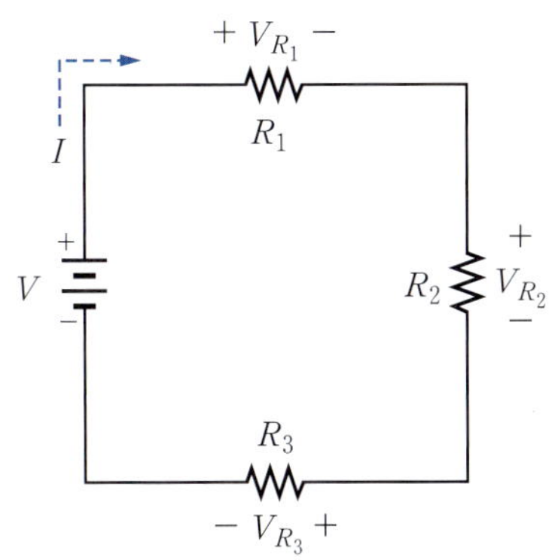

[그림 2-16] 실험 회로

2 직류전원 공급장치로 $V=5[\mathrm{V}]$를 인가하라.

3 멀티미터로 V_{R_1}, V_{R_2}, V_{R_3}를 측정하여 [표 2-1]에 기록하라.

4 멀티미터로 전류 I를 측정하여 [표 2-1]에 기록하라.

5 실험 회로의 저항을 $R_1=330[\Omega]$, $R_2=470[\Omega]$, $R_3=1.2[\mathrm{k}\Omega]$으로 바꾸고, 멀티미터로 V_{R_1}, V_{R_2}, V_{R_3}를 측정하여 [표 2-1]에 기록하라.

6 멀티미터로 전류 I를 측정하여 [표 2-1]에 기록하라.

[표 2-1] 전압 및 전류 측정

실험 과정	V_{R_1}	V_{R_2}	V_{R_3}
3			
4	전류 I : ______ [mA]		
5			
6	전류 I : ______ [mA]		

실험 따라하기　전압 및 전류 측정([그림 2-16])

1 실험에 사용할 저항을 확인한다. $R_1 = 200\,[\Omega]$, $R_2 = 330\,[\Omega]$, $R_3 = 470\,[\Omega]$이다.

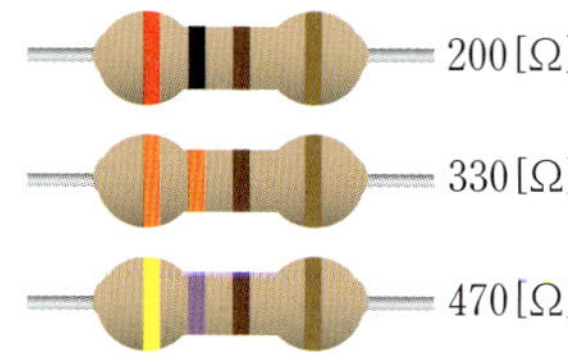

2 [그림 2-16]의 회로도를 따라서 다음과 같이 브레드보드에 실험 회로를 구성한다. 또한 직류전원 공급장치로 $V = 5\,[\mathrm{V}]$를 공급한다.

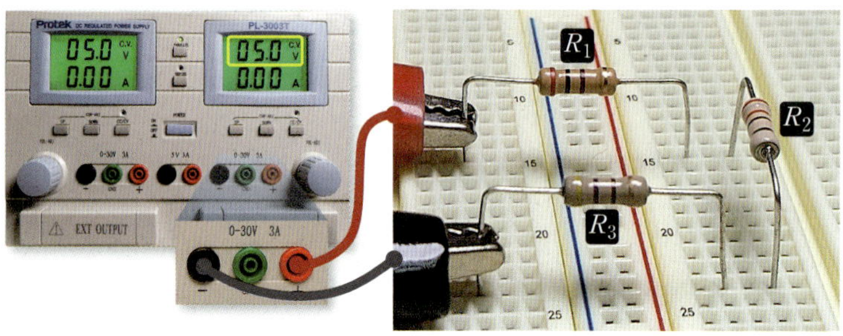

3 멀티미터를 직류전압 측정모드로 설정하고, 저항 $R_1 \sim R_3$에 걸린 전압 V_{R_1}, V_{R_2}, V_{R_3}를 측정하여 [표 2-1]의 '실험 과정 **3**'에 기록한다.

다음 그림은 V_{R_2}를 측정하는 방법이다. 멀티미터의 프로브를 극성에 맞춰 저항 R_2의 양쪽 리드선에 연결한다. 다른 전압도 같은 방법으로 측정한다.

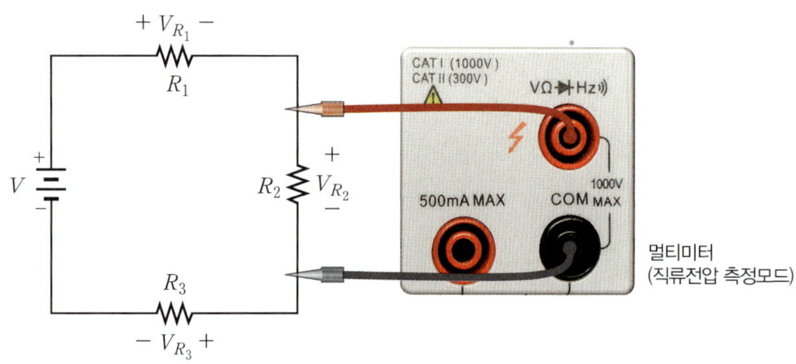

다음 그림은 실제 실험 회로에서 V_{R_2}를 측정하는 모습이다.

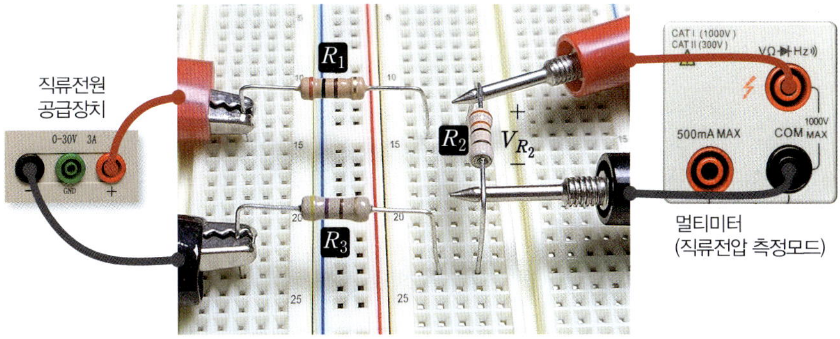

4 멀티미터를 직류전류 측정모드로 설정하고, 전류 I를 측정하여 [표 2-1]의 '실험 과정 4'에 기록한다.

전류를 측정할 때, 멀티미터는 회로에 직렬로 연결한다. 이를 위해 다음 그림과 같이 저항 R_2와 R_3 사이의 연결을 끊고, 끊어진 양끝에 프로브를 연결한다.

Tip 실험 회로는 직렬회로이므로 전류 I는 회로의 어느 곳이나 같다. 따라서 저항 R_1과 R_2 또는 전원과 저항 사이를 끊고 전류를 측정해도 된다.

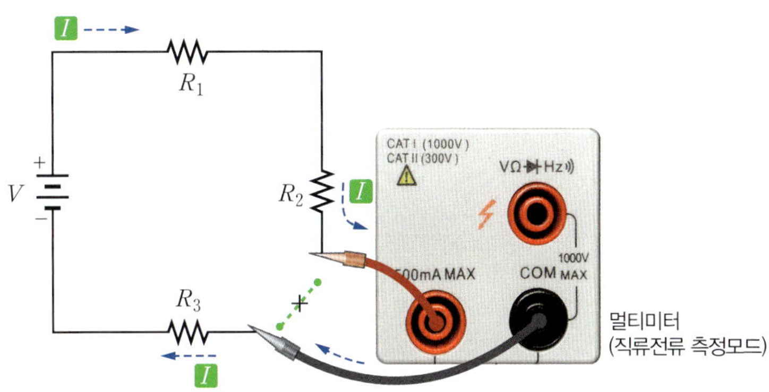

다음 그림은 실제 실험 회로에서 전류 I를 측정하는 모습이다. 저항 R_2와 R_3 사이의 연결을 끊고, 그 양쪽에 멀티미터의 프로브를 연결했다.

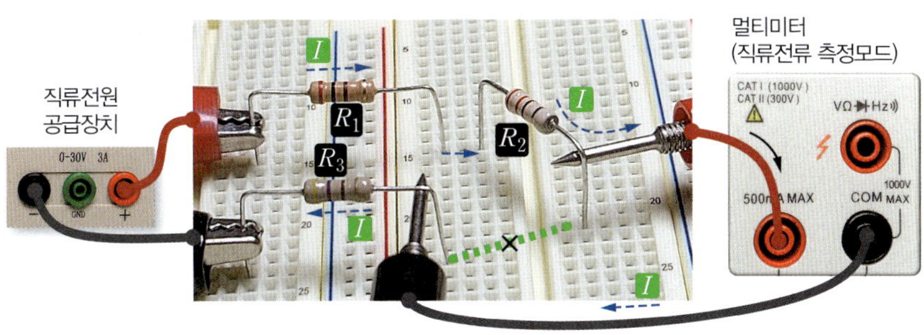

5 실험 회로의 저항을 $R_1 = 330\,[\Omega]$, $R_2 = 470\,[\Omega]$, $R_3 = 1.2\,[\mathrm{k}\Omega]$으로 바꾼다.

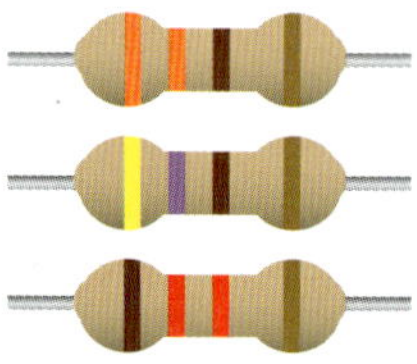

6 앞의 3 ~ 4와 마찬가지로 전압 V_{R_1}, V_{R_2}, V_{R_3} 및 전류 I를 측정하여 [표 2-1]의 '실험 과정 5, 6'에 각각 기록한다.

2.4 결과 검토

(1) [그림 2-15]의 실험 과정 3에서 촬영한 연습 회로를 보이고, [그림 2-15]와 비교해보라.

(2) [그림 2-16]의 실험 과정 3에서 측정한 V_{R_1}, V_{R_2}, V_{R_3}의 대소 관계를 표시하라.

(3) V_{R_1}, V_{R_2}, V_{R_3}의 크기가 서로 다른 이유를 설명하라.

(4) [그림 2-16]의 실험에서 측정한 전류의 대소 관계를 아래의 빈칸에 표시하라.

실험 과정 4에서 측정한 전류 I [ ] 실험 과정 6에서 측정한 전류 I

(5) 실험 과정 4와 실험 과정 6에서 측정한 전류의 크기가 다른 이유를 설명하라.

셀프 테스트

(1) 시간에 따라 크기와 방향이 변하는 전류나 전압을 (DC, AC)라 한다.

(2) 다음은 브레드보드의 일부이다. 그림에 번호를 붙인 구멍 중에서 서로 연결된 것에는 ○를, 연결되지 않은 것에는 ×를 표시하라.

- ❶ - ❷ (   )
- ❷ - ❸ (   )
- ❹ - ❺ (   )
- ❹ - ❻ (   )
- ❺ - ❻ (   )
- ❺ - ❼ (   )

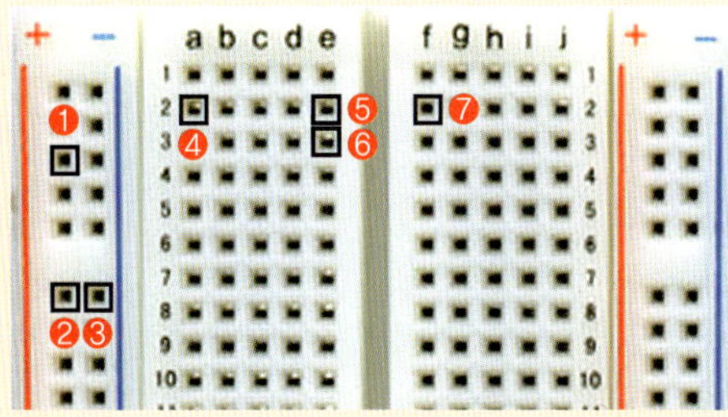

(3) (전압, 전류)을(를) 측정할 때는 저항의 양쪽 리드선에 프로브를 직접 연결한다.

(4) (전압, 전류)을(를) 측정할 때는 측정할 곳의 회로 연결을 끊고, 그 사이에 프로브를 연결한다.

(5) 전압 측정모드로 설정된 멀티미터는 내부저항이 매우 (크다, 작다)

(6) 전류 측정모드로 설정된 멀티미터는 내부저항이 매우 (크다, 작다)

예비학습

(1) PSpice를 이용한 회로 시뮬레이션에 대해 조사하라.

(2) 다음을 참고하여 PSpice의 체험판 프로그램을 다운로드하라.

- 웹사이트 : http://npit.co.kr, 나인플러스 IT(주)
- 경로 : Home ▶ 다운로드/기술지원 ▶ 다운로드 ▶ Demo(Lite)
- 파일명 : OrCAD 17.2-2016 Lite(Capture, PSpice)

(3) 다운로드한 체험판 프로그램을 각자의 컴퓨터에 설치하라.[5]

5 상세한 다운로드 및 설치 방법은 [실험 03]을 참고하라.

실험 03

PSpice를 이용한 회로 시뮬레이션

3.1 실험 목표

- PSpice를 다운받아 컴퓨터에 설치할 수 있다.
- PSpice로 실험 회로도를 작성할 수 있다.
- PSpice로 실험 회로를 시뮬레이션할 수 있다.

3.2 기초 이론

PSpice는 전기, 전자 및 디지털 회로의 동작을 검증할 때 사용하는 시뮬레이션(Simulation) 프로그램이다. PSpice는 미국 캘리포니아대학교에서 개발한 Spice[1]를 PC용으로 개량한 것으로, Professional Spice란 의미로 PSpice라고 이름을 붙였다. PSpice의 개발 과정을 정리하면 다음과 같다.

- 1972년 : Spice 개발(미국, 캘리포니아대학교 버클리 캠퍼스, 워크스테이션 컴퓨터용)
- 1984년 : PSpice 개량(MicroSim사, DOS 버전, PC용)
- 1992년 : PSpice 개량(MicroSim사, 윈도우 버전)
- 1998년 : PSpice 인수(OrCAD사)
- 2000년 : OrCAD사 인수(Cadence사)

3.2.1 PSpice의 설치

이 책에서는 'OrCAD 17.2-2016 Lite' 버전을 사용하며, 이는 체험판(Demo) 프로그램이다. 체험판은 개인이 자유롭게 사용할 수 있지만 '노드(Node) 75개, 트랜지스터 20개, 디지털 부품 65개 이내'라는 제한이 있다.[2] 이 책에서 다루는 실험 회로는 이 제한을 넘지 않으므로 얼마든지 사용할 수 있다.

1 Simulation Program with Integrated Circuit Emphasis의 약자이다.
2 추가로 64bit 윈도우 운영체제에서 동작한다.

'OrCAD 17.2–2016 Lite' 체험판은 나인플러스 IT(주)의 홈페이지(https://npit.co.kr)에서 다운로드할 수 있다. 회원가입 후 로그인하여 [그림 3–1]과 같이 ❶ 다운로드/기술지원 → ❷ 다운로드 → ❸ Demo(Lite) 메뉴를 선택한다. 그러면 ❹에서 프로그램을 다운로드할 수 있다.[3]

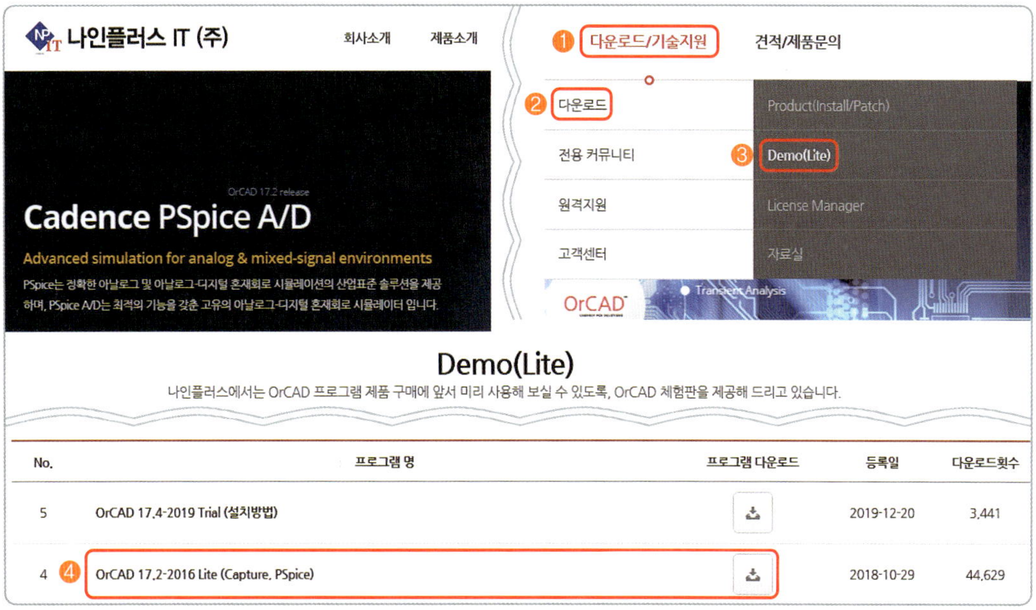

[그림 3–1] 체험판 프로그램 다운로드

프로그램의 압축을 풀고 'setup'을 실행하면 [그림 3–2]와 같이 설치창이 나타나며, [Next] 버튼을 누르면 설치가 시작된다.

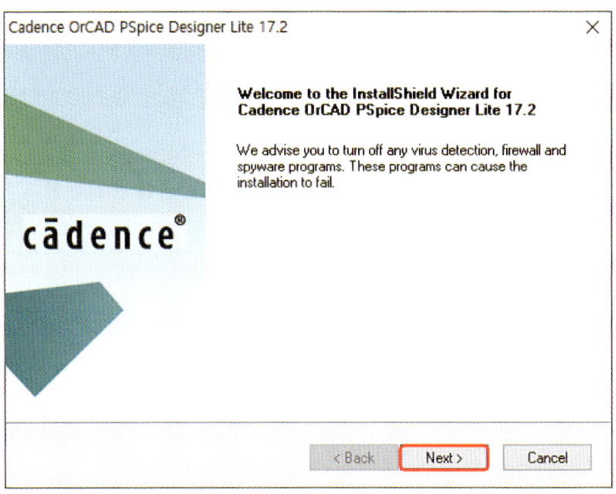

[그림 3–2] 프로그램 설치창

3 파일명은 '17.2_S38_OrCAD_Lite_Capture_PSpice'이다. 다운로드 경로와 파일명은 바뀔 수 있다.

[그림 3-3]은 프로그램을 설치하는 과정이다.

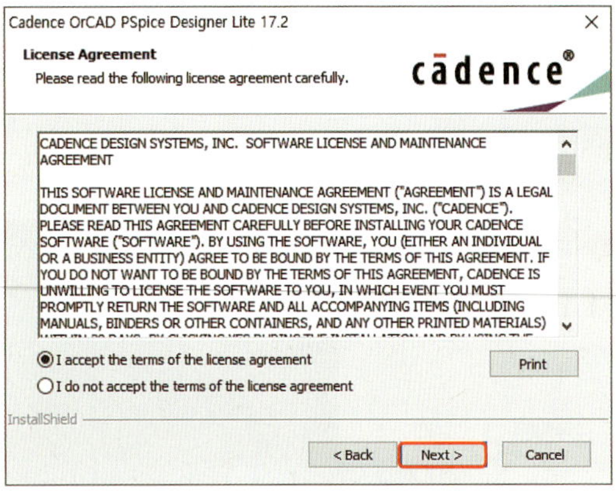

❶ 라이선스 동의
'I accept the terms~'를 선택한다.

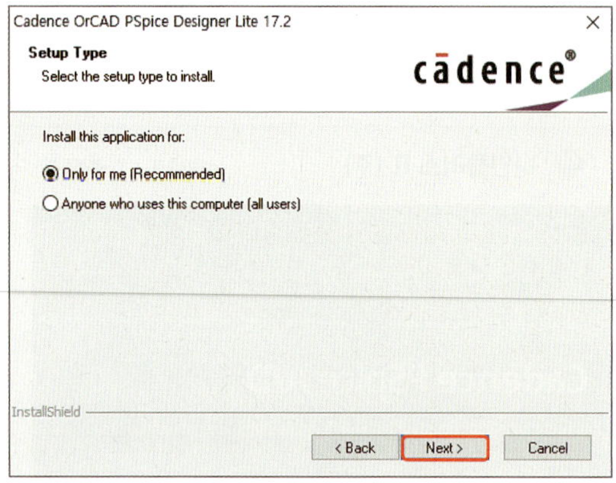

❷ 설치 유형 선택
'Only for me~'를 선택한다.

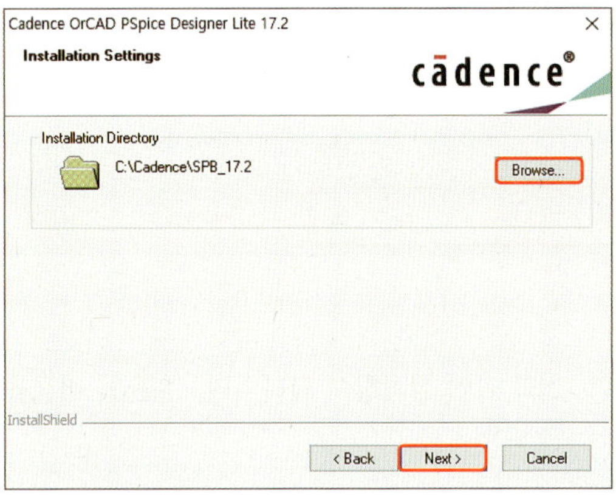

❸ 설치 폴더 확인
[Browse...] 버튼을 눌러 설치 폴더를 바꿀 수 있다.

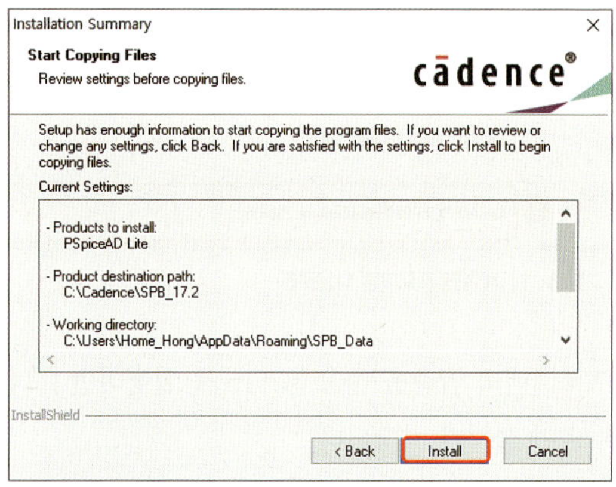

❹ 설치 정보 확인
프로그램 설치에 관한 요약 정보를 확인한 후에 [Install] 버튼을 누른다.

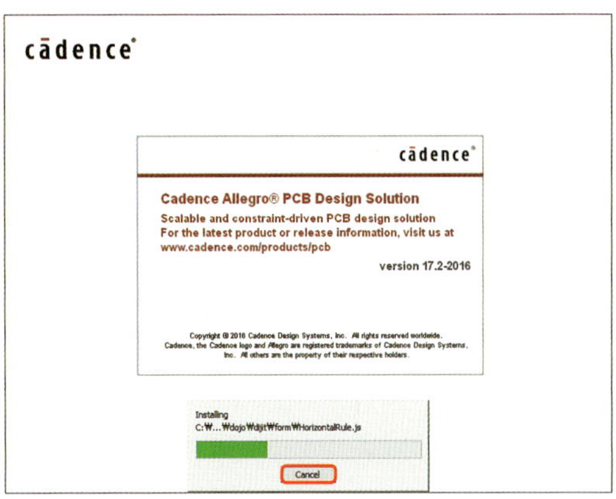

❺ 프로그램 설치
설정에 따라 프로그램이 설치된다.

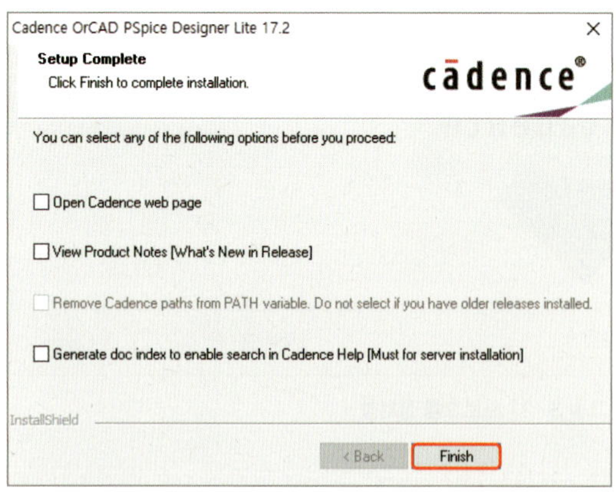

❻ 설치 완료
[Finish] 버튼을 눌러 설치를 마친다.

[그림 3-3] 프로그램의 설치 과정

프로그램을 설치하면 [그림 3-4]와 같이 윈도우 시작 메뉴에 'Cadence Release 17.2-2016'이라는 프로그램 폴더가 생긴다. ❶ 'Capture CIS Lite'는 회로도를 작성하기 위한 프로그램이다. 이를 이용해 시뮬레이션할 실험 회로도를 작성하고, ❷ 'PSpice AD Lite' 프로그램으로 시뮬레이션한다.

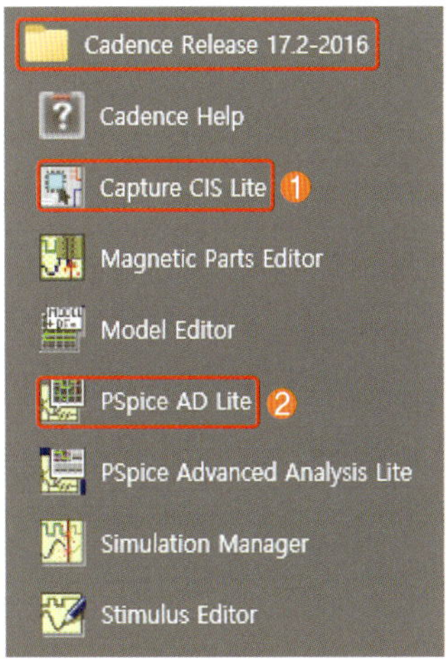

[그림 3-4] 프로그램 폴더

3.2.2 PSpice의 기본적인 사용법

[그림 3-5]는 4개의 저항을 직렬 및 병렬로 연결한 실험 회로의 예이다. 직류전원 5[V]에 의해 각 저항에 전압이 걸리고, 전체 전류 I와 가지 전류(Branch Current) I_2, I_3가 흐른다.

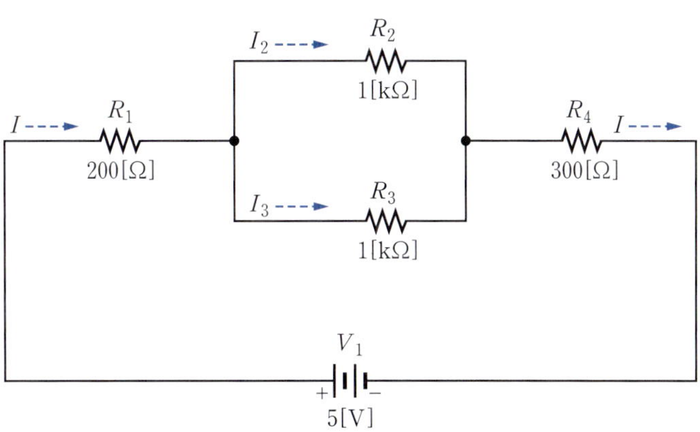

[그림 3-5] 실험 회로의 예

■ 전류와 전압의 이론적인 결과

시뮬레이션에 앞서 [그림 3-5]의 실험 회로에 대해 각 저항의 전압과 전류를 계산해보자. 이는 계산값과 시뮬레이션의 결과값을 비교해봄으로써 시뮬레이션 결과가 정확한지 확인하기 위함이다.

❶ 병렬 저항

[그림 3-5]에서 저항 R_2와 R_3는 병렬로 연결되어 있으므로 $R_2//R_3$의 합성저항을 다음과 같이 구한다.[4]

$$R_2//R_3 = 1/\left[\frac{1}{R_2} + \frac{1}{R_3}\right] = \frac{1}{2}\,[\mathrm{k}\,\Omega] = 500\,[\Omega]$$

❷ 가지 전류 I_2, I_3

[그림 3-5]에서 전체 전류 I는 병렬회로에서 I_2와 I_3로 나뉘어 흐른다. 전류의 크기는 저항에 반비례하므로 I_2와 I_3는 다음과 같이 계산한다.

$$I_2 = \frac{R_3}{R_2 + R_3} I \tag{3.1}$$

$$I_3 = \frac{R_2}{R_2 + R_3} I \tag{3.2}$$

앞에서 구한 R_T와 식 (3.1), 식 (3.2)를 이용하면 전체 전류와 가지 전류 및 각 저항에 걸린 전압을 계산할 수 있다. 계산에는 전류 I, 전압 V, 저항 R 사이의 관계를 나타내는 옴의 법칙이 사용된다.[5]

[표 3-1]에 계산 과정과 결과값을 보였다. 표에서 V_{R_1}과 V_{R_4}는 각각 저항 R_1과 R_4에 걸린 전압이고, $V_{R_2/\!/R_3}$는 병렬 저항에 걸린 전압이다.

[표 3-1] 전류와 전압의 계산

구분		계산 과정		결과값
전류	I	전체 저항 $= 200 + 500 + 300 = 1{,}000\,[\Omega]$ 옴의 법칙 $I = \frac{V}{R} = \frac{5}{1{,}000} = 5\,[\mathrm{mA}]$		$5\,[\mathrm{mA}]$
	I_2	식 (3.1) $I_2 = \frac{1}{1+1} \times 5 = 2.5\,[\mathrm{mA}]$		$2.5\,[\mathrm{mA}]$
	I_3	식 (3.2) $I_3 = \frac{1}{1+1} \times 5 = 2.5\,[\mathrm{mA}]$		$2.5\,[\mathrm{mA}]$
전압	V_{R_1}	옴의 법칙 $V = IR$	$V_{R_1} = 5\,[\mathrm{mA}] \times 200\,[\Omega] = 1\,[\mathrm{V}]$	$1\,[\mathrm{V}]$
	$V_{R_2/\!/R_3}$		$V_{R_2/\!/R_3} = 5\,[\mathrm{mA}] \times 500\,[\Omega] = 2.5\,[\mathrm{V}]$	$2.5\,[\mathrm{V}]$
	V_{R_4}		$V_{R_4} = 5\,[\mathrm{mA}] \times 300\,[\Omega] = 1.5\,[\mathrm{V}]$	$1.5\,[\mathrm{V}]$

4 [실험 05]의 5.2절 '기초 이론'을 참고하라.
5 [실험 04]의 4.2절 '기초 이론'을 참고하라.

■ 전류와 전압의 시뮬레이션 결과

[그림 3-5]의 실험 회로에 대해 각 저항의 전압과 전류를 PSpice 시뮬레이션으로 구하고, [표 3-1]과 결과값을 비교해본다. 시뮬레이션 과정은 다음과 같다.

❶ 프로젝트 만들기

Capture CIS Lite 프로그램에서 새로운 프로젝트(Project)를 만든다.

❷ 부품 배치하기

그리기 도구모음을 이용해 부품을 찾은 다음, 회로도에 맞춰 배치한다.

❸ 배선과 접지 연결하기

배치된 부품들을 배선으로 연결하고 접지를 추가한다.

❹ 부품값 변경하기

회로도에 맞게 부품값을 변경한다.

❺ 시뮬레이션 설정하기

시뮬레이션 조건을 설정한다.

❻ 시뮬레이션 실행하기

전압과 전류를 측정할 부분에 프로브를 붙이고, 시뮬레이션을 실행한다.

❼ 결과 확인하기

시뮬레이션 결과를 확인한다.

❶ 프로젝트 만들기

Capture CIS Lite를 실행하면 [그림 3-6]과 같은 시작 페이지(Start page)가 나타난다. 여기에서 'New Project'를 선택하여 새로운 설계 프로젝트를 시작한다.

실험 동영상

[그림 3-6] 설계 시작(시작 페이지)

[그림 3-7]과 같이 메인 메뉴에서 [File] – [New] – [Project]를 선택해도 새로운 설계 프로젝트를 시작할 수 있다.

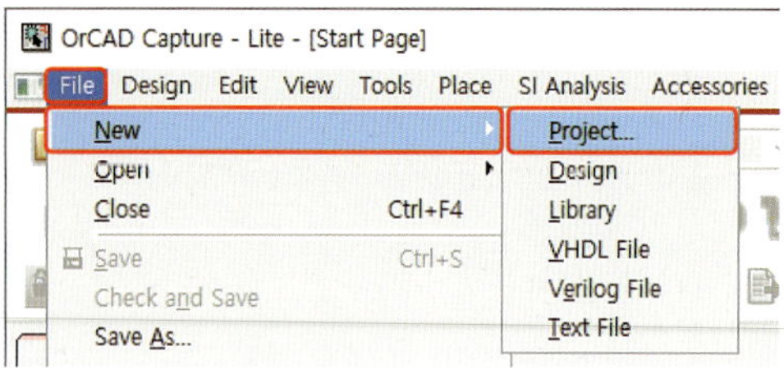

[그림 3-7] 설계 시작(메뉴)

새로운 설계 프로젝트를 시작하면 [그림 3-8]과 같은 〈New Project〉 설정창이 나타난다. 설정창에서 ❶ 'Name'에 프로젝트 이름을 입력하고[6] ❷ 'PSpice Analog or Mixed A/D'를 선택한다.[7] ❸ [Browse...] 버튼을 눌러 데이터 저장 경로와 폴더를 지정한다. 설정 완료 후, ❹ [OK] 버튼을 누르면 [그림 3-9]와 같은 설정창이 나타난다.

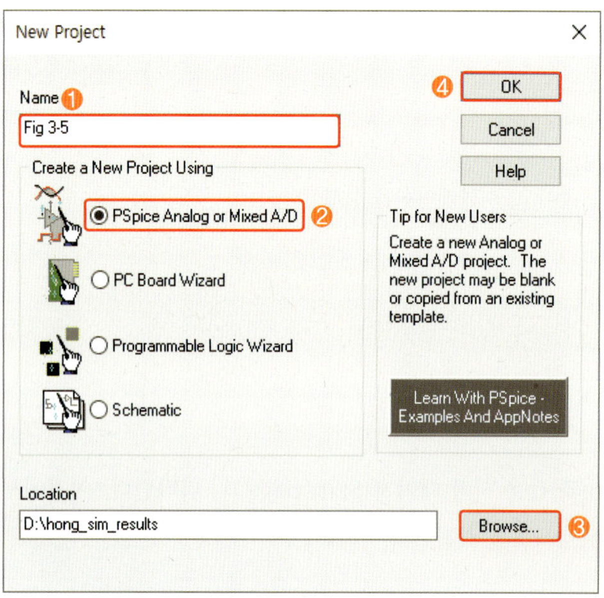

[그림 3-8] 〈New Project〉 설정창

[그림 3-9]와 같은 〈Create PSpice Project〉 창에서는 기존 프로젝트를 바탕으로 프로젝트를 시작할 것인지(Create based upon an existing project) 또는 새로운 프로젝트를 시작할 것인지(Create a blank project)를 선택한다. 여기에서는 'Create a blank project'를 선택한다.

6 프로젝트 이름으로 한글을 사용하면 시뮬레이션을 실행할 때 파일을 인식하지 못해 에러가 발생한다. 여기에서는 [그림 3-5]를 시뮬레이션할 것이므로 'Fig 3-5'를 입력했다.

7 이를 선택해야 부품의 전기적 파라미터를 이용하여 회로를 시뮬레이션할 수 있다.

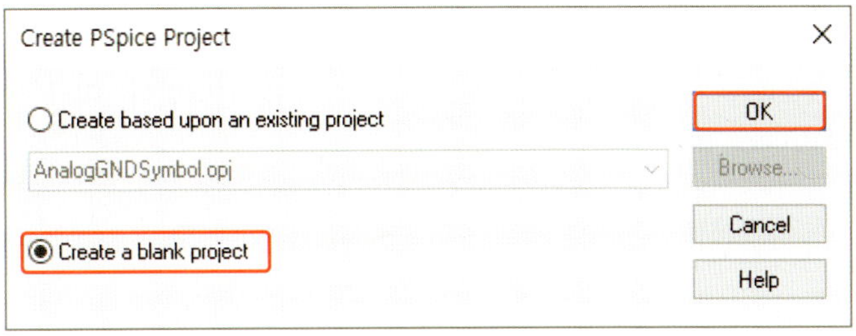

[그림 3-9] 프로젝트의 시작

이어서 [OK] 버튼을 누르면 [그림 3-10]과 같이 'Capture CIS Lite'의 기본 화면이 나타난다.[8] [그림 3-10]은 Capture CIS Lite의 기본 화면이다. ❶은 회로도 편집기(Schematic Page Editor)이고, ❷는 그리기 도구모음(Draw Toolbar)이다. 이 도구모음을 이용해 회로도 편집기에서 회로도를 그린다. ❸은 시뮬레이션을 위한 PSpice 도구모음(PSpice Toolbar)이다. ❹는 프로젝트 관리자(Project Manager)로, 프로젝트 이름(fig 3-5)과 회로도 편집기를 나타내는 'PAGE1'을 확인할 수 있다. 이를 이용하여 도면(Schematic Page)을 추가하거나 삭제할 수 있다. 또한 설계 캐시(Design Cache)를 클릭하면 회로도에 사용된 부품 목록을 확인할 수 있다.

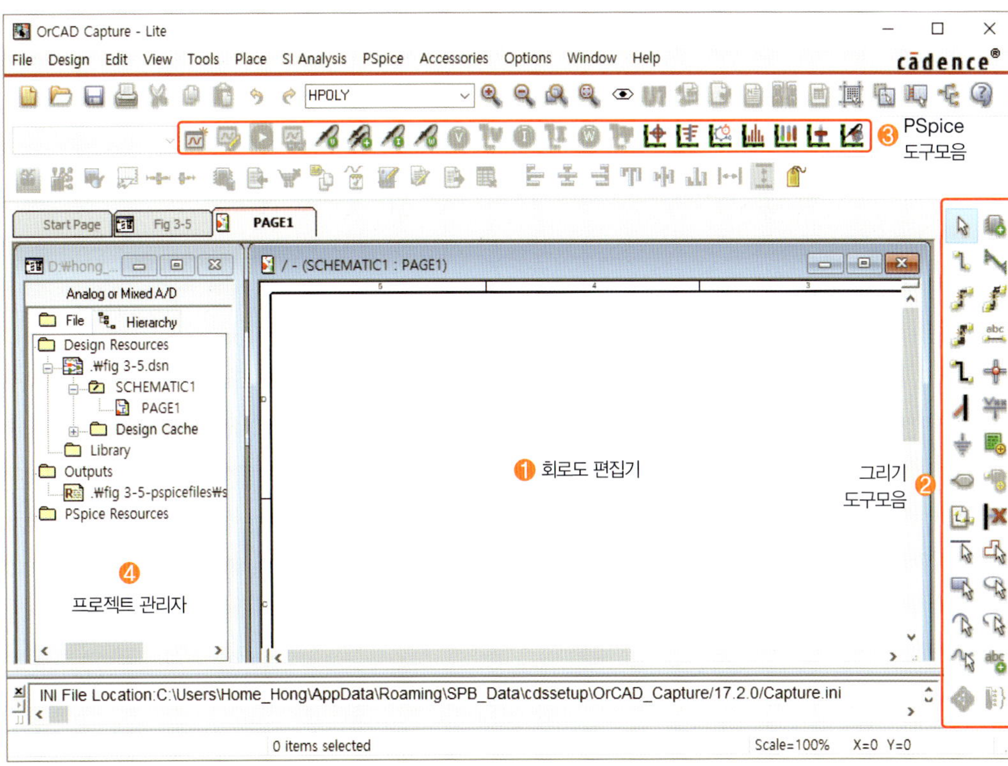

[그림 3-10] Capture CIS Lite의 기본 화면

8 프로그램 요소들이 보이도록 창 크기를 조절한 상태이다. 프로그램을 실행하면 [그림 3-10]의 ❶ 회로도 편집기만이 표시된다. 회로도 편집기 창의 크기를 줄인 후, 다른 창의 크기를 조절하여 그림과 같이 배열했다.

❷ 부품 배치하기

[그림 3-11]은 그리기 도구모음이다. 부품을 가져오기 위해 ' Place Part'를 선택한다. 이를 선택하면 [그림 3-12]와 같은 설정창이 나타난다.

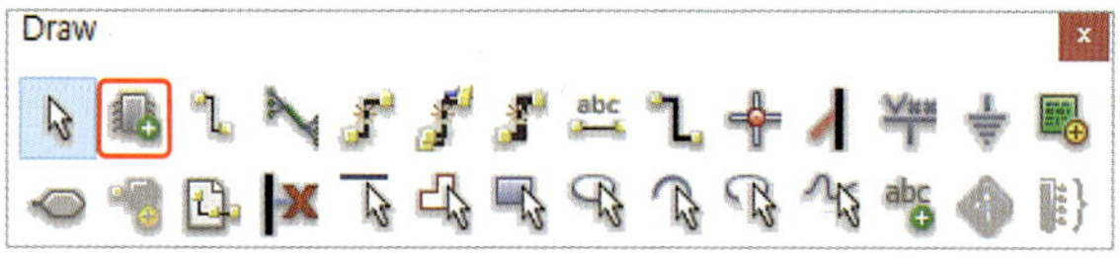

[그림 3-11] 그리기 도구모음

[그림 3-12]의 〈Place Part〉 설정창에서 ❶ 'Search for Part'의 + 를 누르면, '부품 검색창'이 아래로 펼쳐진다. 이때 부품 검색창에서 ❷ .... 를 누르면 부품을 가져올 라이브러리(Library)[9]의 경로를 지정할 수 있다. 기본 경로는 'Cadence\SPB_17.2\tools\capture\library\pspice'이며, 경로를 바르게 지정해야 시뮬레이션이 가능하다. 다음으로 ❸ 입력창에 찾으려는 부품명을 입력하고, ❹  를 누른다. 그러면 ❺의 'Libraries' 창에 부품과 이 부품이 들어 있는 라이브러리가 표시된다. 부품을 선택한 후, ❻ Add를 누르면 ❼에 부품 목록(Part List)이 표시되고, ❽에 부품의 기호(Symbol)가 표시된다.

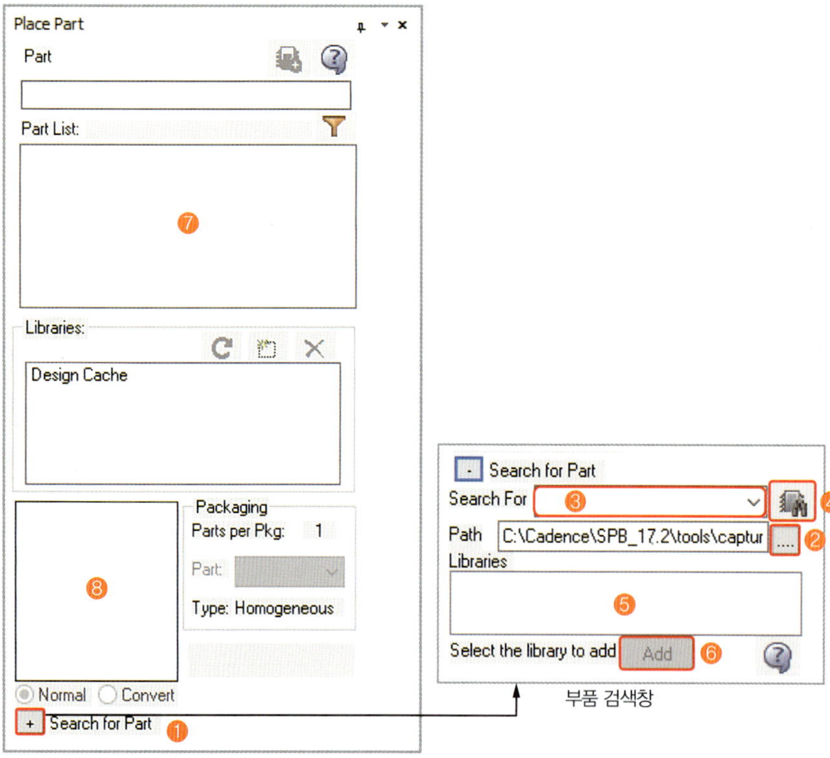

[그림 3-12] 〈Place Part〉 설정창

9 종류별로 부품을 모아 놓은 파일이다. 각 부품에는 전기적 특성, 부품 기호, 외형 정보 등이 들어 있다.

이제 [그림 3-5]의 실험 회로를 그려보자. 이를 위해 [그림 3-12]의 ❸에 부품명 'R'을 입력하고 ❹를 누른다. 그러면 [그림 3-13]의 ❶과 같이 'R'이 포함된 라이브러리들이 표시된다. 여기에서는 'analog'를 선택한다. 그러면 ❷에 라이브러리에 들어 있는 부품들이 표시되고, ❸에는 'R'의 기호가 표시된다.

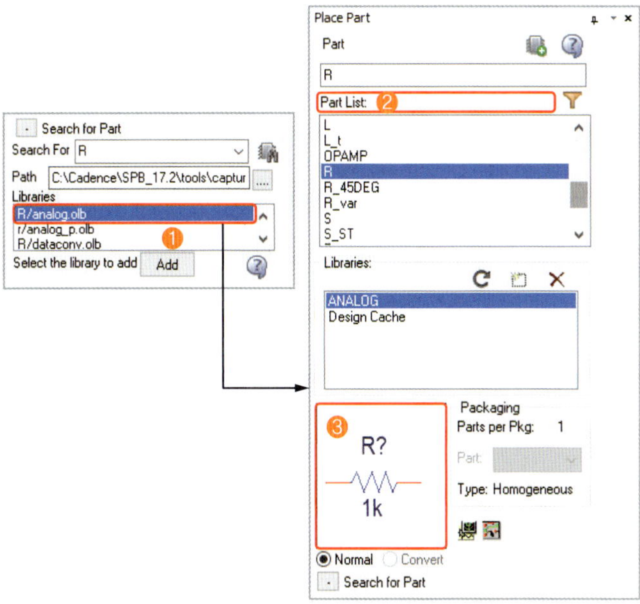

[그림 3-13] 부품 'R'을 검색한 후의 〈Place Part〉 설정창

[그림 3-13]의 ❷에서 'R'을 더블클릭하면 '회로도 편집기'에 배치할 수 있다. 부품을 입력할 때 키보드의 R을 누르거나 마우스 오른쪽 버튼을 클릭할 때 나타나는 팝업 메뉴에서 'Rotate'를 선택하면 회전시킬 수 있다.

[그림 3-14]는 4개의 저항(R1~R4)과 직류전원(V1)을 입력한 모습이다. 직류전원의 부품명은 'VDC'이며, 저항 'R'과 같은 요령으로 부품을 찾아 입력한다.

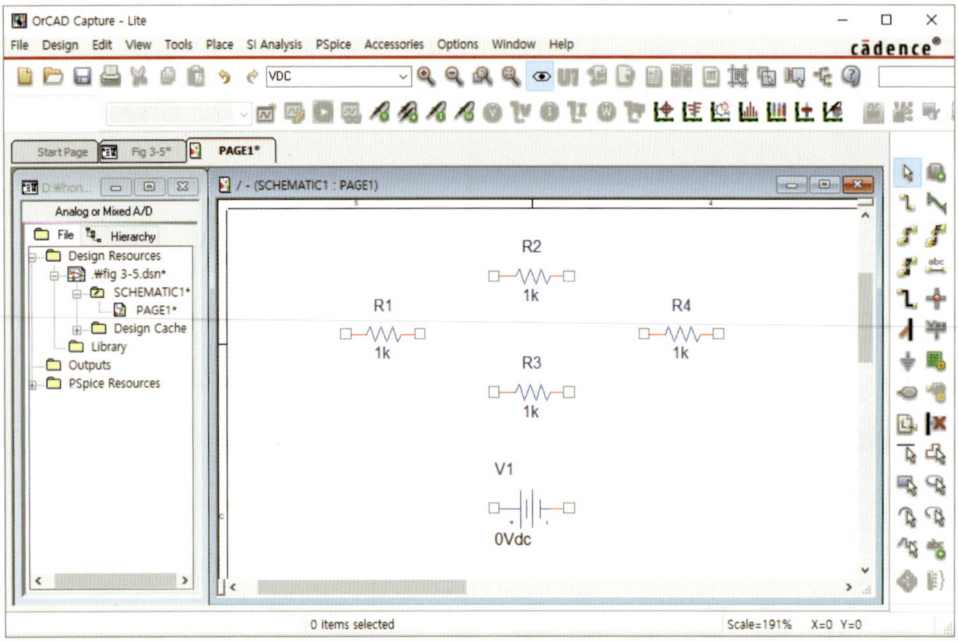

[그림 3-14] 저항(R1~R4)과 직류전원(V1) 입력

❸ 배선과 접지 연결하기

[그림 3-15]와 같이 그리기 도구모음에서 'Place Wire'를 선택하여 부품들을 연결하는 배선을 그린다.

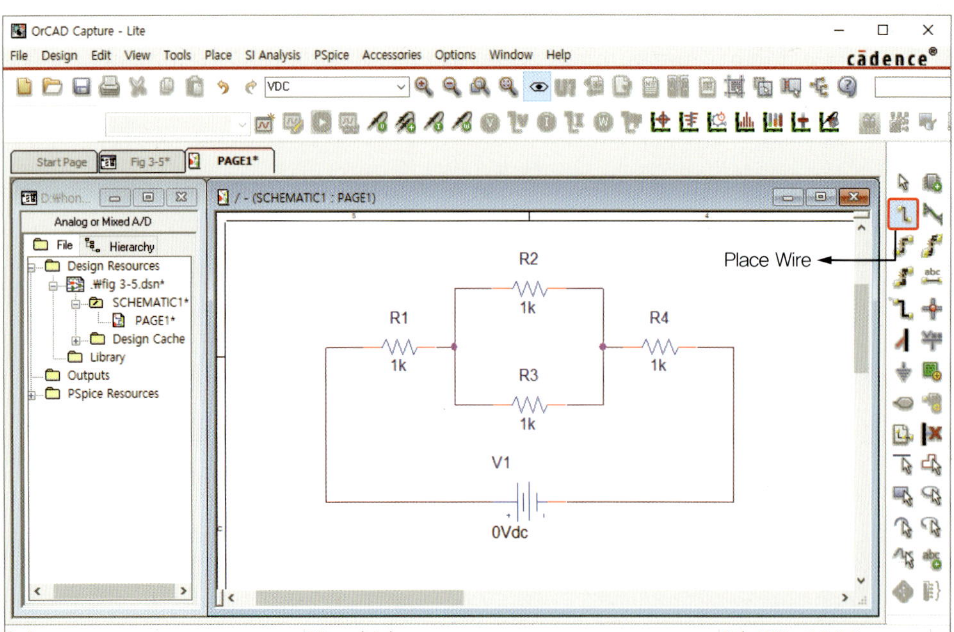

[그림 3-15] 배선 그리기

다음으로 접지를 입력한다. 접지가 입력되어 있지 않으면 시뮬레이션이 실행되지 않는다. 접지를 입력하기 위해 [그림 3-16]과 같이 도구모음에서 'Place Ground'를 선택한다. 그러면 그림과 같은 〈Place Ground〉 설정창이 나타나며, ❶의 '0/CAPSYM'을 선택하여 [그림 3-18]과 같이 입력한다.

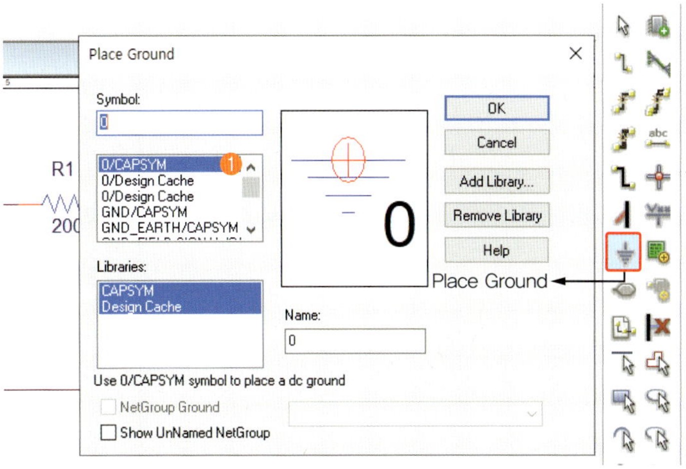

[그림 3-16] 접지 연결하기

❹ 부품값 변경하기

다음으로 부품값을 회로도에 맞게 변경한다. 이는 간단한 작업으로, [그림 3-17]과 같이 부품값을 더블클릭한 다음, 설정창에서 원하는 부품값을 입력하면 된다. 그림에서는 R4의 부품값을 300[Ω]으로 변경했다. [그림 3-5]를 참조하여 R1은 200[Ω], 직류전원(V1)은 5[V]로 각각 변경한다.

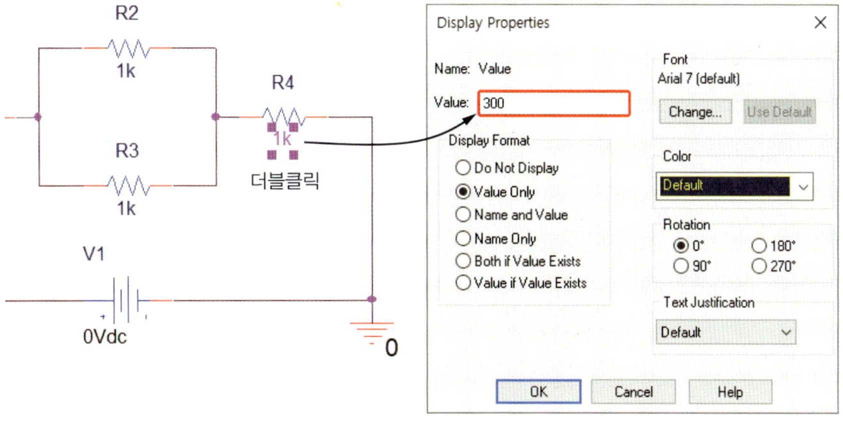

[그림 3-17] 부품값 변경

[그림 3-18]은 작성을 마친 시뮬레이션 회로이다.

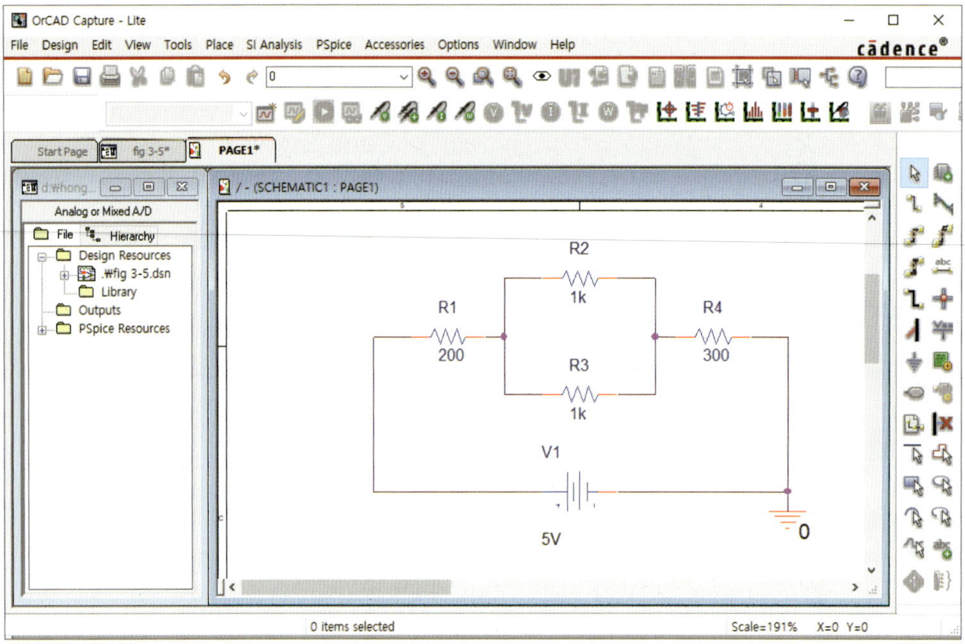

[그림 3-18] 시뮬레이션 회로(작성 완료)

❺ 시뮬레이션 설정하기

메인 메뉴에서 [PSpice] – [New Simulation Profile]을 선택한다. 그러면 [그림 3-19]와 같은 〈New Simulation〉 입력창이 나타난다. 입력창에 시뮬레이션 이름(Fig3-5_sim)을 입력하고, [Create] 버튼을 누르면 [그림 3-20]과 같은 〈Simulation Settings〉 설정창이 나타난다.

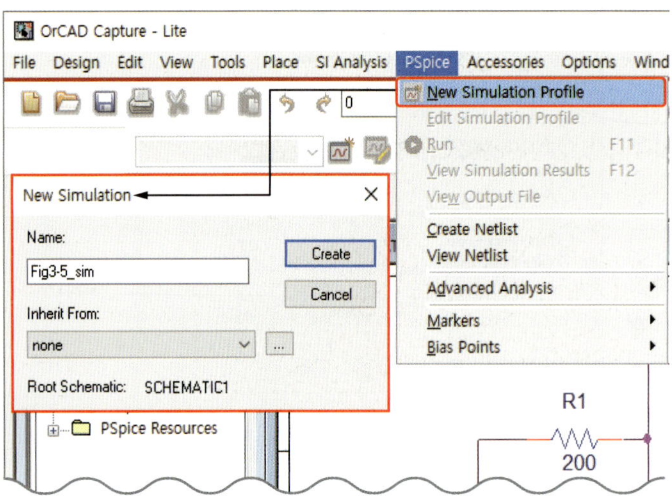

[그림 3-19] 새로운 시뮬레이션 시작

[그림 3-20]의 〈Simulation Settings〉 설정창에서는 ❶ Analysis Type(해석 방법)으로 'Time Domain(Transient)'을 설정하고, ❷ Options(옵션)으로 'General Settings'를 설정한다.[10] 이어서 ❸ Run to Time(시뮬레이션 시간)에 '30ms'를 입력한다.[11] 설정은 메인 메뉴의 [PSpice] – [Edit Simulation Profile]을 이용하여 변경할 수 있다.

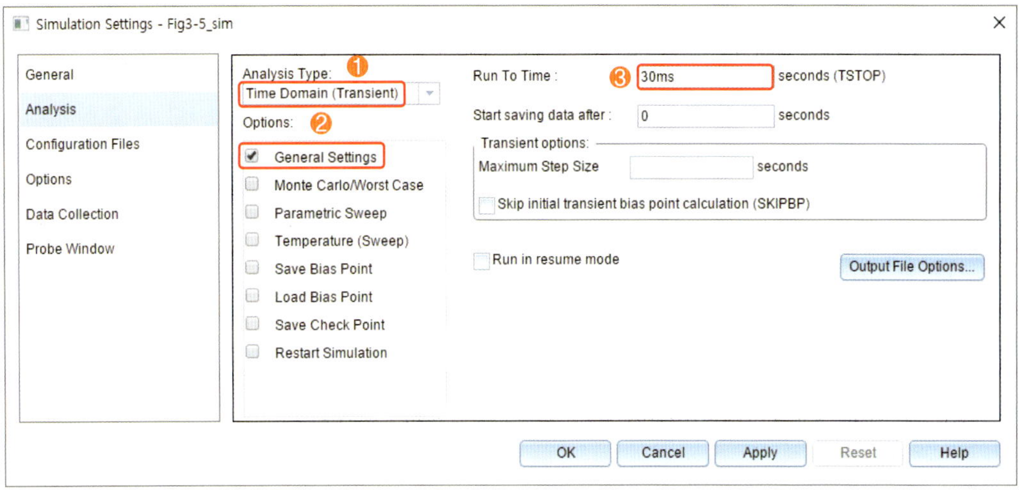

[그림 3-20] 시뮬레이션 설정

다음으로 'PSpice 도구모음'을 이용하여 회로에서 전류 및 전압을 측정할 곳에 프로브를 붙인다. [표 3-2]는 프로브의 종류와 기능을 나타낸다.

[표 3-2] PSpice 도구모음의 측정용 프로브

프로브	이름	기능
	전압 측정 프로브 (Voltage/Level Marker)	접지(0[V])를 기준으로 전압 측정
	전압차 측정 프로브 (Voltage Differential Marker)	(V+)와 (V–) 프로브를 붙인 두 지점 간의 전압차 측정
	전류 측정 프로브 (Current Marker)	프로브를 붙인 곳을 흐르는 전류 측정[12]
	전력 측정 프로브 (Power Dissipation Marker)	프로브를 붙인 곳의 전력 측정

10 기본적으로 'Time Domain(Transient)'와 'General Settings'가 설정되어 있다.

11 출력을 온전히 관찰하는 데 필요한 시간을 정하여 입력한다. 교류전원이나 신호를 사용한 경우에는 1주기보다 큰 시간을 입력해야 출력을 온전히 관찰할 수 있다.

12 멀티미터로 전류를 측정할 때는 회로 연결을 끊고 프로브를 회로에 직렬로 삽입해야 한다. 반면에, 시뮬레이션에서는 전류를 측정할 곳에 전류 측정 프로브를 붙이기만 하면 된다.

[그림 3-21]은 회로에 프로브를 붙인 모습이다. 저항 R1, R3, R4의 양단에는 전압차 측정 프로브( )를 붙였다. 이렇게 하면 해당 저항에 걸린 전압을 측정할 수 있다. 또한 저항 R1, R2, R3의 앞쪽에는 전류 측정 프로브( )를 붙였다.[13] 프로브를 붙일 때 키보드의 R을 누르면 프로브의 방향을 바꿀 수 있다.

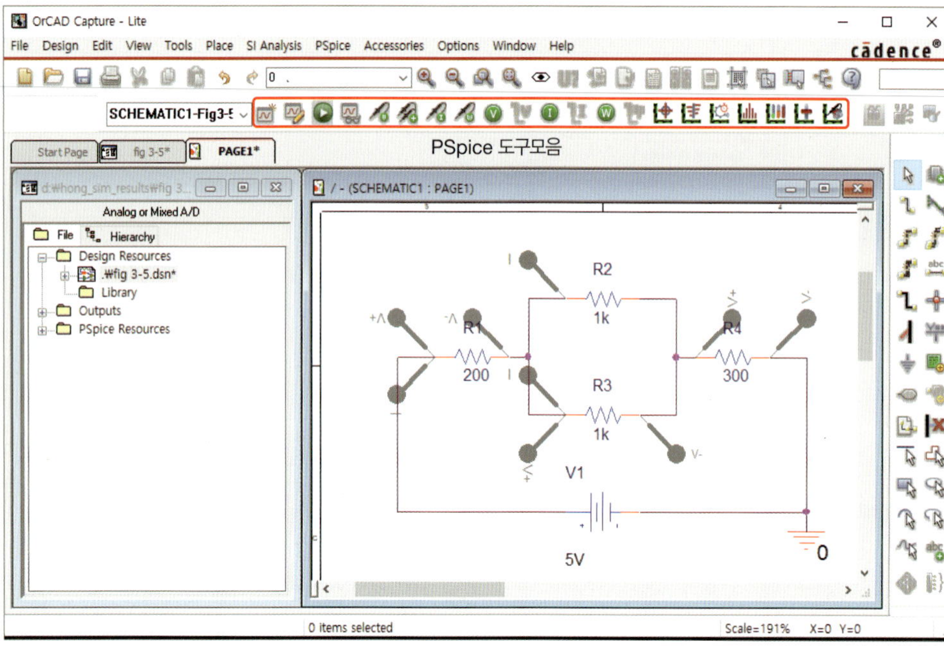

[그림 3-21] 측정용 프로브 붙이기

❻ 시뮬레이션 실행하기

메인 메뉴의 [PSpice] – [Run]을 눌러 시뮬레이션을 실행한다. 그러면 'PSpice AD Lite' 프로그램이 자동으로 실행되면서 [그림 3-22]와 같이 시뮬레이션 결과가 표시된다.[14] 결과 그래프를 살펴보면 [그림 3-12]에서 붙인 프로브에서 측정된 전압[V(R1:1, R1:2)...]과 전류[I(R1)...]가 표시되어 있다.

13 전압 측정 프로브는 자유롭게 붙일 수 있지만, 전류 측정 프로브는 부품의 리드 끝에만 붙일 수 있다.

14 PSpice의 시뮬레이션 결과는 검은색 바탕의 그래프로 표시된다. 이 책에서는 결과를 보기 쉽게 흰색 바탕으로 바꾸었다.

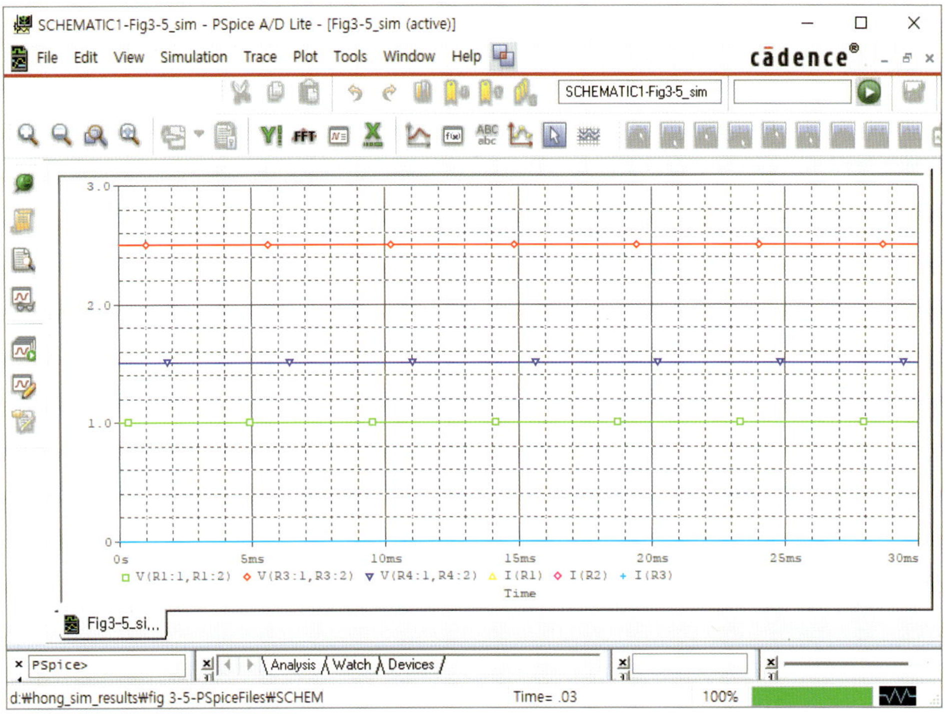

[그림 3-22] 시뮬레이션 결과(PSpice AD 프로그램)

[그림 3-23]은 시뮬레이션이 실행된 회로의 모습이다. 프로브가 활성화되면서 시뮬레이션 결과 그래프와 같은 색깔을 띤다.

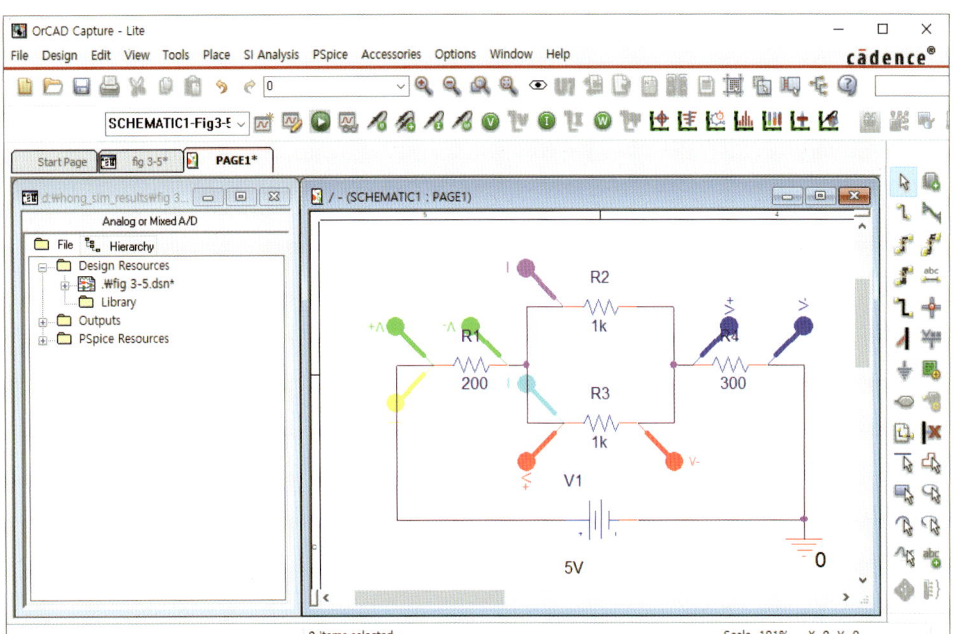

[그림 3-23] 시뮬레이션 실행 후의 회로 모습

앞에서 설명한 'New Simulation Profile'을 비롯한 메인 메뉴의 명령들은 [그림 3-24]와 같이 'PSpice 도구모음'에서도 실행할 수 있다.

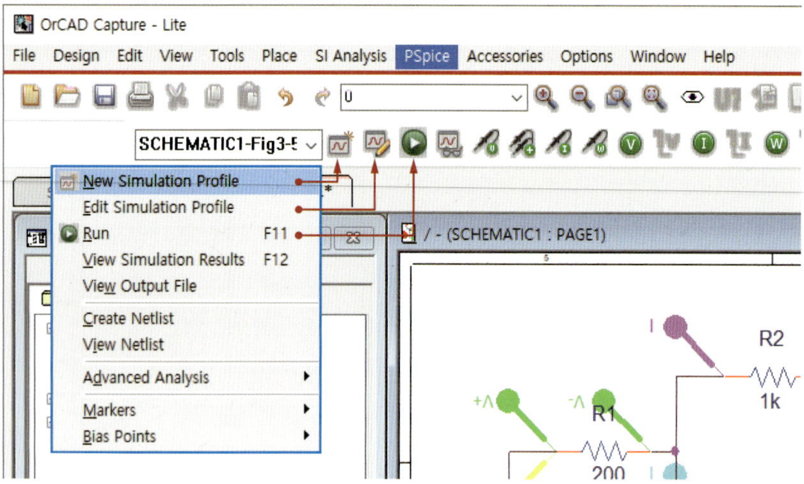

[그림 3-24] 빠른 실행을 위한 도구모음

❼ 결과 확인하기

[그림 3-25]는 시뮬레이션 결과를 확대한 그림으로, 구별을 위해 각 그래프에 이름을 붙여 두었다. 그림에서 $V_{R_2 /\!/ R_3}$는 저항 R_2와 R_3의 병렬회로에서 측정된 전압이다.

그림을 살펴보면 전류와 전압이 하나의 그래프에 중복 표시되어 있기 때문에 결과를 확인하기 어렵다. 그에 따라 전류와 전압의 단위도 표시되어 있지 않다.

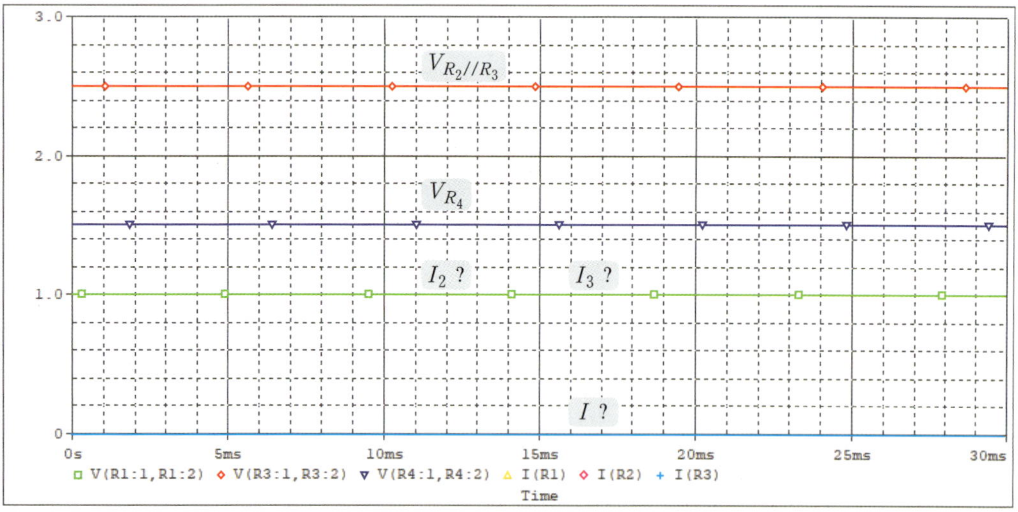

[그림 3-25] 시뮬레이션 결과

이러한 문제는 전류와 전압을 별도의 윈도우(Window)에 나누어 표시하는 방법으로 해결한다. 이를 위해 [그림 3-26]과 같이 'PSpice AD Lite' 메인 메뉴에서 [Plot] – [Add Plot to Window]를 실행한다. 그러면 [그림 3-27]과 같이 기존의 윈도우 위쪽에 새로운 윈도우가 추가된다.

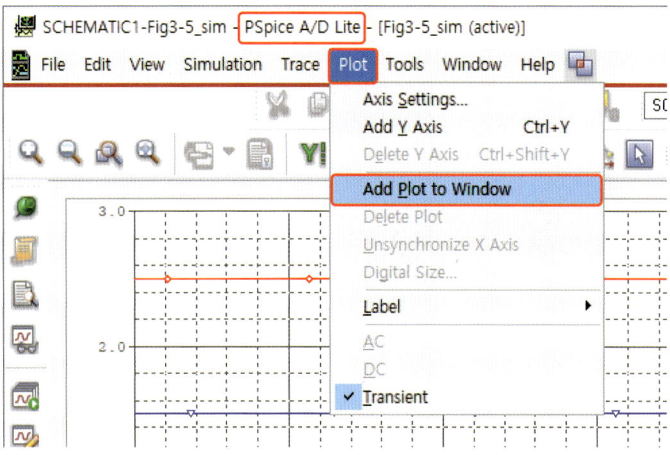

[그림 3-26] 새로운 윈도우의 추가(메뉴)

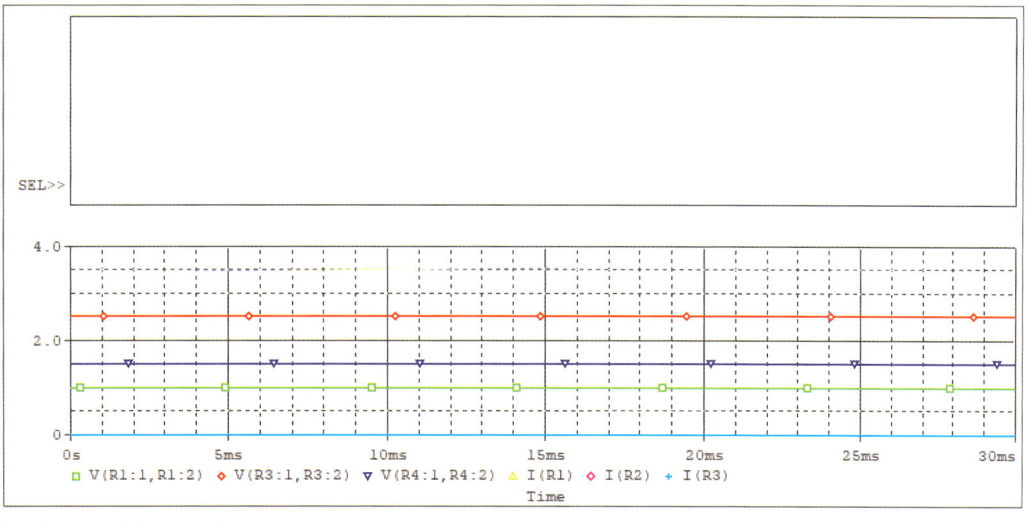

[그림 3-27] 결과 표시 윈도우 추가

새롭게 추가한 윈도우를 이용해 전압과 전류를 분리하여 표시해보자. 이를 위해 메인 메뉴의 [Trace] – [Add Traces]를 실행한다.[15] 그러면 [그림 3-28]과 같은 〈Add Traces〉 선택창이 표시된다.[16] 이 선택창에서 'I(R1)', 'I(R2)', 'I(R3)'를 선택한다.

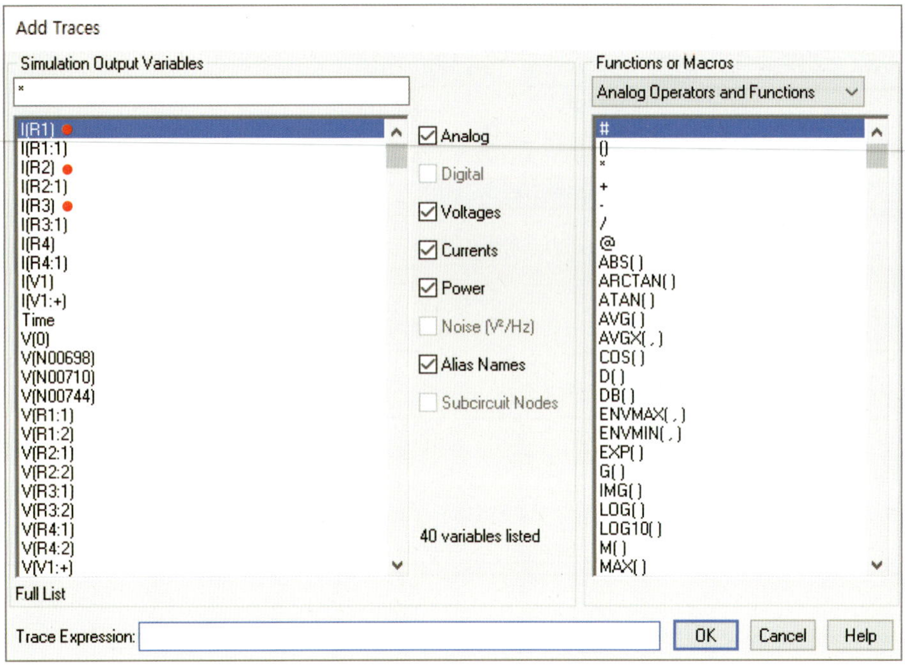

[그림 3-28] 〈Add Traces〉 선택창

15 위쪽 윈도우의 왼쪽에 표시된 'SEL≫'는 해당 윈도우가 선택되었음을 표시한다. 아래쪽 윈도우를 클릭하여 선택하면 이 표시도 옮겨진다.

16 PSpice는 시뮬레이션 결과 그래프를 'Trace'라 부른다.

다음으로 아래쪽의 기존 윈도우에서 전류의 'Trace'를 제거한다. 제거 방법은 윈도우 아래에 표시된 'I(R1)', 'I(R2)', 'I(R3)'를 마우스로 선택한 다음 키보드의 Del 키를 누르면 된다. 이렇게 하면 [그림 3-29]와 같이 위쪽 윈도우에는 전류, 아래쪽 윈도우에는 전압이 각각 표시된다. 또한 전류와 전압의 단위도 표시되었다.

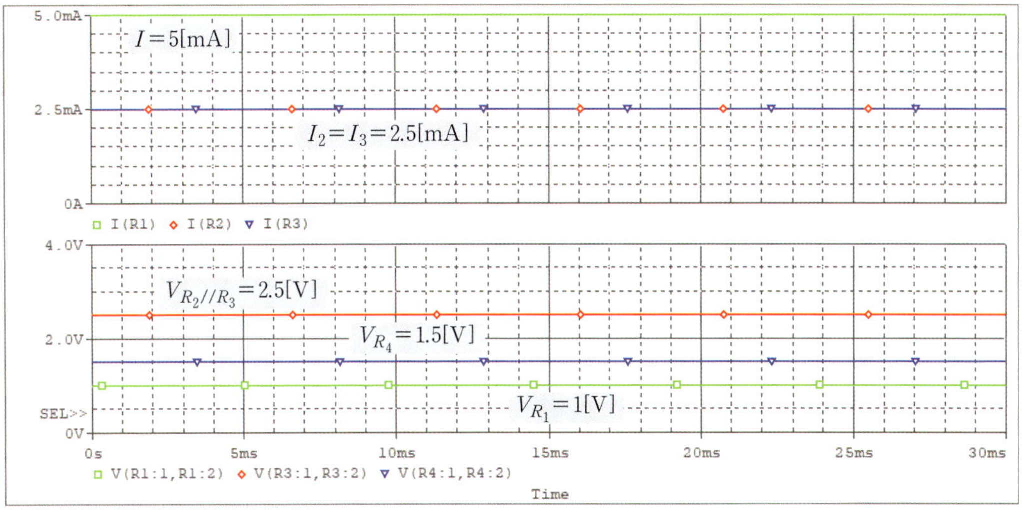

[그림 3-29] 최종 정리된 시뮬레이션 결과

[표 3-3]은 [표 3-1]에서 구한 이론값과 시뮬레이션 결과를 비교한 결과로, 같은 값을 보여준다. 이로부터 PSpice 시뮬레이션으로 실제 회로의 동작을 검증할 수 있음을 확인할 수 있다.

[표 3-3] 이론값과 시뮬레이션 결과의 비교

구분		이론값	시뮬레이션 결과	일치 여부
전류	I	5[mA]	5[mA]	O
	I_2	2.5[mA]	2.5[mA]	O
	I_3	2.5[mA]	2.5[mA]	O
전압	V_{R_1}	1[V]	1[V]	O
	$V_{R_2 /\!/ R_3}$	2.5[V]	2.5[V]	O
	V_{R_4}	1.5[V]	1.5[V]	O

3.3 실험

【실습 장비】

실험 기기	PSpice 프로그램(OrCAD 17.2–2016 Lite)
	실습용 컴퓨터

1 [그림 3–30]은 [실험 02]의 실험 회로([그림 2–16])이다. 저항 $R_1 = 200[\Omega]$, $R_2 = 330[\Omega]$, $R_3 = 470[\Omega]$이다.

2 직류전압 $V = 5[V]$이다.

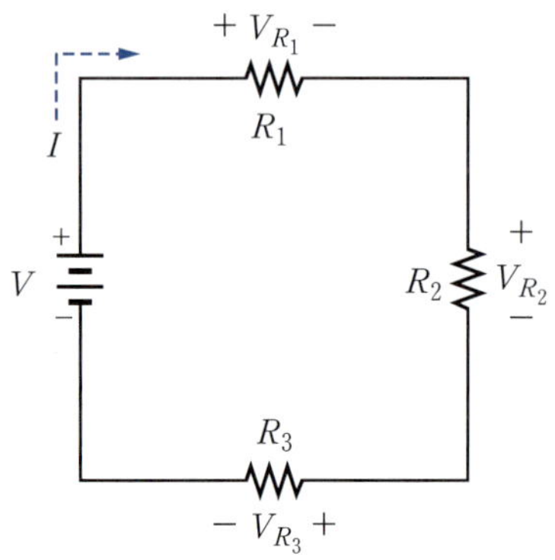

[그림 3–30] 실험 회로

3 [그림 3–30]의 회로에 대해 PSpice 시뮬레이션을 수행하고, 각 저항에 걸린 전압 V_{R_1}, V_{R_2}, V_{R_3} 및 전류 I를 구하여 [표 3–4]에 기록하라.

4 저항 R_1, R_2, R_3를 각각 $330[\Omega]$, $470[\Omega]$, $1.2[k\Omega]$으로 바꾼 다음, 마찬가지로 V_{R_1}, V_{R_2}, V_{R_3} 및 전류 I를 구하여 [표 3–4]에 기록하라.

[표 3–4] 시뮬레이션 결과

실험 과정	V_{R_1}	V_{R_2}	V_{R_3}
3			
3	전류 I : ________[mA]		
4			
4	전류 I : ________[mA]		

3.4 결과 검토

■ 실험

(1) [표 3-4]의 시뮬레이션 결과와 [표 2-1]의 실험 결과를 이용하여 [표 3-5]를 작성하라.

[표 3-5] 결과 비교

구분		V_{R_1}	V_{R_2}	V_{R_3}	전류 I
저항이 200 [Ω], 330 [Ω], 470 [Ω]일 때	실험				
	시뮬레이션				
저항이 330 [Ω], 470 [Ω], 1.2 [kΩ]일 때	실험				
	시뮬레이션				

(2) [표 3-5]를 참고하여 시뮬레이션 결과와 실제 측정한 실험 결과를 비교해보라.

■ PSpice 시뮬레이션

(1) [그림 3-31]에 보인 회로를 시뮬레이션하여 [표 3-6]을 작성하라. 저항 R_1, $R_2 = 1$ [kΩ], $R_3 = 1.5$ [kΩ], $R_4 = 500$ [Ω]이다. 직류전압 $V = 5$[V]이다.

(2) [표 3-6]에서 '$V_{R_1 /\!/ R_2 /\!/ R_3}$'는 병렬로 연결된 저항($R_1$, R_2, R_3)에 공통으로 걸린 전압을 나타낸다.

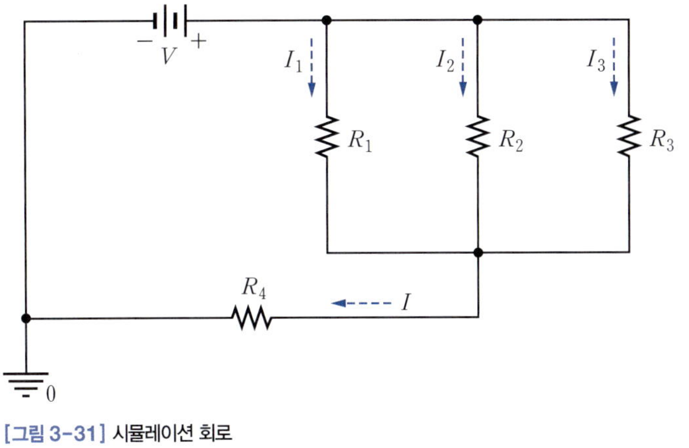

[그림 3-31] 시뮬레이션 회로

[표 3-6] 시뮬레이션 결과

전압		전류			
$V_{R_1 /\!/ R_2 /\!/ R_3}$	V_{R_4}	I_1	I_2	I_3	I

셀프 테스트

(1) 현재 PSpice 프로그램은 (OrCAD사, MicroSim사, Cadence사)에서 공급한다.

(2) PSpice 체험판 프로그램은 (기능, 부품 수)에 제한이 있다.

(3) Capture CIS Lite에서 새로운 시뮬레이션을 시작할 때 선택해야 하는 프로젝트 유형은 무엇인가?

① PC Board Wizard ② Schematic

③ PSpice Analog or Mixed A/D ④ Programmable Logic Wizard

(4) 다음은 Capture CIS Lite의 '그리기 도구모음'이다. 아래의 설명에 해당되는 도구를 찾아서 번호를 써넣어라.

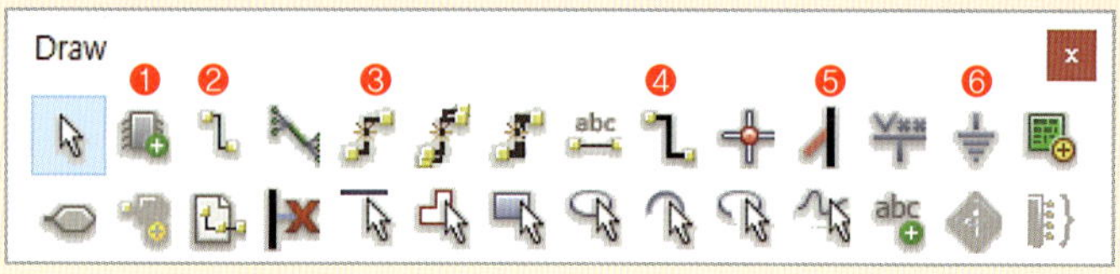

- Place Part(부품 가져오기) : (   )
- Place Wire(배선 그리기) : (   )
- Place Ground(접지 가져오기) : (   )

(5) 다음은 Capture CIS Lite의 'PSpice 도구모음'이다. 아래의 설명에 해당되는 도구를 찾아서 번호를 써넣어라.

- 전압차 측정 프로브 : (   )
- PSpice 실행(Run) : (   )
- New Simulation Profile(시뮬레이션 조건 설정) : (   )

예비학습

(1) 옴의 법칙에 대해 조사하라.

실험 04

옴의 법칙

4.1 실험 목표

- 옴의 법칙이 가진 물리적 의미를 설명할 수 있다.
- 저항, 전류, 전압 사이의 관계를 설명할 수 있다.
- 브레드보드와 멀티미터를 익숙하게 사용할 수 있다.

4.2 기초 이론

옴의 법칙(Ohm's Law)은 전압(V)과 전류(I) 및 저항(R) 사이의 관계를 나타내며, 식 (4.1)과 같이 다양한 형태로 표현된다.

$$I = \frac{V}{R}, \quad R = \frac{V}{I}, \quad V = IR \tag{4.1}$$

■ $I = \frac{V}{R}$

옴의 법칙을 표현한 식 $I = \frac{V}{R}$는 '전류는 전압에 비례하고, 저항에 반비례'함을 나타낸다. 예를 들어, 전압이 10[V]이고 저항이 10[Ω]이면, 식에 따라 전류는 1[A]가 된다. 만약 이 상태에서 전류가 2[A]로 늘었다면, 이는 전압이 2배 늘었거나 저항이 $\frac{1}{2}$로 줄었기 때문이다. 식 $I = \frac{V}{R}$를 이용하면 전압이나 저항이 변할 때 전류가 어떻게 변할지 알 수 있다.

■ $R = \frac{V}{I}$

옴의 법칙을 표현한 식 $R = \frac{V}{I}$는 '저항이 전압과 전류의 비율, 즉 전압에 따른 전류의 변화율(기울기)'임을 나타낸다. 다음 예를 살펴보며 이 식의 의미를 알아보자.

[그림 4-1]은 전압을 1[V]에서 4[V]로 증가시킬 때, 크기가 다른 3개의 저항(R_1, R_2, R_3)에 흐르는 전류를 나타낸 그래프이다. R_1은 기울기가 급하고, R_3는 완만하다.

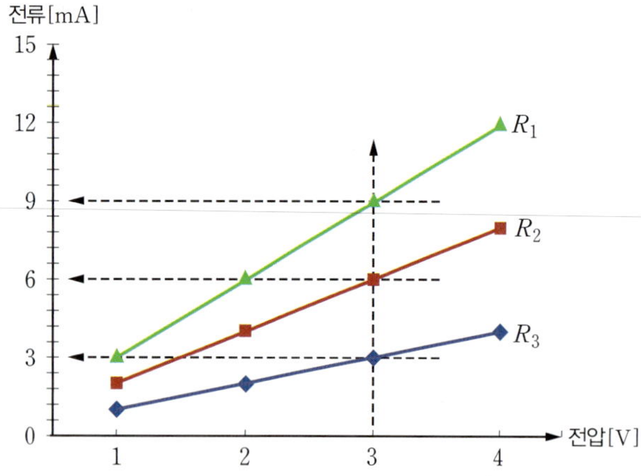

[그림 4-1] 전압에 따른 전류의 변화

식 (4.1)의 $R = \dfrac{V}{I}$를 적용하여, [그림 4-1]에서 3[V]일 때의 저항값을 구해보자.

$$R_1 : 3[\text{V}]\text{일 때, } 9[\text{mA}]\text{의 전류가 흐르므로, } R_1 = \frac{3[\text{V}]}{9[\text{mA}]} = 333[\Omega]$$

$$R_2 : 3[\text{V}]\text{일 때, } 6[\text{mA}]\text{의 전류가 흐르므로, } R_2 = \frac{3[\text{V}]}{6[\text{mA}]} = 500[\Omega]$$

$$R_3 : 3[\text{V}]\text{일 때, } 3[\text{mA}]\text{의 전류가 흐르므로, } R_3 = \frac{3[\text{V}]}{3[\text{mA}]} = 1{,}000[\Omega]$$

위의 계산 결과와 [그림 4-1]을 비교해보면, 기울기가 급한 R_1의 저항값이 가장 작고, 기울기가 완만한 R_3의 저항값이 가장 크다. 이는 저항의 크기에 따라 전류의 변화율이 다르기 때문이다. 이로부터 '저항이란 전압에 따른 전류의 변화율(기울기)'이라는 말의 의미를 알 수 있다.

■ $V = IR$

옴의 법칙을 표현한 식 $V = IR$은 폐회로에서 저항을 비롯한 '소자에 걸리는 전압이 전류와 저항에 비례'함을 나타낸다. 다음 예를 살펴보며 이 식의 의미를 알아보자.

[그림 4-2]는 [실험 02]에서 다룬 실험 회로이다. 이 회로는 모든 소자(저항)들이 직렬로 연결되어 있어 동일한 전류 I가 흐른다. 그렇다면 전압은 어떨까?

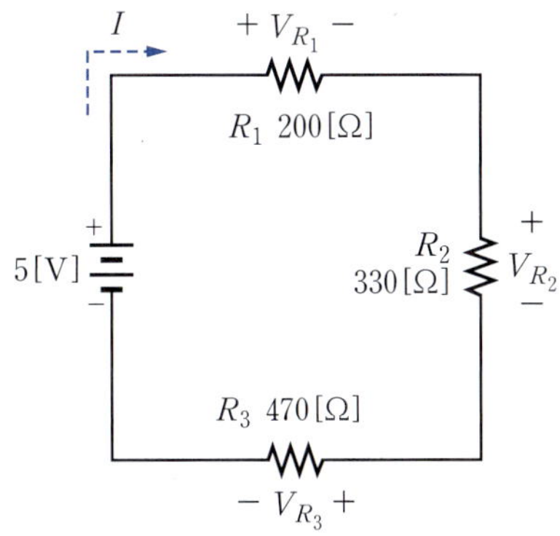

[그림 4-2] 직렬회로

식 (4.1)을 적용하여 각 저항에 걸린 전압을 구해보자. 이때 V_{R_1}, V_{R_2}, V_{R_3}는 각각 R_1, R_2, R_3에 걸린 전압이다.

$$\text{전체 저항}: 200[\Omega] + 330[\Omega] + 470[\Omega] = 1{,}000[\Omega]$$

$$I = \frac{V}{R} \rightarrow \text{전체 전류}: I = \frac{5[\text{V}]}{1{,}000[\Omega]} = 5[\text{mA}]$$

$$\begin{aligned} V = IR \rightarrow V_{R_1} &= IR_1 = 5[\text{mA}] \times 200[\Omega] = 1[\text{V}] \\ V_{R_2} &= IR_2 = 5[\text{mA}] \times 330[\Omega] = 1.65[\text{V}] \\ V_{R_3} &= IR_3 = 5[\text{mA}] \times 470[\Omega] = 2.35[\text{V}] \end{aligned}$$

위의 결과에서 저항값이 클수록 전압이 커짐을 알 수 있다. 이 예에서는 전류가 5[mA]로 일정하지만, 전류를 증가시키면 전압은 마찬가지로 증가할 것이다. 이로부터 '소자에 걸리는 전압이 전류와 저항에 비례'한다는 말의 의미를 알 수 있다.

4.3 실험

【실습 장비】

실험 기기	직류전원 공급장치	1대	
	멀티미터	1대	
	브레드보드	1개	
실험 부품	저항	200[Ω], 270[Ω], 330[Ω], 510[Ω], 1[kΩ], 2[kΩ]	각 1개

4.3.1 $I = \frac{V}{R}$ 실험

1 [그림 4-3]의 실험 회로를 구성하라. 저항 $R_1 = 270\,[\Omega]$, $R_2 = 330\,[\Omega]$이다.

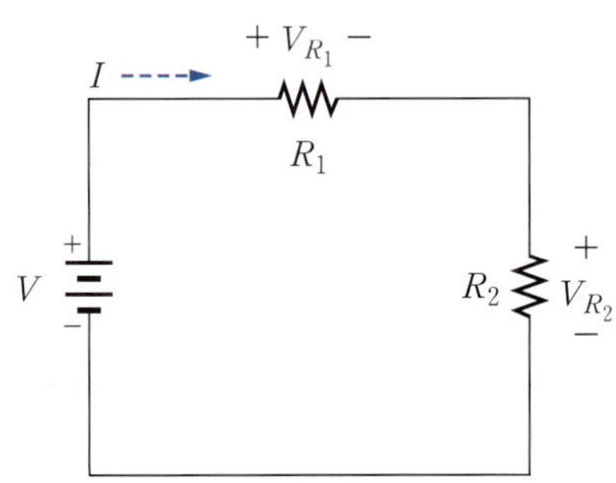

[그림 4-3] 실험 회로($I = \frac{V}{R}$ 실험)

2 직류전원 V를 3, 5, 7, 9[V]로 바꾸면서 전류 I를 측정하여 [표 4-1]에 기록하라.

3 저항을 $R_1 = 200\,[\Omega]$, $R_2 = 1\,[\mathrm{k}\Omega]$으로 바꾸고, 전류 I를 측정하여 [표 4-1]에 기록하라.

[표 4-1] 옴의 법칙 $I = \frac{V}{R}$ 실험

실험 과정 \ 전압 V[V]		3	5	7	9
2	전류 I[mA]				
3					

실험 따라하기

옴의 법칙 $I=\dfrac{V}{R}$ ([그림 4-3])

1 실험에 사용할 저항을 확인한다. $R_1=270\,[\Omega]$, $R_2=330\,[\Omega]$이다.

2 [그림 4-3]의 회로도에 따라 다음과 같이 실험 회로를 구성한다. 직류전원 공급장치의 출력은 $3\,[\mathrm{V}]$로 설정한다.

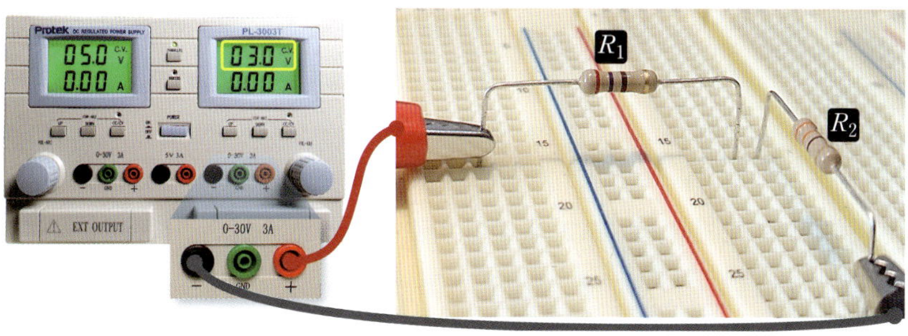

3 멀티미터를 직류전류 측정모드로 설정한 후, 다음 그림과 같이 회로에 직렬로 연결한다. 측정되는 전류값을 [표 4-1]의 실험 과정 2 에 기록한다.

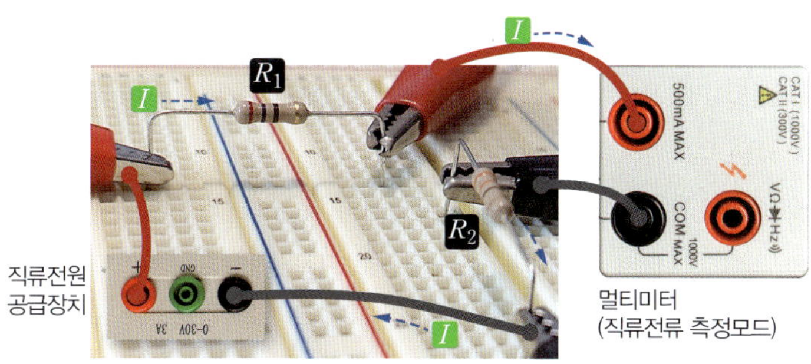

다음으로 직류전원 공급장치의 출력을 [표 4-1]에 따라 5, 7, $9\,[\mathrm{V}]$로 바꾸면서, 그때의 전류를 측정하여 [표 4-1]의 실험 과정 2 에 기록한다.

4 실험 회로의 저항을 $R_1=200\,[\Omega]$, $R_2=1\,[\mathrm{k}\Omega]$으로 바꾼다.

5 앞의 2 ~ 3과 마찬가지로 직류전원 공급장치의 출력을 바꾸면서, 그때의 전류를 측정하여 [표 4-1]의 실험 과정 3 에 기록한다.

4.3.2 $R = \frac{V}{I}$ 실험

1 [그림 4-4]의 실험 회로를 구성하라.

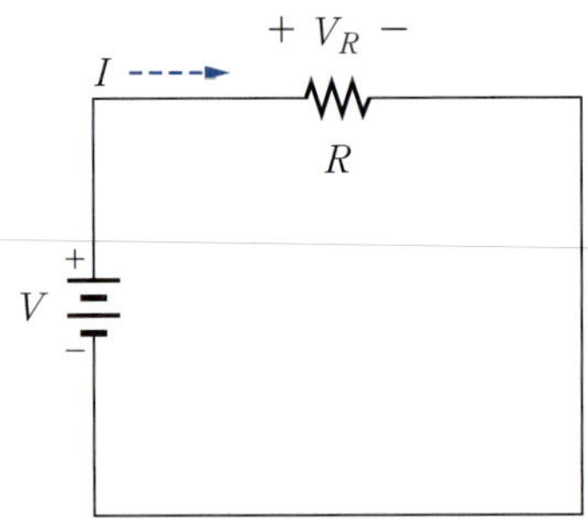

[그림 4-4] 실험 회로($R = \frac{V}{I}$ 실험)

2 직류전원 V와 저항 R의 값을 [표 4-2]와 같이 바꾸면서 전류 I를 측정하여 [표 4-2]에 기록하라.

3 [표 4-2]의 측정값을 이용하여 저항(510[Ω], 1[kΩ], 2[kΩ])에 대한 전류-전압 그래프를 [그림 4-5]에 그려라.

[표 4-2] 옴의 법칙 $R = \frac{V}{I}$ 실험

저항 \ 전압 V[V]		3	5	7	9	11
$R = 510$[Ω]	전류 I[mA]					
$R = 1$[kΩ]						
$R = 2$[kΩ]						

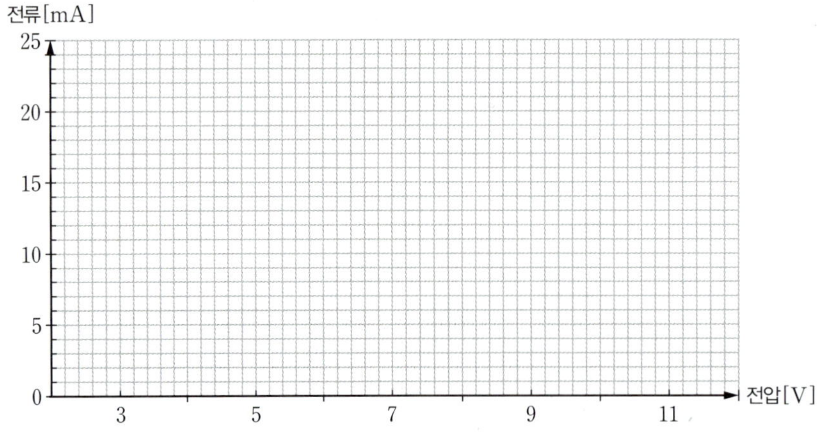

[그림 4-5] 전류-전압 그래프

전류-전압 그래프로부터 저항값 구하기

여기서 잠깐

옴의 법칙을 표현한 식 $R=\frac{V}{I}$는 저항이 전압과 전류의 비율, 즉 전압에 따른 전류의 변화율(기울기)임을 나타낸다. 이 성질을 이용하면 전류-전압 그래프에서 저항값을 구할 수 있다.

[그림 4-6]은 어떤 저항에 대해서 전압에 대한 전류를 측정한 그래프이다. 여기에서 전류와 전압의 변화율을 구하면, 그 값이 곧 저항값이 된다. 즉 전압의 변화량을 ΔV라 하고, 그에 따른 전류의 변화량을 ΔI라 하면, 저항 $R=\frac{\Delta V}{\Delta I}$가 된다.

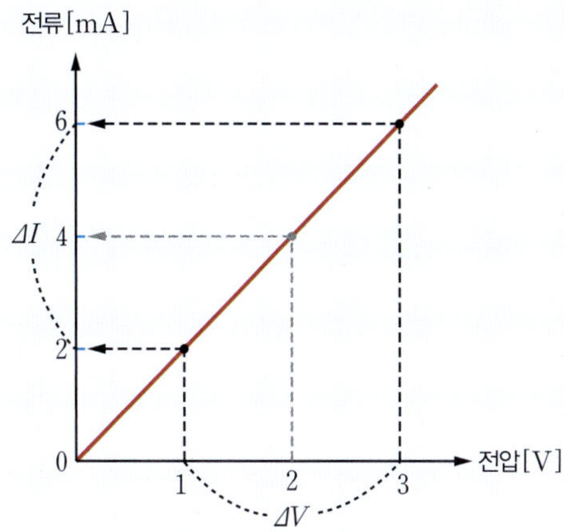

[그림 4-6] 전류-전압 그래프

[그림 4-6]과 같이 1[V]에서 3[V]의 2[V] 구간을 ΔV로 설정하면, 전류는 2[mA]에서 6[mA]로 변화하므로 ΔI는 4[mA]가 된다. ΔV와 ΔI를 이용해 저항값을 구하면 다음과 같다.

$$R=\frac{2\,[\mathrm{V}]}{4\,[\mathrm{mA}]}=500\,[\Omega]$$

ΔV의 구간을 0[V]에서 1[V]로 다르게 설정해보면, ΔV는 1[V]가 되고, 전류는 0에서 2[mA]로 변화하므로 ΔI는 2[mA]가 된다. 이 경우의 저항값은 다음과 같으며, 앞의 구간에서 구한 저항값과 같다.

$$R=\frac{1\,[\mathrm{V}]}{2\,[\mathrm{mA}]}=500\,[\Omega]$$

이는 '전압에 따른 전류의 변화율(기울기)'이 일정하기 때문이다.

4.4 PSpice 시뮬레이션

[그림 4-7]의 회로를 시뮬레이션하여 옴의 법칙을 확인해보자.

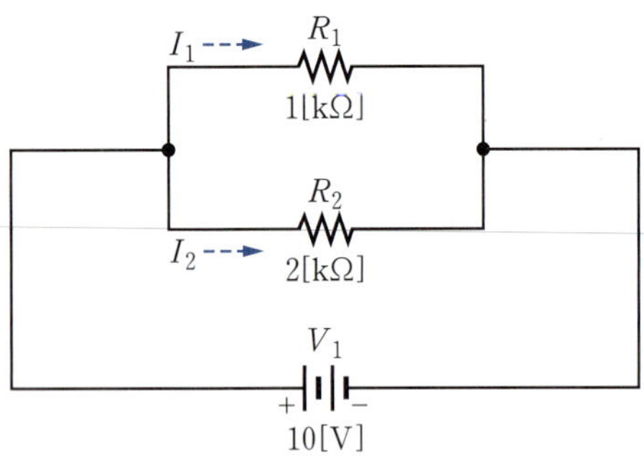

[그림 4-7] 시뮬레이션 회로

시뮬레이션 설정은 [표 4-3]과 같으며, Analysis Type(해석 방법)으로 'DC Sweep'을 사용하는 점이 특징이다.

[표 4-3] 시뮬레이션 설정

시뮬레이션 목적		옴의 법칙$\left(I=\frac{V}{R}\right)$ 확인
대상 회로		[그림 4-7]
시뮬레이션 설정	Analysis Type	DC Sweep
	Options	Primary Sweep

DC Sweep 시뮬레이션 설정

'DC Sweep'은 직류전원의 값을 바꾸면서 그에 따른 전류의 변화를 살펴보는 시뮬레이션 방법이다. 이를 위해 [그림 4-8]과 같이 설정한다.

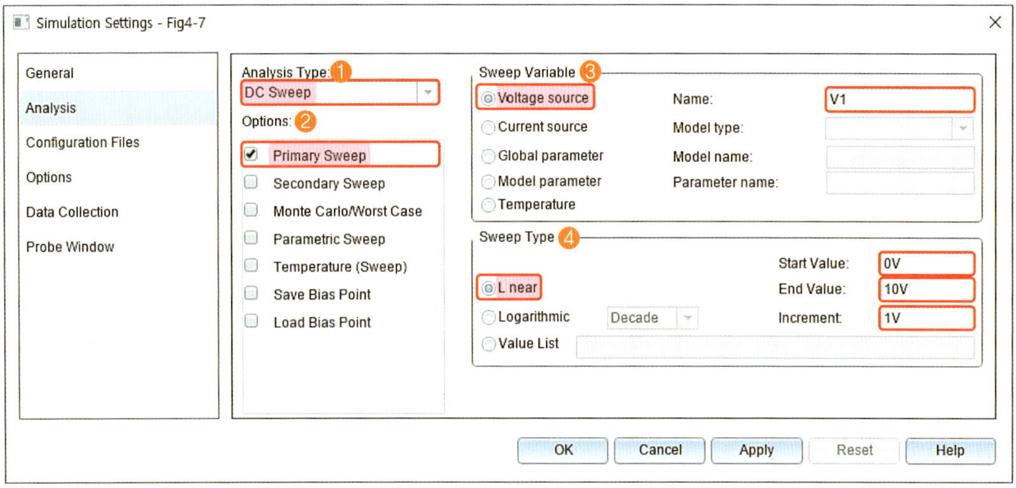

[그림 4-8] 시뮬레이션 설정

먼저 ❶ Analysis Type(해석 방법)으로 'DC Sweep'을 선택하고, ❷ Options(옵션)으로 'Primary Sweep'을 선택한다. ❸ 값을 Sweep Variable(바꿀 변수)로 'Voltage source'를 선택하고, 'Name'에 직류전원의 이름인 'V1'을 입력한다. 다음으로 ❹ 변수 'V1'을 어떻게 바꿀 것인지 Sweep Type을 지정한다. 여기에서는 변수의 값을 일정하게 증가시키는 'Linear'를 선택하고, Start Value(시작값), End Value(최종값), Increment(증가량)을 각각 '0V', '10V', '1V'로 설정한다. 이렇게 하면 직류전원 'V1'이 0부터 10[V]까지 1[V]씩 증가하게 된다. 만약 'Value List'를 선택하면 원하는 값을 직접 입력할 수도 있다.

시뮬레이션 결과

[그림 4–9]는 Capture CIS Lite로 작성한 시뮬레이션 회로이고[1], [그림 4–10]은 시뮬레이션 결과이다.

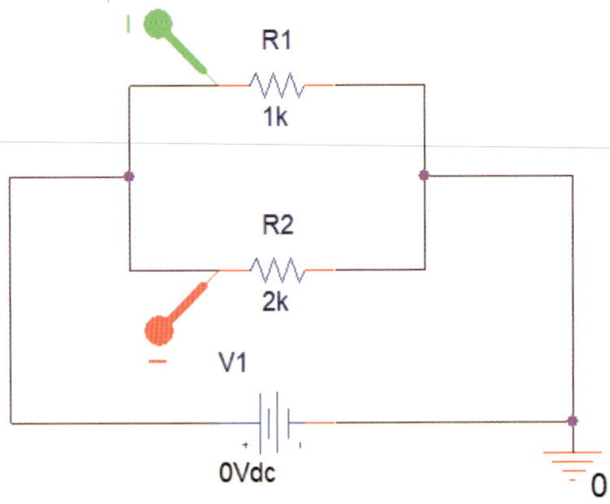

[그림 4–9] 시뮬레이션 회로

[그림 4–10]을 살펴보면, 전압이 증가함에 따라 저항 R1과 R2에 흐르는 전류 I_1, I_2는 모두 증가한다. 다음으로 [그림 4–10]에서 V1이 5[V]인 경우를 예로 살펴보면, I_1은 5[mA]이고 I_2는 2.5[mA]이다. 이는 R_1과 R_2의 비율(1 : 2)만큼 I_2가 감소한 것이다. 이로부터 옴의 법칙 $I = \frac{V}{R}$(전류는 전압에 비례하고, 저항에는 반비례)를 확인할 수 있다.

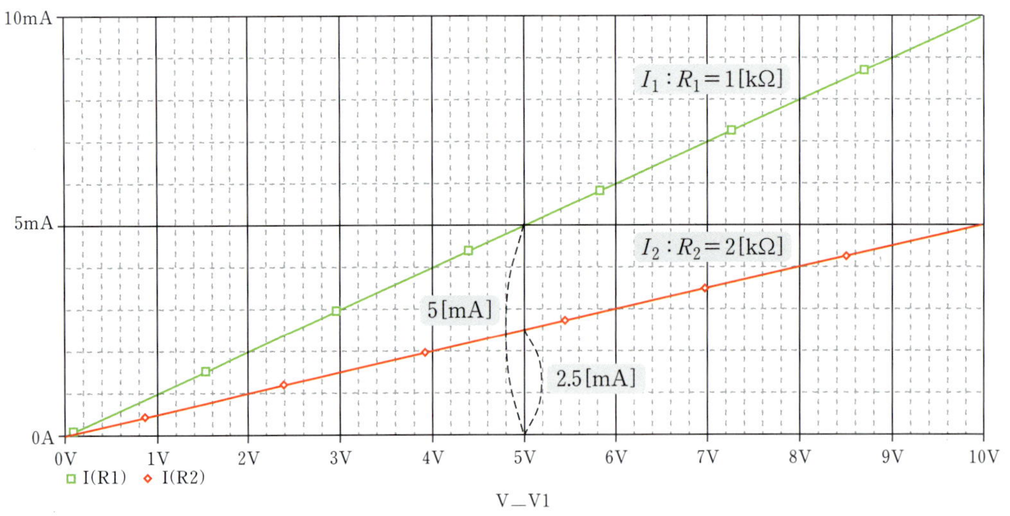

[그림 4–10] 시뮬레이션 결과

1 직류전원 'V1'은 가변되는 변수이므로 '0Vdc'를 변경할 필요는 없다.

4.5 결과 검토

■ 실험

(1) [표 4-1]의 실험 결과에서 전압이 3[V]에서 9[V]로 3배 증가할 때, 전류는 어떤 비율로 증가하는지 계산하라.

(2) 앞의 (1)의 계산 결과를 이용하여 옴의 법칙 $I = \frac{V}{R}$를 설명하라.

(3) [표 4-1]에서 전압이 5[V]일 때 실험 과정 **2** 에서 측정한 전류와 실험 과정 **3** 에서 측정한 전류를 비교해보라. 전류가 증가하거나 감소했다면 그 이유를 설명하라.

(4) [그림 4-5]에서 변화율(기울기)이 가장 급한 저항은 무엇인가?

(5) [그림 4-5]에서 각 저항별로 ΔV와 ΔI를 구하여 [표 4-4]에 기록하라.

(6) 식 $R = \frac{\Delta V}{\Delta I}$를 이용하여 각각의 저항값 R을 계산하여 [표 4-4]에 기록하라.

(7) [표 4-4]에 주어진 명목 저항값과 (6)에서 계산한 저항값 R의 [%]오차를 계산하여 [표 4-4]에 기록하라.

(8) 앞의 (6)과 (7)의 결과를 이용하여 옴의 법칙 $R = \frac{V}{I}$를 설명하라.

[표 4-4] 실험 결과 검토

저항값	ΔV	ΔI	R	[%]오차
510[Ω]				
1[kΩ]				
2[kΩ]				

■ PSpice 시뮬레이션

(1) [그림 4-4]의 실험 회로를 'DC Sweep' 해석 방법을 적용하여 시뮬레이션하라.

(2) [그림 4-8]의 ❹ 'Sweep Type'에서 'Value List'를 선택하고, '3, 5, 7, 9, 11[V]'를 입력하라.

(3) 시뮬레이션 결과를 참조하여 [표 4-5]를 작성하라.

(4) [표 4-5]와 [표 4-2]의 실험 결과를 비교해보라.

[표 4-5] 시뮬레이션 결과 검토

저항 \ 전압 V[V]		3	5	7	9	11
$R = 510$[Ω]	전류 I[mA]					
$R = 1$[kΩ]						
$R = 2$[kΩ]						

셀프 테스트

(1) 옴의 법칙에 따르면, 회로에 흐르는 전류는 인가전압에 (비례, 반비례)하고, 저항에 (비례, 반비례)한다.

(2) 저항값이 클수록 전류-전압 그래프의 기울기가 (급하다, 완만하다).

(3) 저항 100[Ω]과 200[Ω]에 같은 전류를 흘릴 때 더 큰 전압이 측정되는 저항은 어느 것인가?
( )

(4) 전류-전압 그래프를 이용하면 저항값을 구할 수 있다. (○, ×)

(5) 직류전원의 전압을 바꾸면서 시뮬레이션하려면 해석 방법(Analysis type)으로 (Transient, DC Sweep)을(를) 선택해야 한다.

(6) 다음은 저항에 대한 전류-전압 그래프이다. 그래프 A, B의 저항값은 얼마인가?

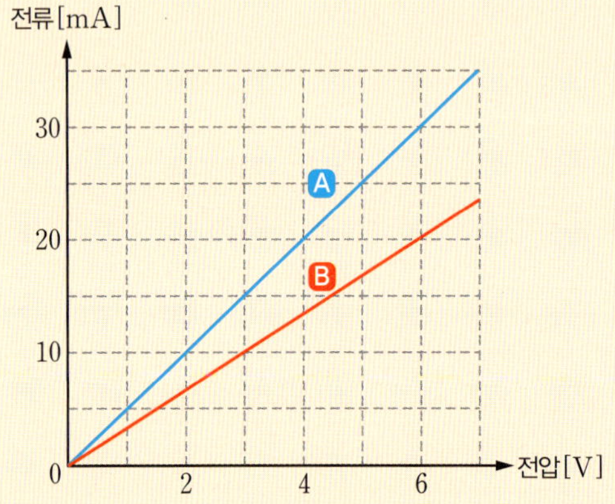

- 그래프 A ① 100[Ω] ② 200[Ω] ③ 300[Ω] ④ 400[Ω]
- 그래프 B ① 100[Ω] ② 200[Ω] ③ 300[Ω] ④ 400[Ω]

예비학습

(1) 직렬회로와 병렬회로의 차이점을 조사해보라.

(2) 저항을 직렬로 연결할 때 전체 저항 R_T를 구하는 식을 조사해보라.

(3) 저항을 병렬로 연결할 때 전체 저항 R_T를 구하는 식을 조사해보라.

실험 05

직렬과 병렬

5.1 실험 목표

- 직렬회로와 병렬회로의 차이점을 설명할 수 있다.
- 직렬 및 병렬로 연결된 저항회로의 전체 저항을 구할 수 있다.
- 직렬회로 및 병렬회로의 전류와 전압을 측정할 수 있다.

5.2 기초 이론

회로의 연결 형태에는 직렬과 병렬이 있다. [그림 5-1]과 [그림 5-2]는 저항으로 구성한 직렬 및 병렬회로의 예이다.

5.2.1 직렬회로

[그림 5-1]은 저항으로 구성한 직렬회로이다. 직렬회로는 소자를 연속적으로 연결한 형태이므로 전류 I는 회로의 어느 곳이나 같다. 반면에, 각 저항에 걸린 전압은 저항값에 따라 다르다(옴의 법칙).

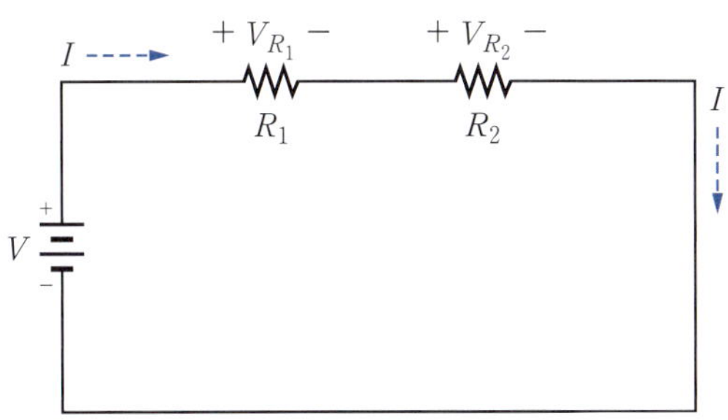

[그림 5-1] 직렬회로

[그림 5-1]에 키르히호프의 전압법칙[1]과 옴의 법칙을 적용하면, 직류전압 V는 다음과 같이 나타낼 수 있다.

$$V = V_{R_1} + V_{R_2} = IR_1 + IR_2 = I(R_1 + R_2)$$

옴의 법칙에서 $V = IR$이므로 전체 저항 $R_T = R_1 + R_2$가 된다. 만일 n개의 저항이 직렬로 연결되었다면, 전체 저항 R_T는 식 (5.1)로 나타낼 수 있다. 이 식은 저항이 직렬로 연결될수록 전체 저항이 커짐을 보여준다.

$$R_T = R_1 + R_2 + R_3 + \cdots + R_n \tag{5.1}$$

직렬회로는 [그림 5-1]과 같이 전류가 흐를 수 있는 경로가 오직 하나라는 점이 특징이다. 이 점을 기억해두면 직렬회로와 병렬회로를 구별하는 데 도움이 된다.

5.2.2 병렬회로

[그림 5-2]는 저항으로 구성한 병렬회로이다. 저항의 양끝이 공통으로 연결되므로 각 저항에는 직류전압 V가 동일하게 걸린다. 병렬회로에는 연결된 저항의 수만큼 전류 경로가 만들어지며, 이를 가지(Branch)라 한다. [그림 5-2]에서는 저항 R_1과 R_2에 각각 가지 전류 I_1과 I_2가 흐르며, 전류의 크기는 저항값에 따라 다르다(옴의 법칙).

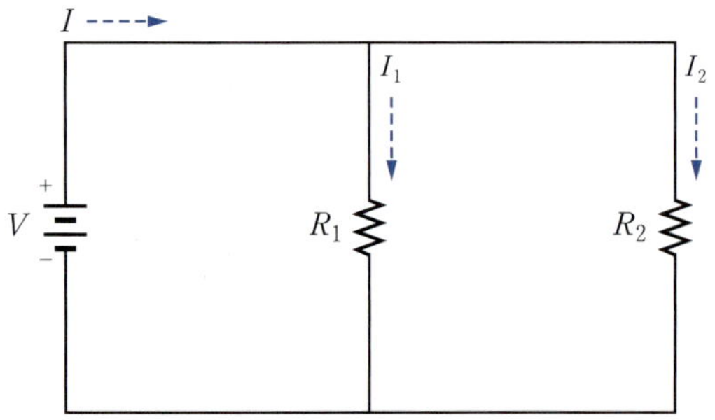

[그림 5-2] 병렬회로

[그림 5-2]에 키르히호프의 전류법칙[2]과 옴의 법칙을 적용하면, 전체 전류 I는 다음과 같이 나타낼 수 있다.

$$I = I_1 + I_2 = \frac{V}{R_1} + \frac{V}{R_2} = V\left(\frac{1}{R_1} + \frac{1}{R_2}\right)$$

1 6.2.1절을 참조하라.
2 6.2.2절을 참조하라.

옴의 법칙에서 $I = \dfrac{V}{R}$ 이므로 $\left(\dfrac{1}{R_1} + \dfrac{1}{R_2}\right)$의 역수가 전체 저항 R_T가 된다. 즉 $R_T = 1/\left(\dfrac{1}{R_1} + \dfrac{1}{R_2}\right)$이다. 만일 n개의 저항이 병렬로 연결되었다면, 전체 저항 R_T는 식 (5.2)로 나타낼 수 있다.

$$R_T = 1\,/\left[\frac{1}{R_1} + \frac{1}{R_2} + \frac{1}{R_3} + \cdots + \frac{1}{R_n}\right] \tag{5.2}$$

이 식은 저항이 병렬로 연결될수록 전체 저항 R_T가 작아짐을 보여준다. 계산을 통해 이를 확인해보자. 예를 들어, 100[Ω]의 저항 2～4개를 병렬로 연결하는 경우, 아래와 같이 저항이 더 연결될수록 전체 저항 R_T는 작아진다.

2개 연결 : $R_T = 1\,/\left[\dfrac{1}{100} + \dfrac{1}{100}\right] = \dfrac{100}{2} = 50\,[\Omega]$

3개 연결 : $R_T = 1\,/\left[\dfrac{1}{100} + \dfrac{1}{100} + \dfrac{1}{100}\right] = \dfrac{100}{3} = 33.3\,[\Omega]$

4개 연결 : $R_T = 1\,/\left[\dfrac{1}{100} + \dfrac{1}{100} + \dfrac{1}{100} + \dfrac{1}{100}\right] = \dfrac{100}{4} = 25\,[\Omega]$

5.3 실험

【실습 장비】

실험 기기	직류전원 공급장치	1대	
	멀티미터	1대	
	브레드보드	1개	
회로 부품	저항	100[Ω], 200[Ω], 300[Ω], 510[Ω], 680[Ω]	각 1개

5.3.1 직렬회로

1 [그림 5-3]의 실험 회로를 구성하라. 저항 $R_1 = 300[\Omega]$, $R_2 = 510[\Omega]$, $R_3 = 680[\Omega]$이다.

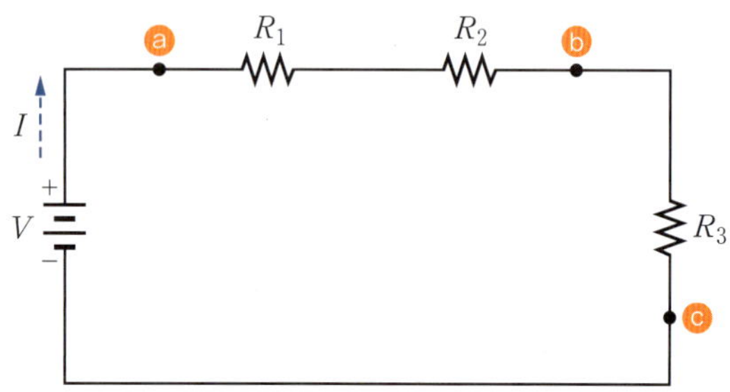

[그림 5-3] 실험 회로(직렬회로)

실험 동영상

2 전체 저항 R_T의 이론값을 계산하여 [표 5-1]에 기록하라.

3 멀티미터로 R_T를 측정하여 [표 5-1]에 기록하라. R_T는 [그림 5-3]의 ⓐ점과 ⓒ점에 프로브를 연결하여 측정한다. 이때 직류전압 V는 인가하지 않는다.

4 R_T의 이론값과 측정값 사이의 [%]오차를 계산하여 [표 5-1]에 기록하라.

5 직류전압 $V = 5[\text{V}]$를 인가하고, [그림 5-3]의 ⓐ점과 ⓑ점의 전류를 각각 측정하여 [표 5-1]에 기록하라.

6 멀티미터로 각 저항에 걸린 전압 V_{R_1}, V_{R_2}, V_{R_3}를 측정하여 [표 5-1]에 기록하라.

[표 5-1] 직렬회로 실험

<table>
<tr><th colspan="3">전체 저항 R_T</th><th colspan="4">전류 I</th></tr>
<tr><td>이론값</td><td>측정값</td><td>[%]오차</td><td>ⓐ점</td><td></td><td>ⓑ점</td><td></td></tr>
<tr><td rowspan="3"></td><td rowspan="3"></td><td rowspan="3"></td><th colspan="4">전압</th></tr>
<tr><td>V_{R_1}</td><td colspan="2">V_{R_2}</td><td>V_{R_3}</td></tr>
<tr><td></td><td colspan="2"></td><td></td></tr>
</table>

5.3.2 병렬회로

1 [그림 5-4]의 실험 회로를 구성하라. 저항 $R_1 = 100[\Omega]$, $R_2 = 200[\Omega]$, $R_3 = 300[\Omega]$이다.

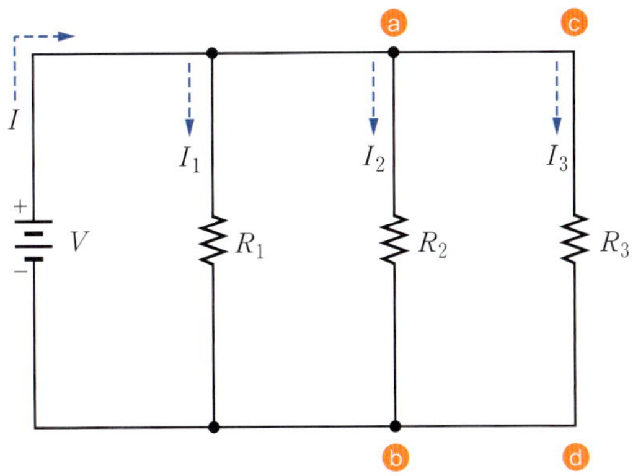

[그림 5-4] 실험 회로(병렬회로)

2 전체 저항 R_T의 이론값을 계산하여 [표 5-2]에 기록하라.

3 멀티미터로 R_T를 측정하여 [표 5-2]에 기록하라. R_T는 [그림 5-4]의 ⓐ점과 ⓑ점에 프로브를 연결하여 측정한다. 이때 직류전압 V는 인가하지 않는다.

4 R_T의 이론값과 측정값 사이의 [%]오차를 계산하여 [표 5-2]에 기록하라.

5 직류전압 $V = 5[V]$를 인가하고, 전체 전류 I와 가지 전류 I_1, I_2, I_3를 각각 측정하여 [표 5-2]에 기록하라.

6 [그림 5-4]에 표시된 ⓐ~ⓑ의 전압과 ⓒ~ⓓ의 전압을 측정하여 [표 5-2]에 기록하라.

[표 5-2] 병렬회로 실험

<table>
<tr><th colspan="3">전체 저항 R_T</th><th colspan="4">전류 I</th></tr>
<tr><th>이론값</th><th>측정값</th><th>[%]오차</th><th>I</th><th>I_1</th><th>I_2</th><th>I_3</th></tr>
<tr><td rowspan="4"></td><td rowspan="4"></td><td rowspan="4"></td><td></td><td></td><td></td><td></td></tr>
<tr><th colspan="4">전압</th></tr>
<tr><th colspan="2">ⓐ ~ ⓑ의 전압</th><th colspan="2">ⓒ ~ ⓓ의 전압</th></tr>
<tr><td colspan="2"></td><td colspan="2"></td></tr>
</table>

실험 따라하기 병렬회로([그림 5-4])

1. 실험에 사용할 저항을 확인한다. $R_1 = 100\,[\Omega]$, $R_2 = 200\,[\Omega]$, $R_3 = 300\,[\Omega]$이다.

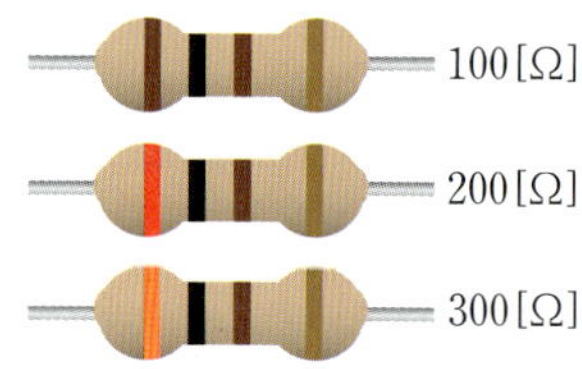

2. 다음과 같이 [그림 5-4]의 실험 회로를 구성한다. 멀티미터를 저항 측정모드로 설정하고, ⓐ점과 ⓑ점 사이에서 전체 저항 R_T를 측정하여 [표 5-2]에 기록한다.

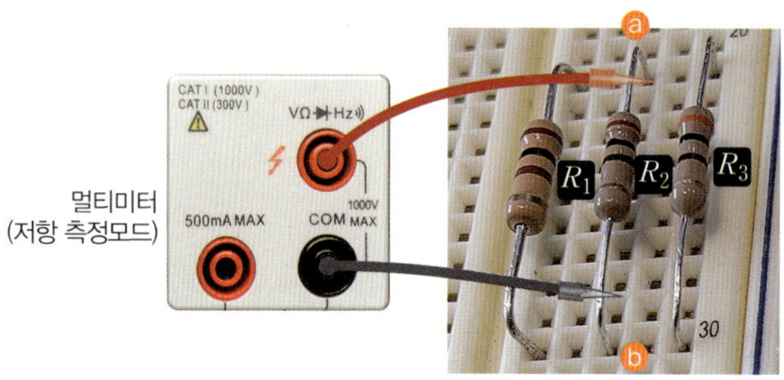

3. 다음과 같이 직류전원 공급장치로 $V = 5\,[\mathrm{V}]$를 인가한다. 멀티미터를 직류전류 측정모드로 설정하고, 전체 전류 I를 측정하여 [표 5-2]에 기록한다.

Tip 이때의 요령은 아래 그림과 같이 가지 전류로 나뉘기 전에 전류를 측정하는 것이다.

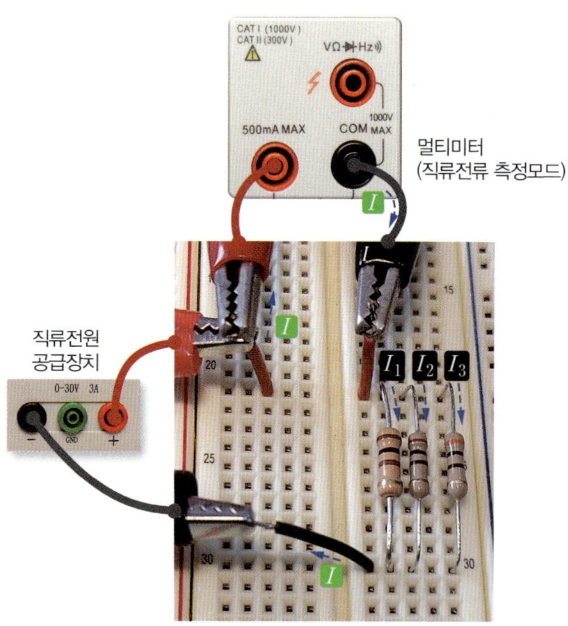

4 다음과 같이 가지 전류 I_1, I_2, I_3를 각각 측정하여 [표 5-2]에 기록한다.

Tip 이때의 요령은 측정하려는 가지 전류가 흐르는 저항의 리드선을 회로에서 떼어낸 다음, 그 사이에 프로브를 연결하는 것이다.

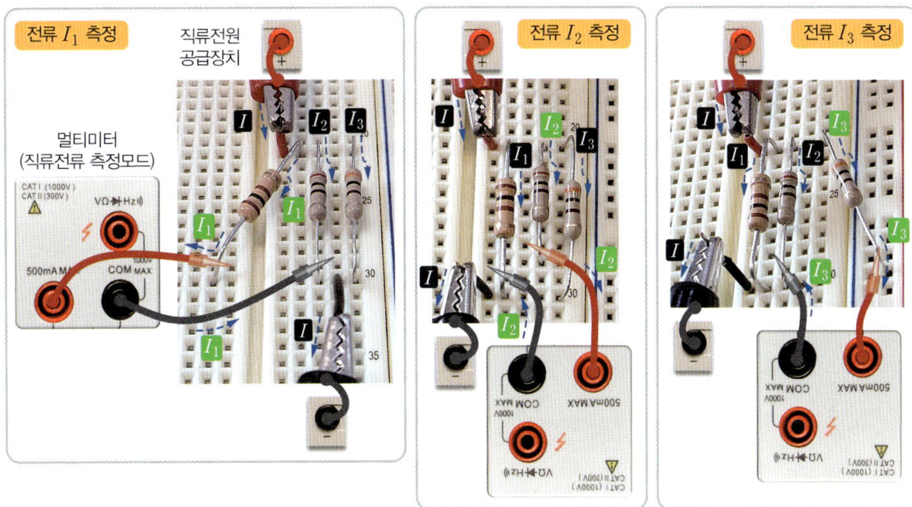

5 멀티미터를 직류전압 측정모드로 설정하고, 다음과 같이 ⓐ~ⓑ의 전압과 ⓒ~ⓓ의 전압을 측정하여 [표 5-2]에 기록한다.

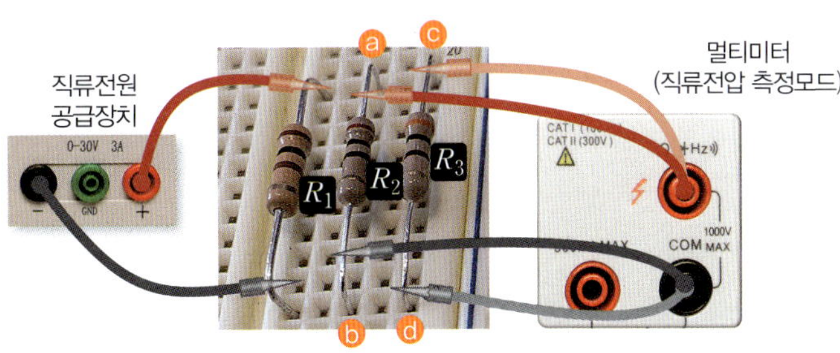

5.4 PSpice 시뮬레이션

[그림 5-4]의 회로를 시뮬레이션하여 전체 전류 I와 가지 전류 I_1, I_2, I_3를 구해보자. 시뮬레이션 설정은 [표 5-3]과 같다.

[표 5-3] 시뮬레이션 설정

시뮬레이션 목적		전체 전류 I와 가지 전류 I_1, I_2, I_3 구하기
대상 회로		[그림 5-4]
시뮬레이션 설정	Analysis Type	Time Domain(Transient)
	Options	General Settings
	Run to time	40[ms]

시뮬레이션 설정

[그림 5-5]는 [표 5-3]에 맞춰 설정한 시뮬레이션 설정창이다.

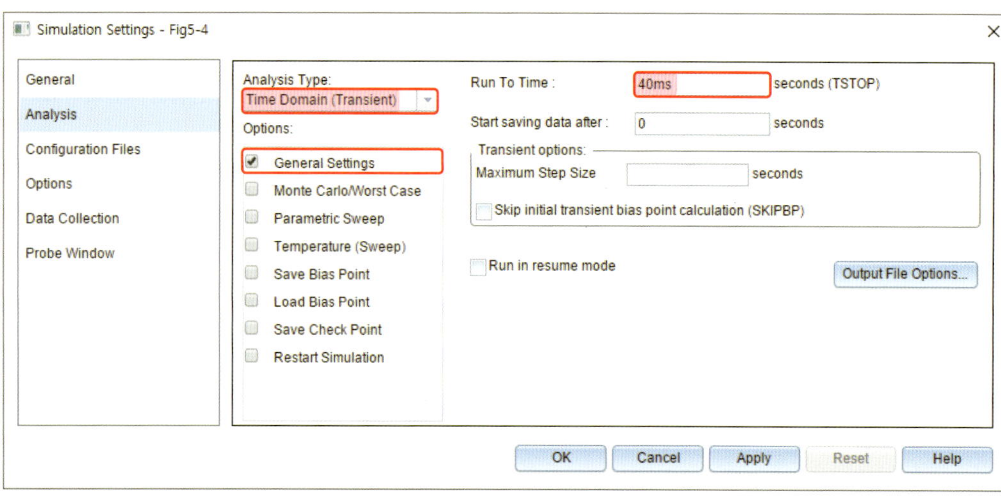

[그림 5-5] 시뮬레이션 설정

시뮬레이션 결과

[그림 5-6]은 Capture CIS Lite로 작성한 시뮬레이션 회로이다. 전체 전류 I를 측정하기 위한 프로브는 직류전원 쪽에, 가지 전류 I_1, I_2, I_3를 측정하기 위한 프로브는 각 저항에 붙였다.

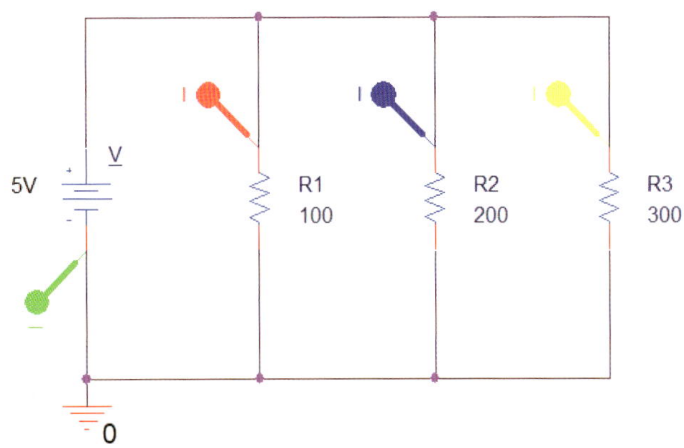

[그림 5-6] 시뮬레이션 회로

[그림 5-7]은 시뮬레이션 결과로, 전체 전류 I와 가지 전류 I_1, I_2, I_3가 표시되어 있다. [그림 5-8]에 표시된 프로브와 같은 색을 가진 그래프가 해당 전류를 나타낸다.

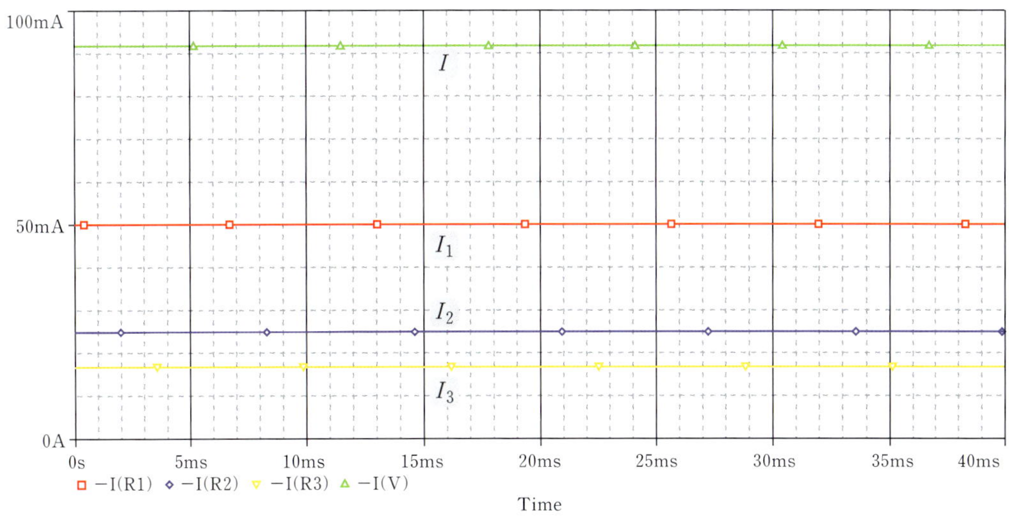

[그림 5-7] 시뮬레이션 결과

[그림 5-7]을 살펴보면 전류값을 대략적으로 알 수 있지만 정확한 값은 알 수 없다. 정확한 전류값은 [그림 5-8]의 PSpice 도구모음 중에서 ❶로 표시한 Ⓘ(Enable Bias Current Display) 버튼을 이용해 확인한다. 이 버튼을 누르면 그림과 같이 전체 전류 I와 가지 전류 I_1, I_2, I_3가 시뮬레이션 회로에 표시된다.

PSpice 도구모음 중에서 ❷로 표시한 Ⓥ(Enable Bias Voltage Display) 버튼은 접지 기준 전압을 표시해주고, ❸으로 표시한 Ⓦ(Enable Bias Power Display) 버튼은 각 소자의 소비 전력(Power)을 표시해준다.

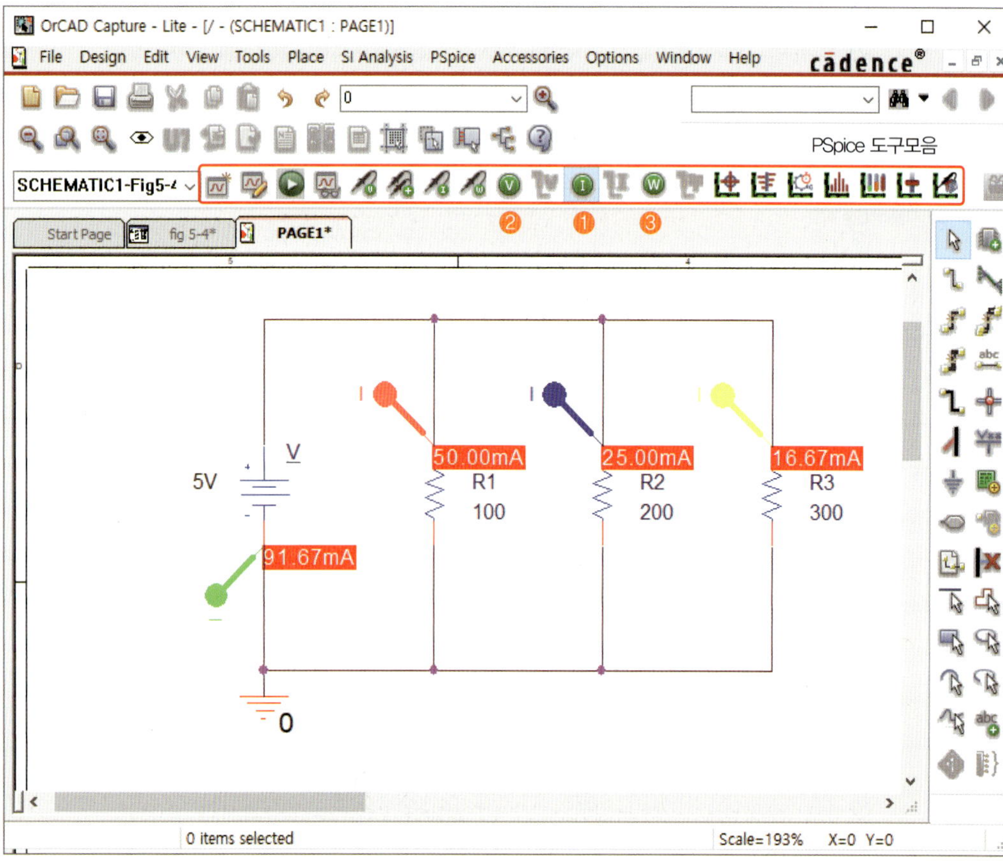

[그림 5-8] 전류값 확인

5.5 결과 검토

■ 실험

(1) [표 5-1]에서 전체 저항 R_T의 이론값과 측정값을 비교해보라.

(2) [표 5-1]에서 ⓐ점과 ⓑ점의 전류 I의 값이 같은지 확인하고, 그 이유를 설명하라.

(3) [표 5-1]에서 전압 V_{R_1}, V_{R_2}, V_{R_3}의 값이 다른지 확인하고, 그 이유를 설명하라.

(4) [표 5-2]에서 전체 저항 R_T의 이론값과 측정값을 비교해보라.

(5) [표 5-2]에서 ⓐ ~ ⓑ의 전압과 ⓒ~ⓓ의 전압이 같은지 확인하고, 그 이유를 설명하라.

(6) [표 5-2]에서 가지 전류 I_1, I_2, I_3의 값이 다른지 확인하고, 그 이유를 설명하라.

(7) [그림 5-4]의 실험 회로에서 전체 전류 I는 가지 전류 I_1, I_2, I_3로 나누어진다. 그러므로 $I=I_1+I_2+I_3$의 관계가 성립될 것이다. [표 5-2] 실험 결과를 이용해 $I=I_1+I_2+I_3$의 관계가 성립됨을 보여라.

■ PSpice 시뮬레이션

(1) [그림 5-3]의 실험 회로를 PSpice 시뮬레이션하라. 시뮬레이션 결과를 참조하여 [표 5-4]를 작성하라.

[표 5-4] PSpice 시뮬레이션 결과 검토

전류 I				전압		
ⓐ점		ⓑ점		V_{R_1}	V_{R_2}	V_{R_3}

(2) [표 5-4]에 기록한 전류값과 전압값이 [표 5-1]의 실험 결과와 같은지 확인하라.

셀프 테스트

(1) 여러 개의 저항을 직렬로 연결하면, 전체 저항은 개별 저항 하나의 값보다 (커진다, 작아진다).

(2) 여러 개의 저항을 병렬로 연결하면, 전체 저항은 개별 저항 하나의 값보다 (커진다, 작아진다).

(3) 크기가 다른 저항 3개를 직렬로 연결하면, 각 저항에 걸리는 전압은 (같다, 다르다).

(4) 크기가 다른 저항 3개를 직렬로 연결하면, 각 저항을 흐르는 전류는 (같다, 다르다).

(5) 크기가 다른 저항 3개를 병렬로 연결하면, 각 저항에 걸리는 전압은 (같다, 다르다).

(6) 크기가 다른 저항 3개를 병렬로 연결하면, 각 저항을 흐르는 전류는 (같다, 다르다).

(7) 100[Ω]의 저항 2개를 직렬로 연결하면, 전체 저항은 ([Ω])이 된다.

(8) 100[Ω]의 저항 2개를 병렬로 연결하면, 전체 저항은 ([Ω])이 된다.

예비학습

(1) 키르히호프의 전압법칙에 대해 조사하라.

(2) 키르히호프의 전류법칙에 대해 조사하라.

실험 06

키르히호프의 법칙

6.1 실험 목표

- 키르히호프의 전압법칙을 설명하고, 실험할 수 있다.
- 키르히호프의 전류법칙을 설명하고, 실험할 수 있다.

6.2 기초 이론

키르히호프의 법칙에는 전압법칙(KVL, Kirchhoff's Voltage Law)과 전류법칙(KCL, Kirchhoff's Current Law)이 있다. 키르히호프의 전압법칙은 폐회로 해석에 활용되고, 키르히호프의 전류법칙은 여러 개의 노드(Node)를 가진 회로 해석에 사용된다.

6.2.1 키르히호프의 전압법칙

키르히호프의 전압법칙은 **'폐회로에서 전원장치가 공급한 전압은 각 소자에 걸린 전압의 합과 같다'**로 표현된다. 폐회로(Closed Circuit)는 전류가 흐를 수 있도록 연결된 회로를 말한다.

[그림 6-1]은 직류전원 V와 4개의 저항 $R_1 \sim R_4$로 구성된 회로이다. 이 회로는 직류전원 V의 (+)극으로부터 각 저항을 거쳐 (−)극으로 전류가 흐르는 폐회로이다.

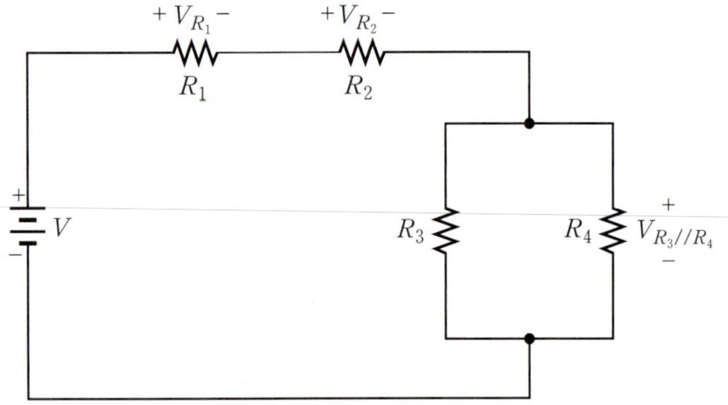

[그림 6-1] 키르히호프의 전압법칙

[그림 6-1]에서 저항 R_1과 R_2에 걸린 전압을 각각 V_{R_1}과 V_{R_2}로 표시했다. 저항 R_3와 R_4는 병렬로 연결되어 있어 같은 전압이 걸리며, 이를 $V_{R_3 /\!/ R_4}$로 표시했다.

[그림 6-1]의 회로에 키르히호프의 전압법칙을 적용해보자. [그림 6-1]에서 전원장치가 공급하는 전압은 V, 각 소자에 걸린 전압은 V_{R_1}, V_{R_2} 및 $V_{R_3 /\!/ R_4}$이므로 키르히호프의 전압법칙은 식 (6.1)로 나타낼 수 있다.

$$V = V_{R_1} + V_{R_2} + V_{R_3 /\!/ R_4} \tag{6.1}$$

키르히호프의 전압법칙은 '전압상승'과 '전압하강'으로도 표현할 수 있다. [그림 6-1]에서 직류전원 V는 전압상승에 해당하고, 각 저항에 걸린 전압은 전압하강에 해당한다. 전압상승에 (+)를 붙이고, 전압하강에 (−)를 붙이면, 키르히호프의 전압법칙은 식 (6.2)로 나타낼 수 있다.

$$V - (V_{R_1} + V_{R_2} + V_{R_3 /\!/ R_4}) = 0 \tag{6.2}$$

식 (6.2)로부터 키르히호프의 전압법칙을 '**폐회로에서 전압상승과 전압하강의 합은 0이다**'로 다르게 표현할 수 있다.

6.2.2 키르히호프의 전류법칙

키르히호프의 전류법칙에 앞서 '노드'가 무엇인지 알아보자. [그림 6-2]는 직류전원 V와 3개의 저항 $R_1 \sim R_3$로 구성된 회로이다. 저항과 직류전원 V가 각각 가지(Branch)[1]이므로 [그림 6-2]는 모두 4개의 가지를 가진 회로이다. 노드는 '2개 이상의 가지 사이의 교점'을 말하며, [그림 6-2]에는 ⓐ와 ⓑ의 2개의 노드가 있다.

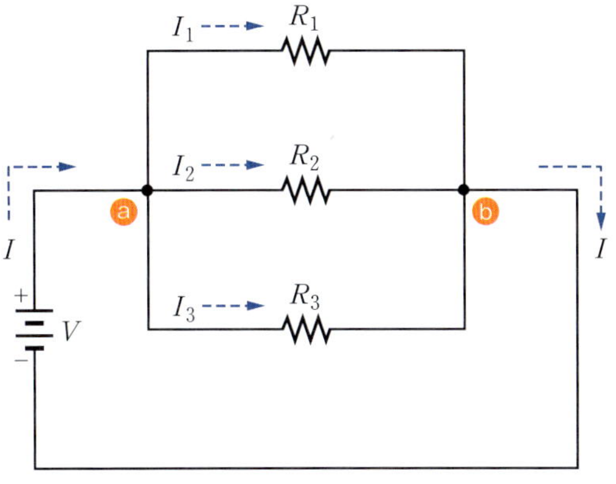

[그림 6-2] 키르히호프의 전류법칙

키르히호프의 전류법칙은 **'회로의 어떤 노드로 들어오는 전류의 합은 그 노드에서 나가는 전류의 합과 같다'**로 표현된다. 이를 [그림 6-2]의 노드 ⓐ에 적용해보자. I는 들어오는 전류이고, I_1, I_2, I_3는 나가는 전류이므로 키르히호프의 전류법칙은 식 (6.3)으로 나타낼 수 있다.

$$I = I_1 + I_2 + I_3 \tag{6.3}$$

키르히호프의 전류법칙에서 주의할 점은 노드를 기준으로 전류의 방향을 결정한다는 점이다. 노드 ⓐ를 기준으로 하면 들어오는 전류는 I이고, 나가는 전류는 I_1, I_2, I_3이다. 반면에, 노드 ⓑ를 기준으로 하면 들어오는 전류는 I_1, I_2, I_3이고, 나가는 전류는 I이다.

노드 ⓐ로 들어오는 전류 I에 (+)를 붙이면, 나가는 전류 I_1, I_2, I_3에는 (−)를 붙여야 한다. 이를 키르히호프의 전류법칙으로 나타내면 식 (6.4)가 된다.

$$I - (I_1 + I_2 + I_3) = 0 \tag{6.4}$$

식 (6.4)로부터 키르히호프의 전류법칙을 **'회로의 어떤 노드로 들어오는 전류와 나가는 전류의 합은 0이다'**로 다르게 표현할 수 있다.

---

1 저항, 인덕터, 커패시터와 같이 양단에 단자를 가진 소자나 전원을 가지(Branch)라고 한다.

6.3 실험

【실습 장비】

실험 기기	직류전원 공급장치	1대	
	멀티미터	1대	
	브레드보드	1개	
회로 부품	저항	200[Ω], 300[Ω], 470[Ω], 1[kΩ], 2[kΩ]	각 1개

6.3.1 키르히호프의 전압법칙

1 [그림 6-3]의 실험 회로를 구성하라. 저항 $R_1=200[\Omega]$, $R_2=300[\Omega]$, $R_3=1[k\Omega]$, $R_4=2[k\Omega]$을 연결하라.

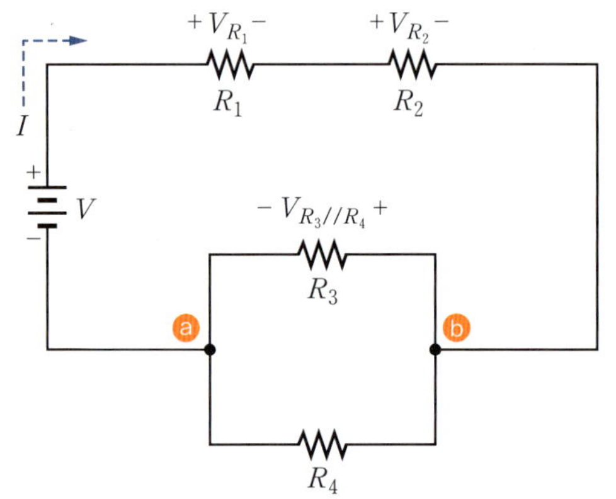

[그림 6-3] 실험 회로(키르히호프의 전압법칙)

2 전체 저항 R_T를 측정하여 [표 6-1]에 기록하라. 이때 직류전원 V는 인가하지 않는다.

3 병렬 저항($R_3 /\!/ R_4$)의 저항값을 측정하여 [표 6-1]에 기록하라.

Tip $V_{R_3/\!/R_4}$는 노드 ⓐ ~ ⓑ의 저항을 측정하면 된다.

4 직류전원 $V=5[V]$를 인가하라.

5 각 저항에 걸린 전압 V_{R_1}, V_{R_2}, $V_{R_3/\!/R_4}$[2]를 각각 측정하여 [표 6-1]에 기록하라.

Tip 노드 ⓐ ~ ⓑ의 전압을 측정하면 된다.

6 $V_{R_1}+V_{R_2}+V_{R_3/\!/R_4}$를 계산하여 [표 6-1]에 기록하라.

---

2 $V_{R_3/\!/R_4}$는 각 저항의 크기와는 무관하며, 실험 과정 **3** 에서 측정된 저항값에 비례하는 전압이 걸린다. 저항값은 식 (5.2)에 의해 결정된다.

7 직류전원 $V = 10\,[\mathrm{V}]$를 인가하고, 실험 과정 5 ~ 6 을 반복하라.

[표 6-1] 키르히호프의 전압법칙

V	R_T	$R_3 /\!/ R_4$	V_{R_1}	V_{R_2}	$V_{R_3 /\!/ R_4}$	$V_{R_1} + V_{R_2} + V_{R_3 /\!/ R_4}$
5 [V]						
10 [V]						

6.3.2 키르히호프의 전류법칙

1 [그림 6-4]의 실험 회로를 구성하라. 저항 $R_1 = 200\,[\Omega]$, $R_2 = 300\,[\Omega]$, $R_3 = 470\,[\Omega]$, $R_4 = 1\,[\mathrm{k\Omega}]$을 연결하라.

2 직류전원 $V = 5\,[\mathrm{V}]$를 인가하라.

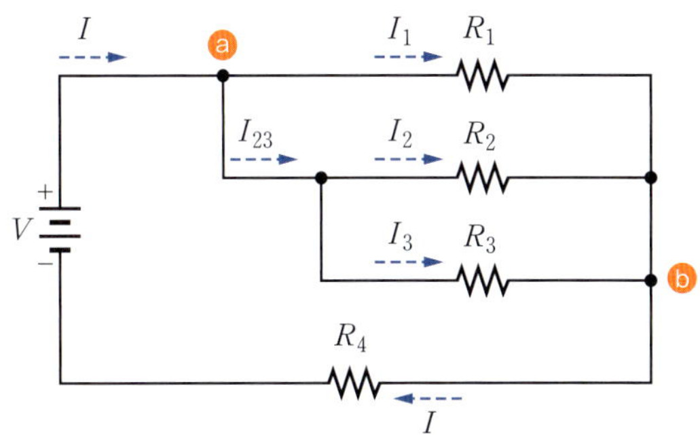

[그림 6-4] 실험 회로(키르히호프의 전류법칙)

3 전체 전류 I를 측정하여 [표 6-2]에 기록하라.

4 전류 I_1과 I_{23}를 측정하여 [표 6-2]에 기록하라.

5 전류 I_2와 I_3를 측정하여 [표 6-2]에 기록하라.

6 $I_1 + I_{23}$, $I_2 + I_3$, $I_1 + I_2 + I_3$를 각각 계산하여 [표 6-2]에 기록하라.

[표 6-2] 키르히호프의 전류법칙

V	I	I_1	I_{23}	I_2	I_3	$I_1 + I_{23}$	$I_2 + I_3$	$I_1 + I_2 + I_3$
5 [V]								

실험 따라하기

키르히호프의 전류법칙([그림 6-4])

1 실험에 사용할 저항을 확인한다. $R_1 = 200\,[\Omega]$, $R_2 = 300\,[\Omega]$, $R_3 = 470\,[\Omega]$, $R_4 = 1\,[\text{k}\Omega]$이다.

2 다음과 같이 [그림 6-4]의 실험 회로를 구성한다.

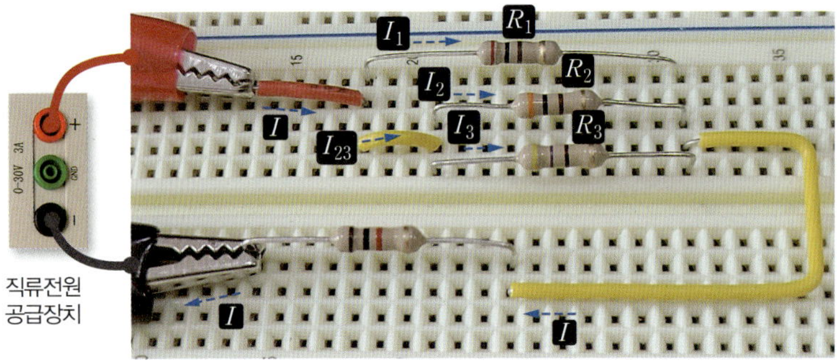

3 직류전원 공급장치로 $V = 5[\text{V}]$를 인가한다. 멀티미터를 직류전류 측정모드로 설정하고, 전체 전류 I를 측정하여 [표 6-2]에 기록한다.

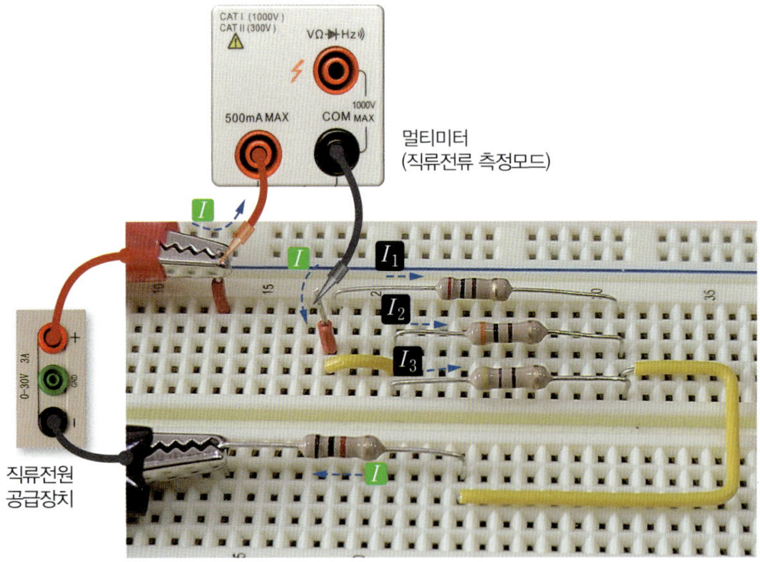

4 다음과 같이 전류 I_1과 I_{23}를 측정하여 [표 6-2]에 기록한다.

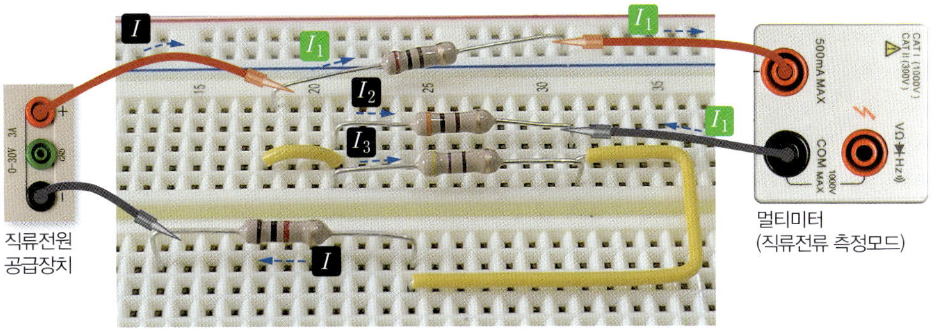

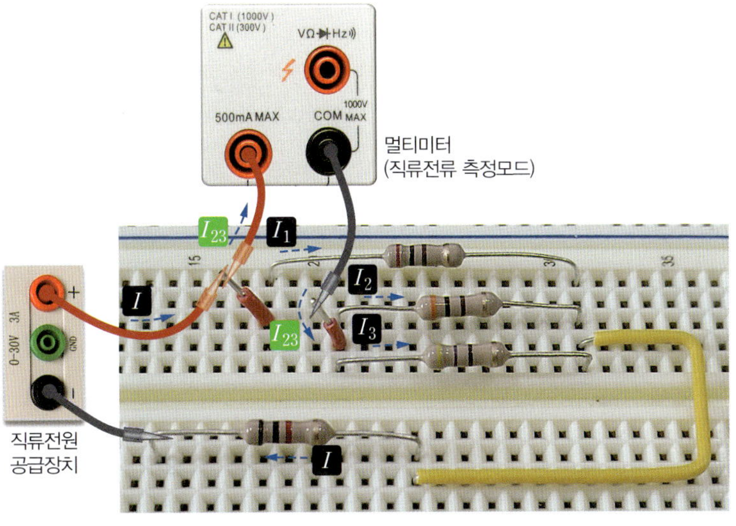

5 다음과 같이 전류 I_2와 I_3를 측정하여 [표 6-2]에 기록하라.

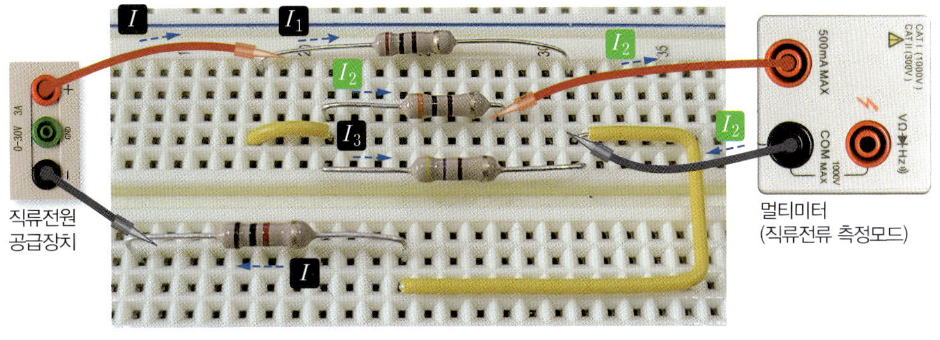

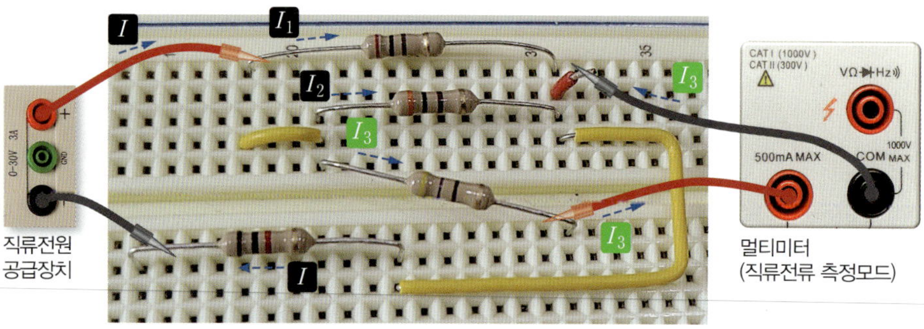

6.4 PSpice 시뮬레이션

[그림 6-3]의 회로를 시뮬레이션하여 각 저항에 걸린 전압을 구해보자. 시뮬레이션 설정은 [표 6-3]과 같다.

[표 6-3] 시뮬레이션 설정

시뮬레이션 목적		전압 V_{R_1}, V_{R_2}, $V_{R_3 /\!/ R_4}$ 구하기
대상 회로		[그림 6-3]
시뮬레이션 설정	Analysis Type	Time Domain(Transient)
	Options	General Settings
	Run to time	40[ms]

시뮬레이션 설정

[그림 6-5]는 [표 6-3]에 맞추어 설정한 시뮬레이션 설정창이다.

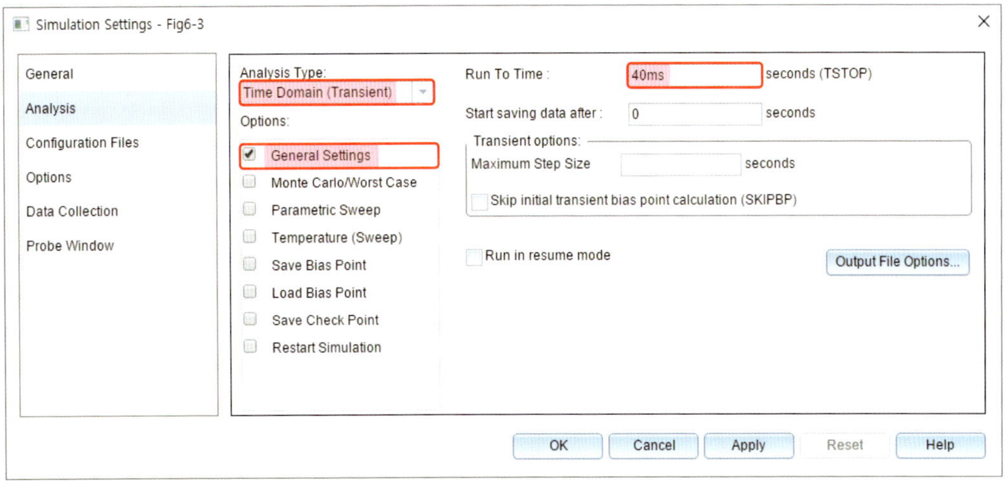

[그림 6-5] 시뮬레이션 설정

시뮬레이션 결과

[그림 6-6]은 Capture CIS Lite로 작성한 시뮬레이션 회로이다. 전압을 측정하기 위한 프로브를 각 저항마다 붙였다.

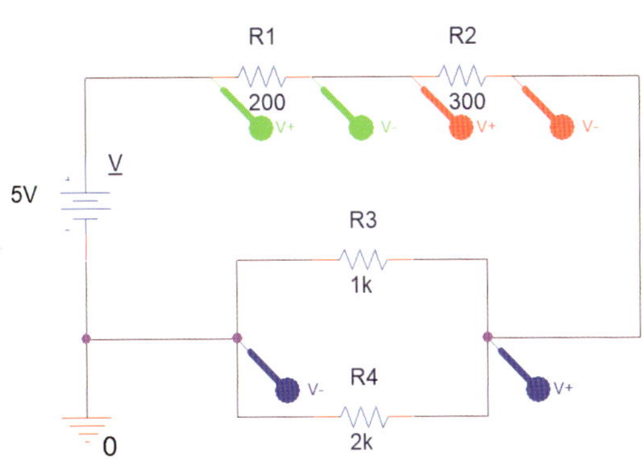

[그림 6-6] 시뮬레이션 회로

[그림 6-7]은 시뮬레이션 결과로 각 저항에 걸린 전압 V_{R_1}, V_{R_2}, $V_{R_3 /\!/ R_4}$가 표시되어 있다. 그림에 표시된 프로브와 같은 색을 가진 그래프가 해당 전압을 나타낸다.

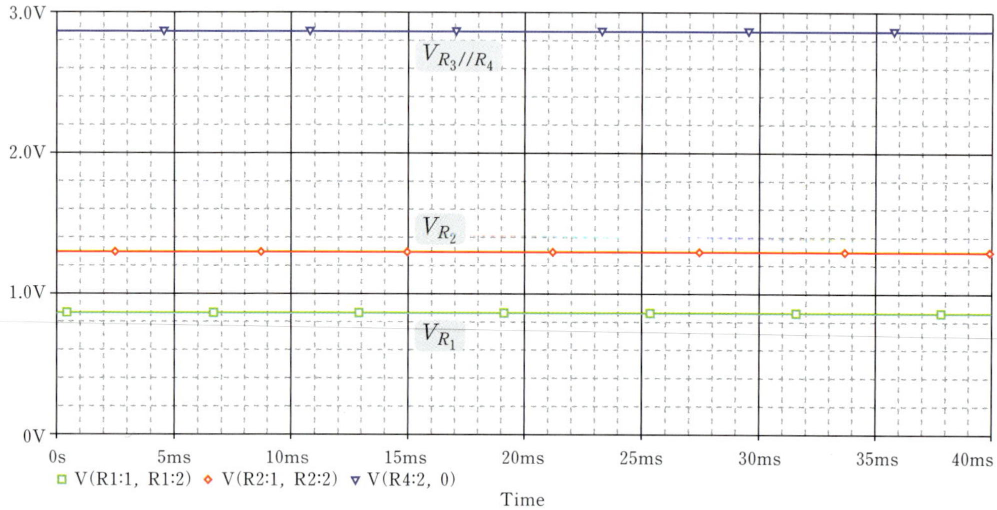

[그림 6-7] 시뮬레이션 결과

[그림 6-7]을 살펴보면 전압값을 대략적으로 알 수 있지만 정확한 값은 알 수 없다. 정확한 전압값은 [그림 5-8]의 PSpice 도구모음 중에서 ❷로 표시한 Ⓥ(Enable Bias Voltage Display) 버튼을 이용해 확인한다. 이 버튼을 누르면 [그림 6-8]과 같이 각 저항에 접지 기준 전압이 표시된다.

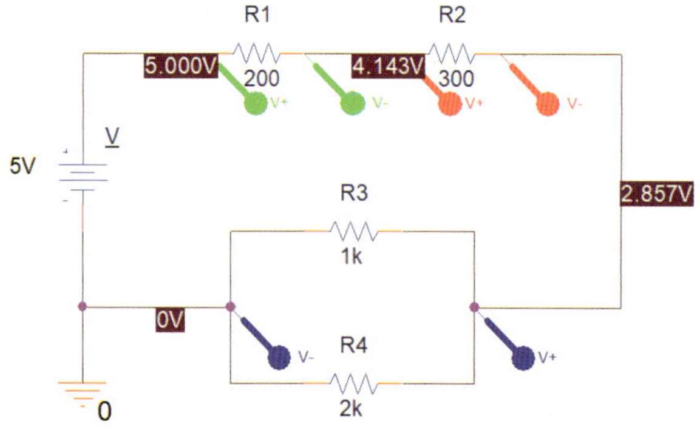

[그림 6-8] 전압값 확인

[그림 6-8]에 표시된 전압값은 접지 기준이므로 각 저항에 걸린 전압은 다음과 같이 저항 사이의 전압차를 계산하여 구한다.[3] 이 결과로부터 $V_{R_1} + V_{R_2} + V_{R_3 /\!/ R_4} = 0.9[\mathrm{V}] + 1.2[\mathrm{V}] + 2.9[\mathrm{V}] = 5[\mathrm{V}]$가 된다. 이는 전원전압 V의 5[V]와 같다.

$$V_{R_1} = 5.0[\mathrm{V}] - 4.1[\mathrm{V}] = 0.9[\mathrm{V}]$$
$$V_{R_2} = 4.1[\mathrm{V}] - 2.9[\mathrm{V}] = 1.2[\mathrm{V}]$$
$$V_{R_3 /\!/ R_4} = 2.9[\mathrm{V}]$$

3 편의상 소수점 첫째자리까지 반올림하여 계산했다.

6.5 결과 검토

■ 실험

(1) [그림 6-3]의 실험 회로에서 병렬 저항 ($R_3 /\!/ R_4$) 및 전체 저항 R_T의 이론값을 계산하라.

(2) 앞의 (1)에서 계산한 병렬 저항($R_3 /\!/ R_4$) 및 전체 저항 R_T의 이론값과 [표 6-1]의 측정값을 각각 비교해보라.

(3) [표 6-1]의 $V_{R_1} + V_{R_2} + V_{R_3 /\!/ R_4}$의 계산값이 직류전원 V와 같은지 확인하라.

(4) 앞의 (3)의 결과를 이용하여 키르히호프의 전압법칙을 설명하라.

(5) [그림 6-4]에서 노드 ⓐ로 들어오는 전류는 (　　　)이고, 나가는 전류는 (　　　)이다.

(6) [그림 6-4]에서 노드 ⓑ로 들어오는 전류는 (　　　)이고, 나가는 전류는 (　　　)이다.

(7) [표 6-2]에서 $I = I_1 + I_{23}$의 관계가 성립되는지 확인하라.

(8) [표 6-2]에서 $I_{23} = I_2 + I_3$의 관계가 성립되는지 확인하라.

(9) [표 6-2]에서 $I = I_1 + I_2 + I_3$의 관계가 성립되는지 확인하라.

(10) 앞의 (7)~(9)의 결과를 이용하여 키르히호프의 전류법칙을 설명하라.

■ PSpice 시뮬레이션

(1) [그림 6-4]의 실험 회로를 PSpice 시뮬레이션하라. 시뮬레이션 결과를 참조하여 [표 6-4]를 작성하라.

[표 6-4] PSpice 시뮬레이션 결과 검토

V	I	I_1	I_{23}	I_2	I_3	$I_1 + I_{23}$	$I_2 + I_3$	$I_1 + I_2 + I_3$
5 [V]								

(2) [표 6-4]에 기록한 전류값과 [표 6-2]의 실험 결과를 비교해보라.

셀프 테스트

(1) 저항 R_1, R_2, R_3를 직렬로 연결한 폐회로에 5[V]를 인가했다. 이때 V_{R_1}은 1.5[V]이고, V_{R_3}는 1.2[V]이면, V_{R_2}는 몇 [V]인가? (　　　[V])

(2) 저항 R_1, R_2를 병렬로 연결한 폐회로에서 전체 전류 I는 12[mA]이다. 이때 I_{R_1}이 7[mA]이면, I_{R_2}는 몇 [mA]인가? (　　　[mA])

(3) 키르히호프의 전압법칙에 따르면, 폐회로에서 전원장치가 공급한 전압은 (　　　)에 걸린 전압의 합과 같다.

(4) 키르히호프의 전압법칙에 따르면, 폐회로에서 전압상승과 (　　　)의 합은 0이다.

(5) 키르히호프의 전류법칙에 따르면, 회로의 어떤 노드로 들어오는 전류의 합은 나가는 전류의 합과 (같다 / 다르다).

(6) 키르히호프의 전류법칙에 따르면, 회로의 어떤 노드로 들어오는 전류와 나가는 전류의 합은 (　　)이다.

예비학습

(1) 전압 배율기(Multiplier)에 대해 조사하라.

(2) 전류 분류기(Shunt)에 대해 조사하라.

실험 07

전압 배율기와 전류 분류기

7.1 실험 목표

- 전압 배율기의 원리를 설명할 수 있다.
- 전류 분류기의 원리를 설명할 수 있다.
- 전압 배율기와 전류 분류기의 원리를 실험할 수 있다.

7.2 기초 이론

아날로그 멀티미터는 1~2[mA] 정도를 측정할 수 있는 아날로그 전류계를 '측정부'로 이용해 전류와 전압을 측정한다. 이러한 아날로그 멀티미터의 측정 범위를 확대하는 역할을 하는 것이 바로 전압 배율기(Multiplier)와 전류 분류기(Shunt)이다.

디지털 멀티미터는 측정값을 ADC(Analog to Digital Converter)를 이용해 디지털 신호로 변환하여 숫자로 표시한다. 이 때문에 디지털 멀티미터의 '측정부'는 전압계이다. 디지털 멀티미터의 측정부로 사용되는 전압계의 측정 범위도 수십[mV]에 불과하다. 이 때문에 디지털 멀티미터도 전압 배율기와 전류 분류기를 이용하여 측정 범위를 확대한다.

7.2.1 전압 배율기

전압 배율기는 멀티미터의 '**측정부와 직렬로 연결하는 저항**'을 말한다. [그림 7-1]은 전압 배율기의 원리이다. 그림에서 R_m은 멀티미터 측정부의 내부저항이고, R_{Mt}는 배율저항이다. R_m과 R_{Mt}에 걸린 전압은 V_m과 V_{Mt}로 표시했다.

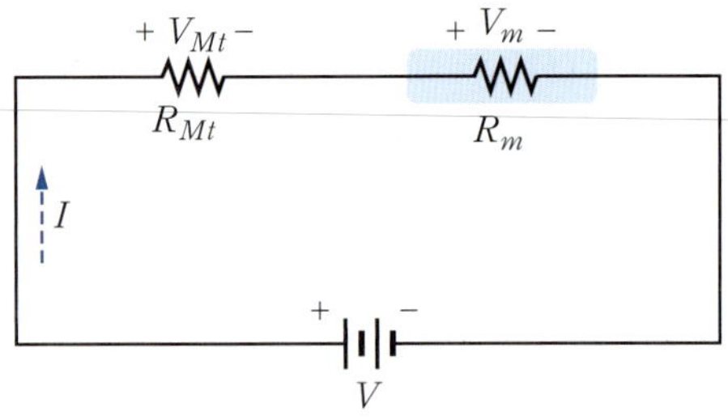

[그림 7-1] 전압 배율기의 원리

예를 들어, 멀티미터 측정부의 최대 스케일(Maximum Scale) 전류[1]가 1[mA]이고, R_m이 50[Ω]이라면, $V_m = IR_m = 50$[mV]이다.[2] 즉 이 멀티미터의 측정부는 50[mV] 이내의 작은 전압만을 측정할 수 있다. 이때 R_{Mt}로 950[Ω]을 연결하면, $V_{Mt} = IR_{Mt} = 950$[mV]이므로, 멀티미터의 측정 범위는 $V = 50$[mV]$+950$[mV]$=1$[V]가 된다.

실제로 R_{Mt}로 950[Ω]을 연결하고 1[V]를 측정하면, V_m은 50[mV]가 되므로 측정부는 최댓값을 표시하게 된다. 이를 1[V]로 환산하여 읽거나 변경하여 표시해주면 된다. 즉 R_{Mt}를 연결함으로써 멀티미터의 측정 범위가 50[mV]에서 1[V]로 20배 확대되었다.

다음으로 R_{Mt}를 결정하는 방법을 알아보자. [그림 7-1]에서 전류 I는 식 (7.1)로 나타낼 수 있다.

$$I = \frac{V}{R_{Mt} + R_m} \tag{7.1}$$

$V_m = IR_m$이므로 V_m은 식 (7.2)와 같다.

$$V_m = \frac{R_m}{R_{Mt} + R_m} V \tag{7.2}$$

---

1 멀티미터의 측정부가 최댓값을 표시할 때의 전류량이다.

2 최대 스케일 전류가 흐를 때의 전압이 50[mV]이므로, 측정 범위가 50[mV]인 전압계로도 볼 수 있다.

멀티미터의 측정부의 전압 측정 범위인 V_m(위의 예에서는 50[mV])과 R_{Mt}를 연결할 때의 측정 범위 V 간의 비율인 '확대 비율' m은 식 (7.3)과 같이 나타낼 수 있다.

$$m = \frac{V}{V_m} = 1 + \frac{R_{Mt}}{R_m} \tag{7.3}$$

식 (7.3)을 정리하여 식 (7.4)와 같이 R_{Mt}를 구할 수 있다.

$$R_{Mt} = (m - 1)R_m \tag{7.4}$$

7.2.2 전류 분류기

전류 분류기는 멀티미터의 '**측정부와 병렬로 연결하는 저항**'을 말한다. [그림 7-2]는 전류 분류기의 원리이다. 그림에서 R_m은 멀티미터 측정부의 내부저항이고, R_S는 분류저항이다. R_m과 R_S로 흐르는 전류는 I_m과 I_S로 표시했다.

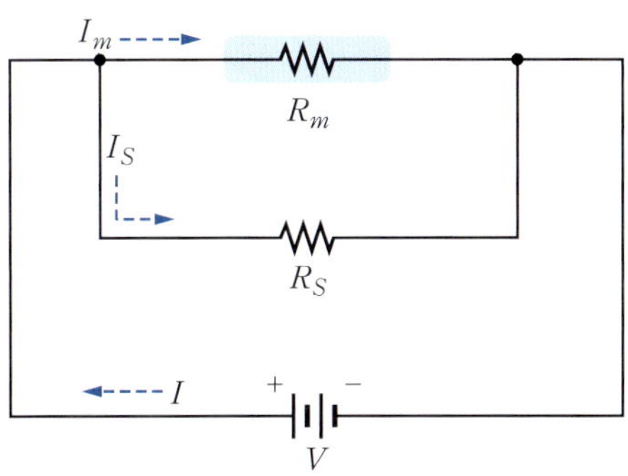

[그림 7-2] 전류 분류기의 원리

앞에서 설명한 멀티미터의 측정부를 그대로 적용해보자. 측정부의 최대 스케일 전류가 1[mA]이고, R_m이 50[Ω]이므로 이 멀티미터는 1[mA]의 작은 전류만을 측정할 수 있다. 이때 R_S로 50[Ω]을 연결하면, 전체 저항 $R_T = 25$[Ω]이 된다. 이 값은 R_m의 $\frac{1}{2}$이므로 옴의 법칙에 따라 $I = 2$[mA]가 된다.

실제로 R_S로 50[Ω]을 연결하고 2[mA]를 측정하면, I_m은 1[mA]가 되어 측정부는 최댓값을 표시하게 된다. 이를 2[mA]로 환산하여 읽거나 변경하여 표시해주면 된다. 즉 R_S를 연결함으로써 멀티미터의 측정 범위가 1[mA]에서 2[mA]로 2배 확대되었다.

다음으로 R_S를 결정하는 방법을 알아보자. [그림 7-2]에서 I_m은 전류 분배법칙에 따라 식 (7.5)로 나타낼 수 있다.

$$I_m = \frac{R_S}{R_S + R_m} I \tag{7.5}$$

멀티미터 측정부의 전류 측성 범위인 I_m (위의 예에서는 1[mA])과 R_S를 연결할 때 측정 범위 I의 비율인 '확대 비율' m은 식 (7.6)과 같다.

$$m = \frac{I}{I_m} = 1 + \frac{R_m}{R_S} \tag{7.6}$$

식 (7.6)을 정리하여 식 (7.7)과 같이 분류저항 R_S를 구할 수 있다.

$$R_S = \frac{R_m}{m - 1} \tag{7.7}$$

7.2.3 내부저항 측정[3]

전압 배율기와 전류 분류기를 실험하려면 멀티미터 측정부의 내부저항 R_m을 알아야 한다. 이를 위해 [그림 7-3]과 같이 전류 측정모드로 설정한 멀티미터를 가변저항 R_{Var}과 직렬로 연결한다.

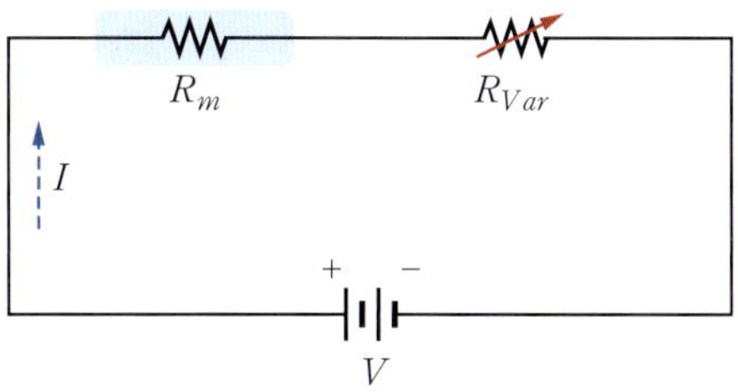

[그림 7-3] 내부저항 측정

[그림 7-3]에서 R_{Var}을 조절하여 임의의 전류 I가 표시되도록 한다. 이때의 가변저항 값을 R_1이라 하면, I는 식 (7.8)로 나타낼 수 있다.

$$I = \frac{V}{R_m + R_1} \tag{7.8}$$

다시 R_{Var}을 조절하여 전류를 반으로 줄이고, 그때의 가변저항 값을 R_2라 하면, 식 (7.9)와 같이 나타낼 수 있다.

$$\frac{I}{2} = \frac{V}{R_m + R_2} \tag{7.9}$$

식 (7.8)과 식 (7.9)를 정리하여 식 (7.10)과 같이 내부저항 R_m을 구할 수 있다.

$$R_m = R_2 - 2R_1 \tag{7.10}$$

3 아날로그 멀티미터에만 적용할 수 있다.

7.3 실험

【실습 장비】

실험 기기	직류전원 공급장치	1대	
	멀티미터	1대	
	브레드보드	1개	
회로 부품	저항	200[Ω], 300[Ω], 1[kΩ]	각 1개
		100[Ω]	5개

7.3.1 전압 배율기

1 [그림 7-4]의 실험 회로를 구성하라. 저항 R_m으로 100[Ω][4]을 연결한다. 다만, R_{Mt}는 아직 연결하지 않는다.

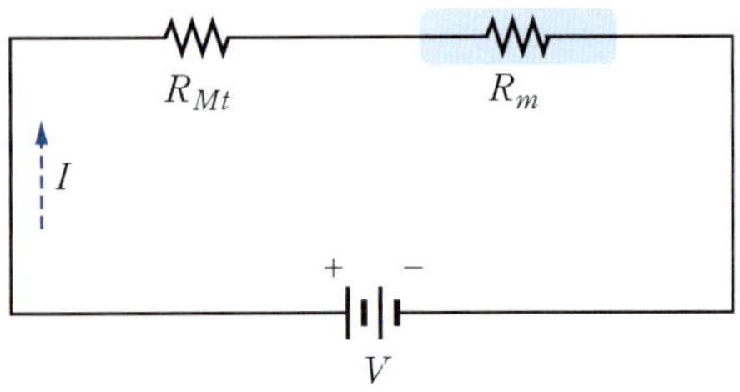

[그림 7-4] 실험 회로(전압 배율기)

2 $I=10$[mA][5]가 되도록 직류전원 V를 조절하고, 그때의 V값을 [표 7-1]에 기록하라.

3 R_{Mt}로 100[Ω]을 연결하고, $I=10$[mA]가 되도록 직류전원 V를 조절하라. 그때의 V값을 [표 7-1]에 기록하라.

4 R_{Mt}로 [표 7-1]에 주어진 다른 저항을 연결하면서 실험 과정 3 을 반복하라.

[표 7-1] 전압 배율기

R_{Mt}	0(연결하지 않음)	100[Ω]	200[Ω]	300[Ω]	1[kΩ]
V					

4 디지털 멀티미터는 내부저항을 알기 어렵다. 여기에서는 실험을 위해 내부저항 R_m을 100[Ω]으로 가정했다.

5 이를 멀티미터 측정부의 최대 스케일 전류로 가정한다.

7.3.2 전류 분류기

1 [그림 7-5]의 실험 회로를 구성하라. 저항 $R_m = 100\,[\Omega]$[6]을 연결하라. 이때 R_S는 연결하지 않는다. 다음 과정에서 그림과 같이 R_S를 하나씩 추가하면서 실험을 진행한다.

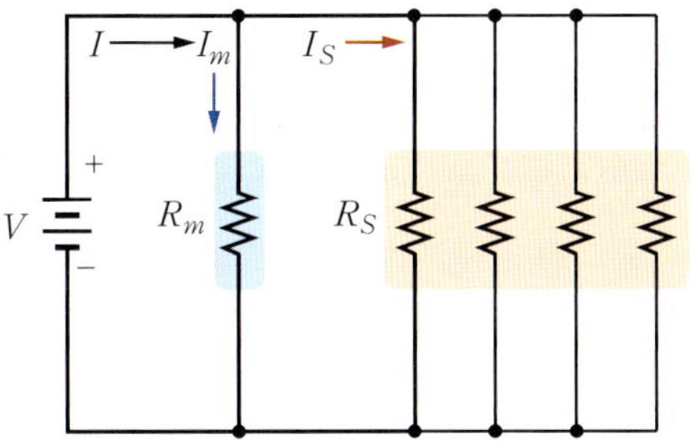

[그림 7-5] 실험 회로(전류 분류기)

2 $I = 10\,[\text{mA}]$가 되도록 직류전원 V를 조절하라.[7]

3 R_S로 $100\,[\Omega]$의 저항 1개를 [그림 7-5]와 같이 R_m과 병렬로 연결하라.

4 $I_m = 10\,[\text{mA}]$가 되도록 직류전원 V를 조절하고, I를 측정하여 [표 7-2]의 '$100\,[\Omega] \times 1$개' 칸에 기록하라.

5 R_S로 $100\,[\Omega]$의 저항을 하나 더 연결하라.

6 $I_m = 10\,[\text{mA}]$가 되도록 직류전원 V를 조절하고, I를 측정하여 [표 7-2]의 '$100\,[\Omega] \times 2$개' 칸에 기록하라.

7 실험 과정 **5** 와 **6** 을 반복하여 [표 7-2]의 '$100\,[\Omega] \times 3$개' 칸과 '$100\,[\Omega] \times 4$개' 칸에 기록하라.

[표 7-2] 전류 분류기

R_S	0(연결하지 않음)	$100\,[\Omega] \times 1$개	$100\,[\Omega] \times 2$개	$100\,[\Omega] \times 3$개	$100\,[\Omega] \times 4$개
I	$10\,[\text{mA}]$				

6 마찬가지로 내부저항 R_m을 $100\,[\Omega]$으로 가정했다.

7 R_S를 연결하지 않았으므로 $I = I_m$이다.

7.4 결과 검토

(1) [표 7-1]에서 R_{Mt}의 값이 클수록 직류전원 V의 값이 증가하는 이유를 설명하라.

(2) [그림 7-4]에서 배율저항 R_{Mt}를 내부저항 R_m과 직렬로 연결하는 이유를 설명하라.

(3) [표 7-2]에서 R_S를 1개 연결할 때와 2개 연결할 때의 I를 비교해보라.

(4) 앞의 (3)에서 I 값이 다르다면, 그 이유가 무엇인지 설명하라.

(5) [그림 7-5]에서 분류저항 R_S를 내부저항 R_m과 병렬로 연결하는 이유를 설명하라.

셀프 테스트

(1) 멀티미터의 전압 측정 범위를 확대하기 위해 (배율기, 분류기)를 사용한다.

(2) 멀티미터의 전류 측정 범위를 확대하기 위해 (배율기, 분류기)를 사용한다.

(3) 배율저항은 멀티미터의 측정부와 (직렬, 병렬)로 연결한다.

(4) 분류저항은 멀티미터의 측정부와 (직렬, 병렬)로 연결한다.

(5) 배율저항이 클수록 전압 측정 범위는 (확대된다, 축소된다).

(6) 분류저항이 많아질수록 전류 측정 범위는 (확대된다, 축소된다).

(7) 멀티미터 측정부의 최대 스케일 전류는 10[mA]이고, 내부저항 $R_m = 100[\Omega]$이다. 전압 측정 범위를 5배 확대하기 위해 필요한 배율저항의 값은 얼마인가?

① 200[Ω] ② 250[Ω] ③ 300[Ω] ④ 400[Ω] ⑤ 500[Ω]

(8) 멀티미터 측정부의 최대 스케일 전류는 10[mA]이고, 내부저항 $R_m = 90[\Omega]$이다. 전류 측정 범위를 10배 확대하기 위해 필요한 분류저항의 값은 얼마인가?

① 10[Ω] ② 15[Ω] ③ 20[Ω] ④ 30[Ω] ⑤ 50[Ω]

예비학습

(1) 테브난의 정리(Thévenin's Theorem)에 대해 조사하라.

(2) 등가회로의 개념과 등가회로를 사용할 때의 이점을 설명하라.

PART 02

회로망 실험

PART 02에서는 테브난의 정리, 노턴의 정리, 중첩의 원리와 같은 회로망 해석과 관련된 이론들을 실험한다. 회로망 해석에 관한 이론을 적용하면 복잡한 회로를 간단한 등가회로로 바꿀 수 있으며, 이것으로 회로의 전류와 전압을 쉽게 구할 수 있다. 또한 전원이나 오디오와 같은 능동회로의 출력(전력)을 부하나 스피커에 손실 없이 전달하는 원리를 설명해주는 최대전력 전달조건도 실험한다.

실험 08

테브난의 정리

8.1 실험 목표

- 테브난의 등가회로를 구할 수 있다.
- 테브난의 등가회로를 실험으로 확인한다.

8.2 기초 이론

복잡한 회로를 간단한 등가회로(Equivalent Circuit)로 바꾸기 위해 테브난의 정리(Thévenin's Theorem)와 노턴의 정리(Norton's Theorem)가 활용된다. 이를 활용하면 복잡한 회로를 전압원 및 직렬로 연결된 저항의 등가회로(테브난의 정리)나 전류원 및 병렬로 연결된 저항의 등가회로(노턴의 정리)로 간단하게 만들 수 있다.

테브난(Léon Charles Thévenin, 1857~1926, 프랑스) 여기서 잠깐

전신기술자(Telegraph Engineer)를 시작으로 통신 분야의 각종 교육기관에서 근무했으며, 전자회로 측정에 많은 관심을 가지고 있었다. 키르히호프의 법칙과 옴의 법칙을 바탕으로 복잡한 전자회로를 간단한 등가회로로 바꾸어 전류와 전압을 쉽게 계산할 수 있도록 한 테브난의 정리를 고안했다.

8.2.1 테브난의 정리

테브난의 정리는 '전원이 포함된 회로망[1]은 하나의 등가 전압원 및 직렬로 연결된 등가저항으로 바꿀 수 있다'로 정의된다. 이렇게 만들어진 회로를 테브난 등가회로라 한다. [그림 8-1]을 살펴보자. 왼쪽은 전원이 포함된 회로망이고, 오른쪽은 테브난 등가회로이다. 테브난 등가회로는 단자 ⓐ와 ⓑ를 기준으로 복잡한 회로망을 간단한 회로로 바꾼 것이다.

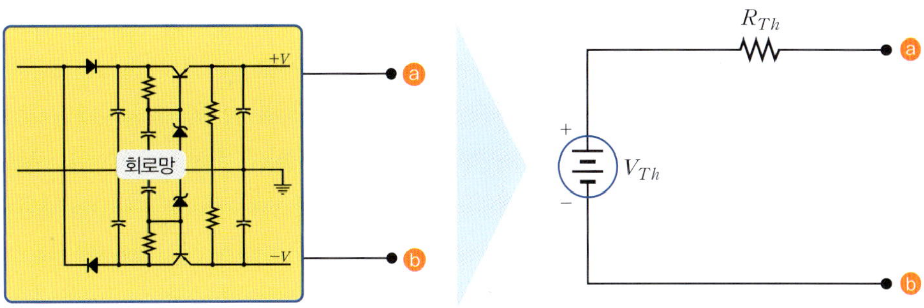

[그림 8-1] 테브난 등가회로

[그림 8-1]에서 V_{Th}는 등가 전압원으로, 단자 ⓐ와 ⓑ를 개방(Open)할 때 단자 사이에 걸리는 전압이다. R_{Th}는 등가저항으로, 단자 ⓐ와 ⓑ 사이의 모든 전원을 제거할 때 단자 사이에 측정되는 저항이다. 전원을 제거한다는 것은 전압원은 단락(Short)시키고, 전류원은 개방하는 것이다. 이때 전원의 내부저항은 없는 것으로 가정한다.[2]

앞의 설명을 바탕으로 테브난 등가회로를 구하는 과정을 정리하면 다음과 같다.

❶ 개방 단자 만들기

❷ 등가 전압원 V_{Th} 구하기

❸ 등가저항 R_{Th} 구하기

❹ V_{Th}와 R_{Th}를 직렬로 연결하여 등가회로 구성하기

1 회로망(Circuitry 또는 Network)이란 여러 종류의 부품과 전원을 포함하고 있는 복잡한 전자회로를 말한다. 전원이 포함된 회로망을 능동 회로망(Active Network)이라 하고, 전원이 없으면 수동 회로망(Passive Network)이라 한다.

2 내부저항을 고려하면, 전원을 제거할 때 회로의 저항이 바뀌므로 문제가 복잡해진다. 이를 피하기 위해 내부저항은 없는 것으로 가정한다. 이는 전원의 내부저항이 실제로 매우 작기 때문에 가능하다.

이 과정을 따라 [그림 8-2]의 회로에 대한 테브난 등가회로를 구하고, 등가회로를 이용해 부하저항 R_L의 전류와 전압을 구해보자.

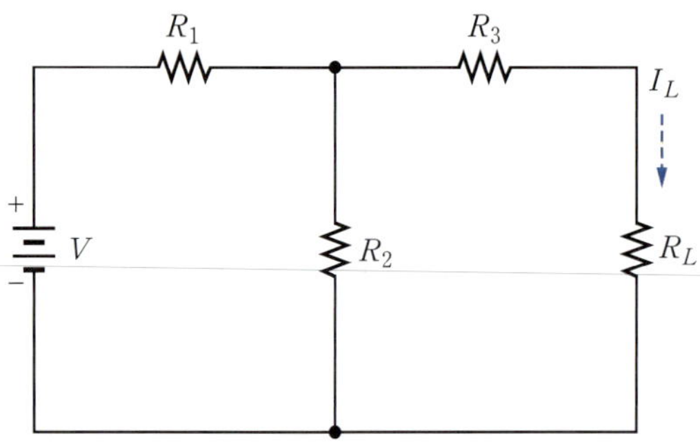

[그림 8-2] 테브난 등가회로를 구하기 위한 회로

❶ 개방 단자 만들기

개방 단자는 '**전류 및 전압을 구하려는 부품이나 연결점**'에 만든다. 이 경우는 부하저항 R_L의 전압과 전류를 구하는 것이 목적이므로 [그림 8-3]과 같이 R_L을 제거하여 개방 단자 ⓐ ⓑ를 만든다. 그러면 R_3에는 전류가 흐를 수 없어 작용하지 않으므로 제거한다.

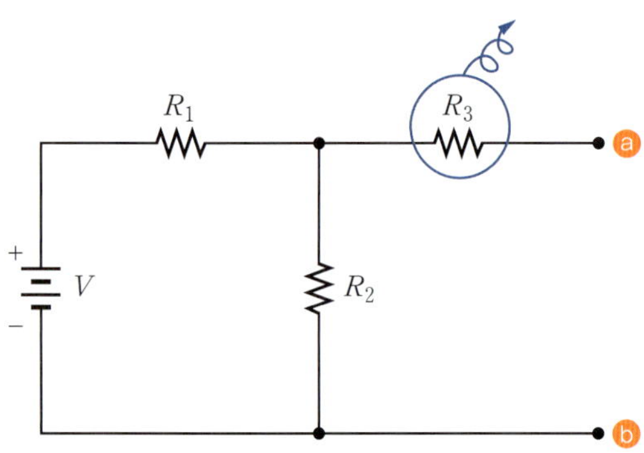

[그림 8-3] 개방 단자 만들기

❷ 등가 전압원 V_{Th} 구하기

V_{Th}는 '**개방 단자에 걸리는 전압**'으로 정의되며, 이 경우 V_{Th}는 [그림 8-4]와 같이 R_2에 걸린 전압이다.

$$V_{Th} = \frac{R_2}{R_1 + R_2} V$$

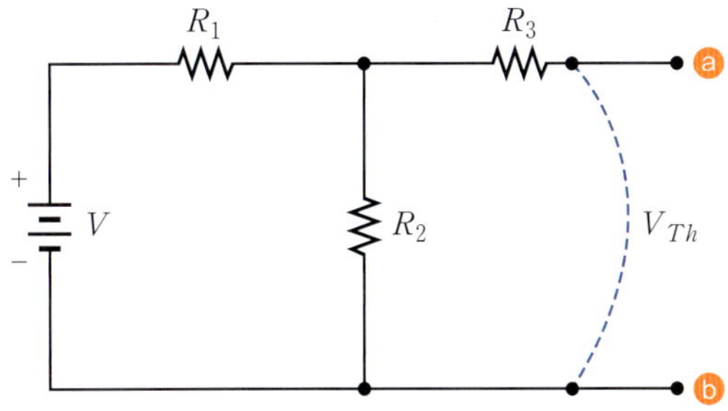

[그림 8-4] 등가 전압원 V_{Th} 구하기

❸ 등가저항 R_{Th} 구하기

R_{Th}는 '**전원을 제거[3]한 다음 개방 단자 쪽에서 바라본 전체 저항**'으로 정의된다. [그림 8-2]에서 V를 제거하면 [그림 8-5]의 회로가 되며, 개방 단자에서 바라본 전체 저항이 R_{Th}이다.

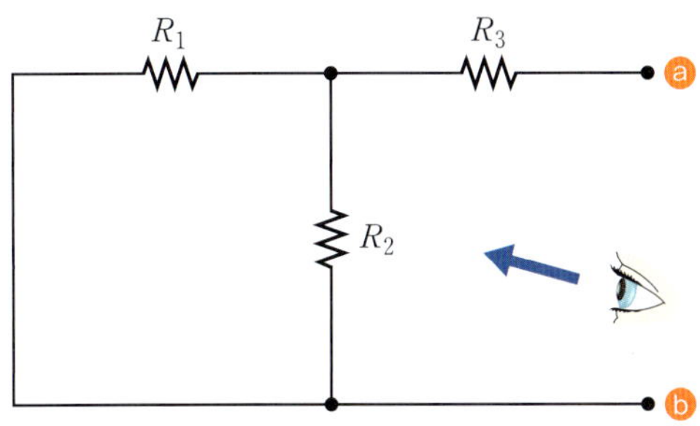

[그림 8-5] 전압전원 V 제거하기

[그림 8-5]와 같이 개방 단자에서 바라볼 때의 회로 연결은 [그림 8-6]의 왼쪽과 같이 개략적으로 그릴 수 있고, 정리하면 오른쪽과 같다. [그림 8-6]의 오른쪽 그림에서 R_{Th}는 다음과 같이 구한다.

$$R_{Th} = (R_1 /\!/ R_2) + R_3 = \frac{R_1 R_2}{R_1 + R_2} + R_3$$

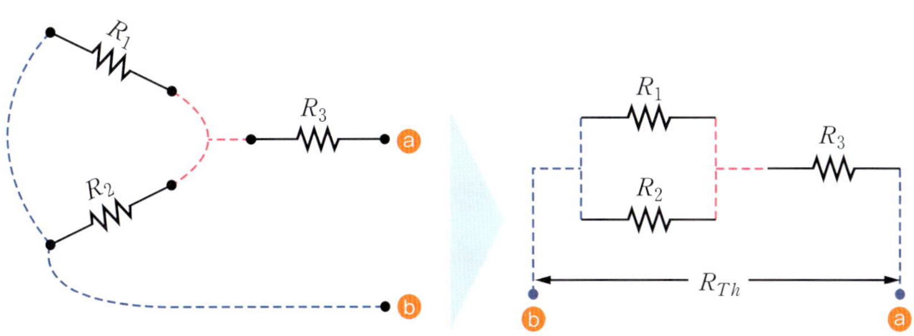

[그림 8-6] R_{Th} 구하기

3 전압원은 단락(Short)하고, 전류원은 개방(Open)한다.

❹ V_{Th}와 R_{Th}를 직렬로 연결하여 등가회로 구성하기

앞에서 구한 V_{Th}와 R_{Th}를 직렬로 연결하여 테브난 등가회로를 구성하고, 개방 단자 위치에 앞에서 제거했던 부하저항 R_L을 추가한다.

[그림 8-7]은 완성된 등가회로이며, 점선으로 표시한 부분이 테브난 등가회로이다.

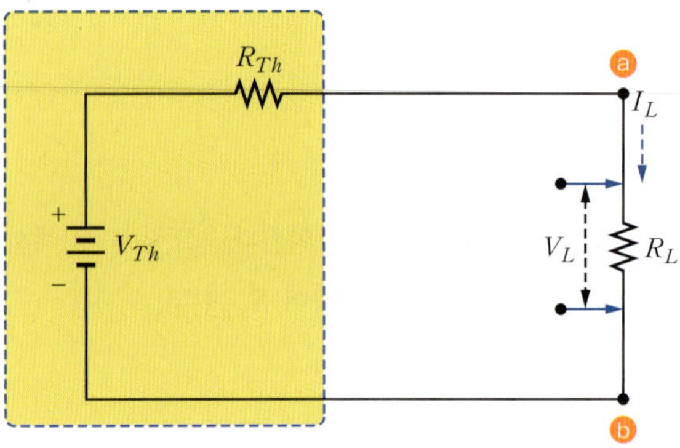

[그림 8-7] 완성된 테브난 등가회로

다음으로 부하저항 R_L의 전류와 전압을 구해보자. 먼저 전류 I_L은 옴의 법칙으로 쉽게 구할 수 있다.

$$I_L = \frac{V_{Th}}{R_{Th} + R_L}$$

전압 V_L은 I_L을 이용하여 구한다.

$$V_L = I_L R_L$$

8.2.2 테브난의 정리 적용

[그림 8-8]과 같이 부품값이 주어진 회로에 대한 테브난 등가회로를 구해보자.

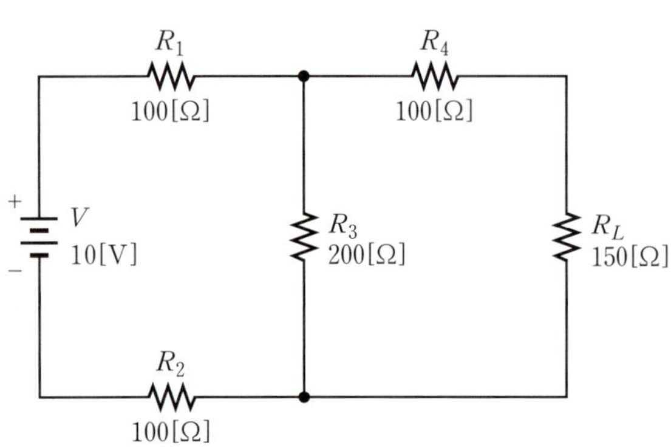

[그림 8-8] 테브난의 정리를 적용하기 위한 회로

[그림 8-9]는 테브난 등가회로를 구하는 과정이다. [그림 8-9(a)]에서는 등가 전압원 V_{Th}를 구한다. 이를 위해 부하저항 R_L을 제거하여 개방 단자 ⓐ ⓑ를 만들고, 작용하지 못하는 R_4는 제거한다. V_{Th}는 저항 R_3에 걸린 전압이므로 다음과 같이 구한다.

$$V_{Th} = \frac{R_3}{R_1 + R_2 + R_3} V = \frac{200}{100 + 100 + 200} \times 10[\text{V}] = 5[\text{V}]$$

다음으로 등가저항 R_{Th}를 구한다. 이를 위해 [그림 8-9(b)]와 같이 V를 제거하고, [그림 8-9(c)]와 같이 개방 단자 ⓐ ⓑ에서 바라본 전체 저항인 R_{Th}를 구하면 다음과 같다.

$$\begin{aligned} R_{Th} &= [(R_1 + R_2) /\!/ R_3] + R_4 = [(100 + 100) /\!/ 200] + 100 \\ &= \frac{200 \times 200}{200 + 200} + 100 = 200[\Omega] \end{aligned}$$

앞에서 구한 V_{Th}와 R_{Th}를 이용하여 테브난 등가회로를 그리고, 부하저항 R_L을 연결하면 [그림 8-9(d)]와 같다. 이로부터 I_L과 V_L을 다음과 같이 쉽게 구할 수 있다.

$$I_L = \frac{V_{Th}}{R_{Th} + R_L} = \frac{5[\text{V}]}{350[\Omega]} = 14.3[\text{mA}]$$

$$V_L = I_L R_L = 14.3[\text{mA}] \times 150[\Omega] = 2.1[\text{V}]$$

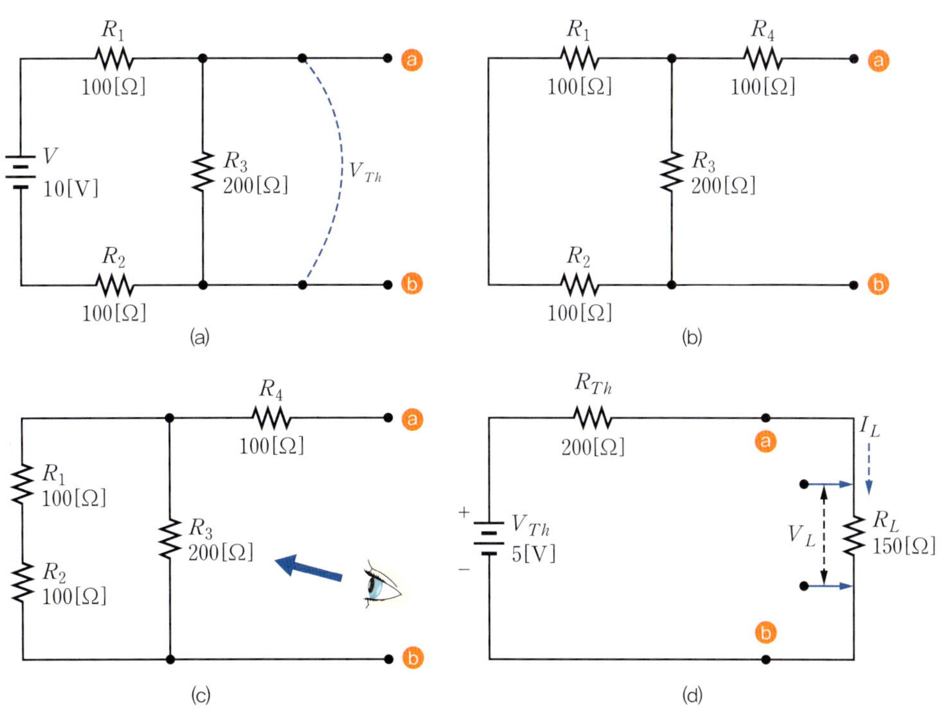

[그림 8-9] 테브난 등가회로를 구하는 과정

8.3 실험

【실습 장비】

실험 기기	멀티미터	1대	
	직류전원 공급장치	1대	
	브레드보드	1개	
회로 부품	저항	200[Ω]	2개
		100[Ω], 270[Ω], 330[Ω], 470[Ω]	각 1개

8.3.1 기본 회로 실험

1. [그림 8-10]의 실험 회로를 구성하라. 저항 $R_1 = R_2 = 200[\Omega]$, $R_3 = 100[\Omega]$, $R_4 = 270[\Omega]$이다.

2. 부하저항 $R_L = 330[\Omega]$을 연결하고, $V = 8[V]$를 인가하라.

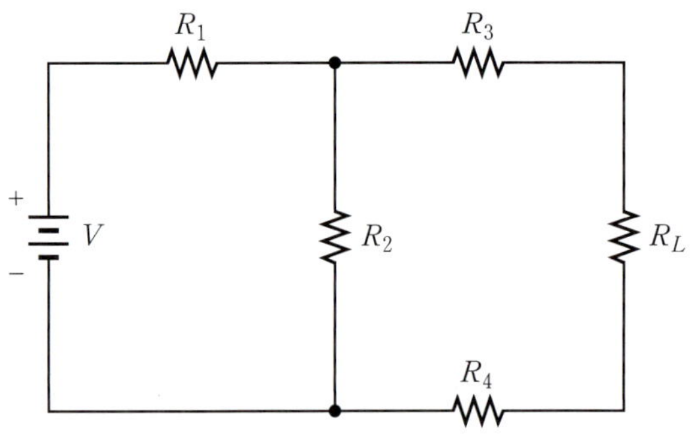

[그림 8-10] 실험 회로(기본 회로)

3. R_L에 걸린 전압 V_L을 측정하여 [표 8-1]에 기록하라.

4. R_L을 흐르는 전류 I_L을 측정하여 [표 8-1]에 기록하라.

5 [그림 8-10]의 실험 회로에 대한 테브난 등가회로는 [그림 8-11]과 같이 등가 전압원 V_{Th}와 등가저항 R_{Th}로 구성된다. V_{Th}와 R_{Th}의 이론값을 계산하여 [그림 8-11]과 [표 8-1]에 각각 기록하라.

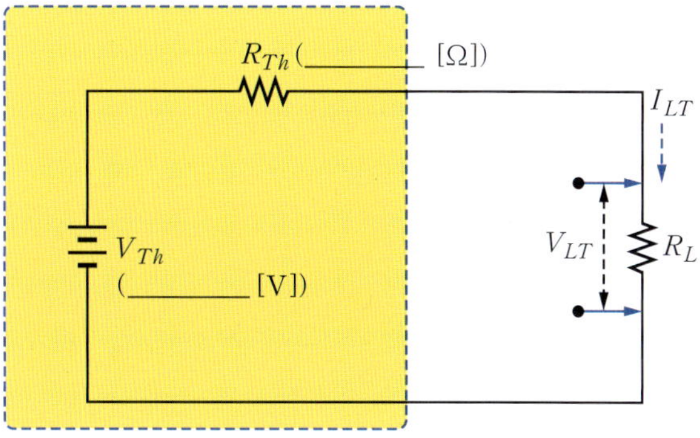

[그림 8-11] 테브난 등가회로

8.3.2 테브난 등가회로 실험

8.3.1절에 이어 다음 과정을 실험한다.

1 [그림 8-11]의 테브난 등가회로를 구성하라. V_{Th}와 R_{Th}는 8.3.1절의 실험 과정 **5** 에서 계산한 값을 사용(설정)하라.

2 R_L에 걸린 전압 V_{LT}를 측정하여 [표 8-1]에 기록하라.

3 R_L을 흐르는 전류 I_{LT}를 측정하여 [표 8-1]에 기록하라.

4 [표 8-1]에서 $V_L = V_{LT}$의 관계가 성립되는지 확인하라.

5 [표 8-1]에서 $I_L = I_{LT}$의 관계가 성립되는지 확인하라.

[표 8-1] 테브난 등가회로

기본 회로 실험		이론값		테브난 등가회로 실험	
V_L	I_L	V_{Th}	R_{Th}	V_{LT}	I_{LT}

8.4 PSpice 시뮬레이션

[그림 8-10]의 기본 회로와 [그림 8-11]의 테브난 등가회로를 각각 시뮬레이션하여 테브난 등가회로의 정확성(등가성)을 확인해보자. 시뮬레이션 설정은 [표 8-2]와 같다.

[표 8-2] 시뮬레이션 설정

시뮬레이션 목적		테브난 등가회로의 정확성(등가성) 확인하기
대상 회로		[그림 8-10] 및 [그림 8-11]의 실험 회로
시뮬레이션 설정	Analysis Type	Time Domain(Transient)
	Options	General Settings
	Run to time	40[ms]

시뮬레이션 설정

[그림 8-12]는 [표 8-2]에 맞춰 설정한 시뮬레이션 설정창이다.

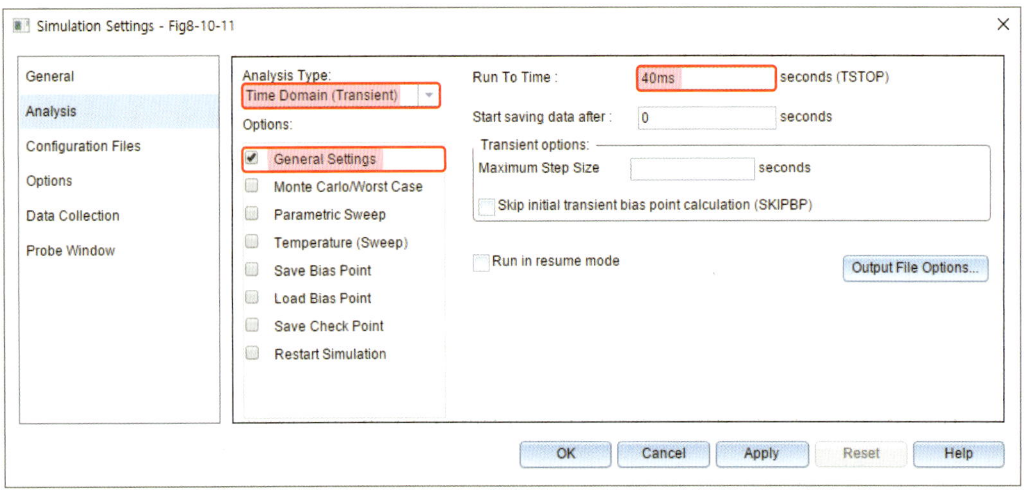

[그림 8-12] 시뮬레이션 설정

시뮬레이션 결과

Capture CIS Lite의 회로 편집기 화면에 기본 회로와 테브난 등가회로를 함께 그리고, 시뮬레이션을 수행하여 부하저항 R_L[4]의 전류와 전압을 확인했다.

[그림 8-13]은 시뮬레이션 회로에서 전압을 확인한 결과이다.[5] 위쪽 기본 회로의 부하저항(RL1)에 걸린 전압은 $3.00 - 1.35 = 1.65$ [V]이며, 이는 테브난 등가회로의 부하저항(RL2)에 걸린 전압 1.65 [V]와 같다.

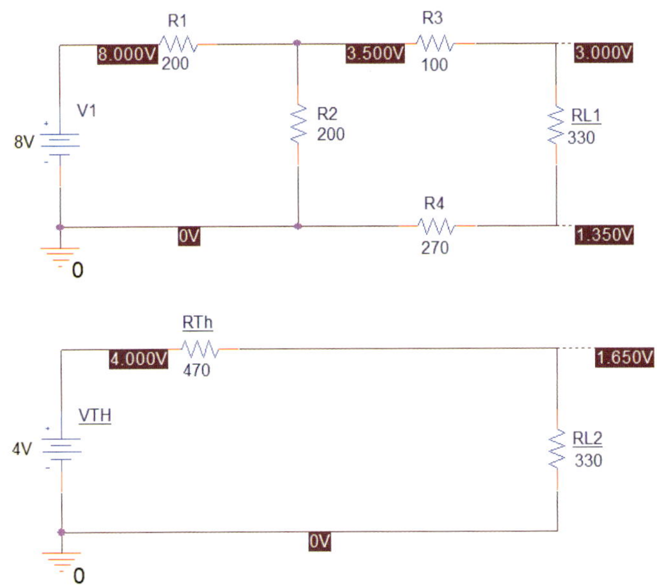

[그림 8-13] 시뮬레이션 결과(부하저항의 전압)

4 구별을 위해 'RL1'과 'RL2'로 표시했다.

5 PSpice 도구모음의 (Enable Bias Voltage Display) 버튼을 누른다.

[그림 8-14]는 시뮬레이션 회로에서 전류를 확인한 결과이다.[6] 기본 회로의 부하저항(RL1)과 테브난 등가회로의 부하저항(RL2)에는 5[mA]의 같은 전류가 흐른다.

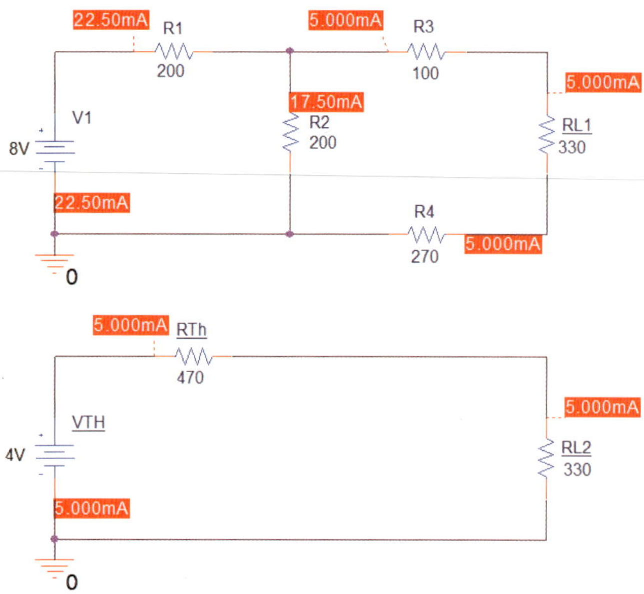

[그림 8-14] 시뮬레이션 결과(부하저항의 전류)

앞의 시뮬레이션 결과는 기본 회로 및 테브난 등가회로에 연결된 부하저항의 전류와 전압이 동일함을 보여주며, 이로부터 테브난 등가회로의 정확성(등가성)을 확인할 수 있다.

8.5 결과 검토

■ 실험

(1) [표 8-1]에서 V_L과 V_{LT}의 값이 같은지 확인하라.

(2) [표 8-1]에서 I_L과 I_{LT}의 값이 같은지 확인하라.

(3) [그림 8-15]에 주어진 회로의 테브난 등가회로를 구하라.

6 PSpice 도구모음의 (Enable Bias Current Display) 버튼을 누른다.

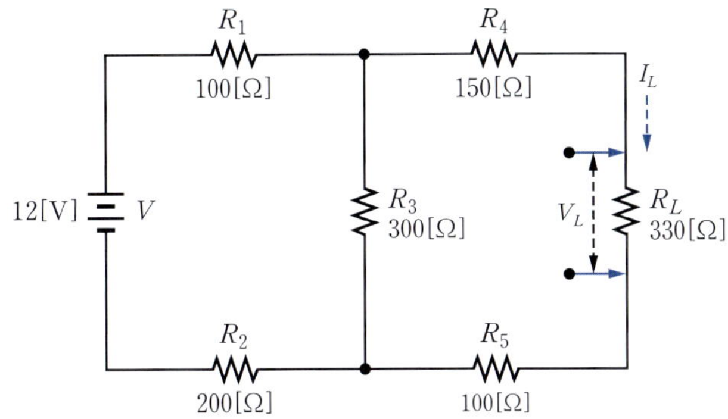

[그림 8-15] 테브난 등가회로를 구하기 위한 회로

(4) 앞의 (3)에서 구한 테브난 등가회로를 이용하여 R_L의 전압 V_{LT}와 전류 I_{LT}를 구하라.

■ PSpice 시뮬레이션

(1) [그림 8-15]의 회로를 시뮬레이션하여 R_L의 전압 V_L과 전류 I_L을 구하라.

(2) 실험 결과 검토 (4)에서 구한 V_{LT}, I_{LT}와 시뮬레이션으로 구한 V_L, I_L을 비교하라.

셀프 테스트

(1) 테브난 등가회로는 하나의 등가 전압원 및 이것과 (직렬, 병렬)로 연결된 등가저항으로 이루어져 있다.

(2) 전원이 포함된 회로망을 (능동, 수동) 회로망이라 한다.

(3) 테브난 등가회로를 구할 때, 부하저항 R_L을 제거한 곳에 (개방, 단락) 단자를 만든다.

(4) 테브난 등가회로의 등가 전압원 V_{Th}는 (개방, 단락) 단자에 걸리는 전압이다.

(5) 테브난 등가회로의 등가저항 R_{Th}는 전원을 제거한 후에 구한다. (○, ×)

(6) 전원을 제거할 때 전압원은 (개방, 단락)하고, 전류원은 (개방, 단락)한다.

(7) 테브난 등가회로를 구할 때, 전원의 내부저항도 감안해야 한다. (○, ×)

예비학습

(1) 노턴의 정리(Norton's Theorem)에 대해 조사하라.

실험

09

노턴의 정리

9.1 실험 목표

- 노턴의 등가회로를 구할 수 있다.
- 노턴의 등가회로를 실험으로 확인한다.

9.2 기초 이론

노턴의 정리(Norton's Theorem)는 테브난 등가회로와 비슷하게 복잡한 회로를 간단한 등가회로로 바꾸는 데 활용된다. 노턴 등가회로는 전류원 및 병렬로 연결된 저항으로 구성되며, 이를 이용하면 전류와 전압을 쉽게 구할 수 있다.

노턴(Edward Lawry Norton, 1898~1983, 미국) 여기서 잠깐

전기회사인 웨스턴 일렉트릭(Western Electric)을 거쳐 1925년부터 벨연구소에서 근무했으며, 통신회로와 전화선을 이용한 고속 데이터 전송에 관심이 많았다. 전류로 동작하는 녹음장치를 설계하는 과정에서 복잡한 전자회로를 전류원 및 저항으로 이루어진 간단한 등가회로로 바꾸는 노턴의 정리를 고안했다.

9.2.1 노턴의 정리

노턴의 정리는 '전원이 포함된 회로망은 하나의 등가 전류원 및 병렬로 연결된 등가저항으로 바꿀 수 있다'로 정의된다. 이렇게 만들어진 회로를 노턴 등가회로라 한다. [그림 9-1]을 살펴보자. 왼쪽은 전원이 포함된 회로망이고, 오른쪽은 노턴 등가회로이다. 노턴 등가회로는 단자 ⓐ와 ⓑ를 기준으로 복잡한 회로망을 등가 전류원 I_N과 등가저항 R_N으로 이루어진 간단한 회로로 바꾼 것이다.

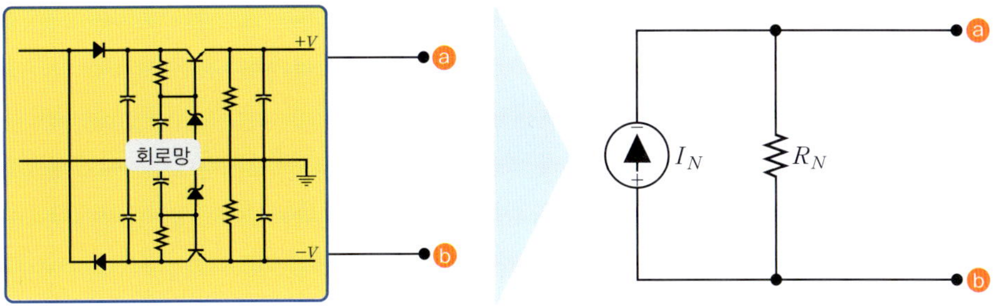

[그림 9-1] 노턴 등가회로

[그림 9-1]에서 I_N은 단자 ⓐ와 ⓑ를 단락(Short)할 때 단자 사이를 흐르는 전류이다. R_N은 단자 ⓐ와 ⓑ 사이에 놓인 모든 전원을 제거할 때 단자 사이에 측정되는 저항이다. 테브난 등가회로와 마찬가지로 전원의 내부저항은 없는 것으로 가정한다.

앞의 설명을 바탕으로 노턴 등가회로를 구하는 과정을 정리하면 다음과 같다.

❶ **단락 단자 만들기**

❷ **등가 전류원 I_N 구하기**

❸ **등가저항 R_N 구하기**

❹ **I_N과 R_N을 병렬로 연결하여 등가회로 구성하기**

이 과정을 따라 [그림 9-2]의 회로에 대한 노턴 등가회로를 구하고, 등가회로를 이용해 부하저항 R_L의 전류와 전압을 구해보자.[1]

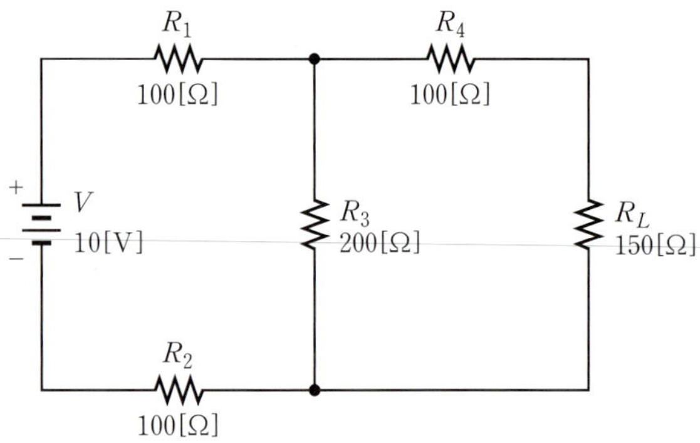

[그림 9-2] 노턴 등가회로를 구하기 위한 회로

❶ 단락 단자 만들기

단락 단자는 '**전류 및 전압을 구하려는 부품이나 연결점**'에 만든다. 부하저항 R_L의 전류와 전압을 구하는 것이 목적이므로 [그림 9-3]과 같이 R_L을 제거하고 단락 단자 ⓐ ⓑ를 만든다. 이때 단락 단자 사이를 흐르는 전류가 등가 전류원 I_N이다. 그림에는 전체 전류 I_T와 R_3를 흐르는 전류 I_{R_3}도 표시했다.

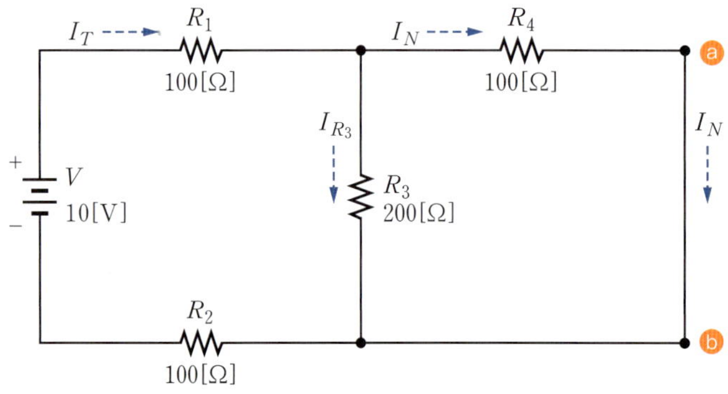

[그림 9-3] 단락 단자 만들기

부하저항 R_L을 제거하면 R_3와 R_4는 병렬로 연결되고, R_1 및 R_2가 이들과 직렬로 연결된다. 즉 전체 저항 R_T는 다음과 같이 구할 수 있다.

$$R_T = R_1 + R_2 + (R_3 /\!/ R_4)$$
$$= 100 + 100 + \frac{200 \times 100}{200 + 100} = 266.7\,[\Omega]$$

1 [그림 9-2]는 [그림 8-8]에 보인 테브난의 정리 적용 예이다. 동일한 회로에 대한 노턴의 등가회로를 구해보자.

❷ 등가 전류원 I_N 구하기

[그림 9-3]에서 전체 전류 I_T는 옴의 법칙으로 다음과 같이 구한다.

$$I_T = \frac{V}{R_T} = \frac{10\,[\mathrm{V}]}{266.7\,[\Omega]} = 37.5\,[\mathrm{mA}]$$

I_N은 R_4를 흐르는 전류이므로 전류 분배법칙을 적용하여 다음과 같이 구한다.

$$I_N = \frac{R_3}{R_3 + R_4} I_T = 37.56\,[\mathrm{mA}] \times \frac{200}{300} = 25\,[\mathrm{mA}]$$

❸ 등가저항 R_N 구하기

R_N은 '**전원을 제거한 다음 단락 단자 쪽에서 바라본 전체 저항**'으로 정의된다. [그림 9-4]는 전원을 제거한 상태이다. [그림 9-4]의 회로를 단락 단자 ⓐ ⓑ쪽에서 바라보면, 오른쪽 그림과 같이 직렬로 연결된 R_1과 R_2에 대해 R_3가 병렬로 연결되고, R_4는 이들과 직렬로 연결된다.

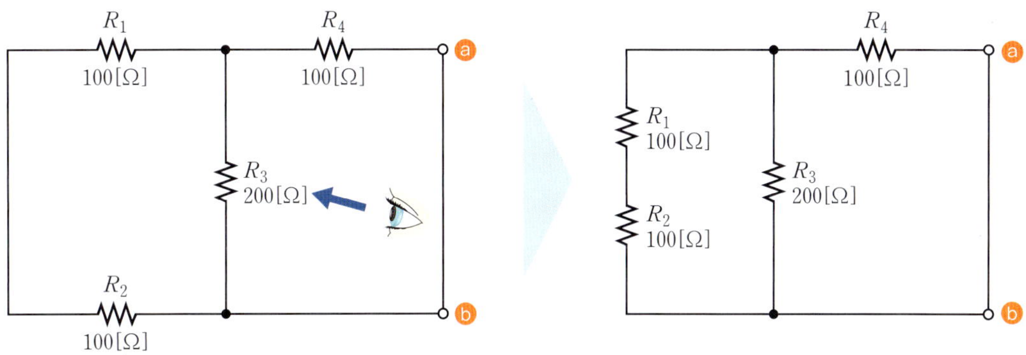

[그림 9-4] 전원 제거 및 등가저항 R_N 구하기

[그림 9-4]의 오른쪽 회로도를 기준으로 R_N을 구하면 다음과 같다.

$$R_N = [(R_1 + R_2) /\!/ R_3] + R_4 = (200 /\!/ 200) + 100 = 200\,[\Omega]$$

❹ I_N과 R_N을 병렬로 연결하여 등가회로 구성하기

앞에서 구한 I_N과 R_N을 병렬로 연결하여 노턴 등가회로를 구성하고, 단락 단자 위치에 앞에서 제거했던 부하저항 R_L을 추가한다.

[그림 9-5]는 완성된 등가회로이며, 점선으로 표시한 부분이 노턴 등가회로이다.

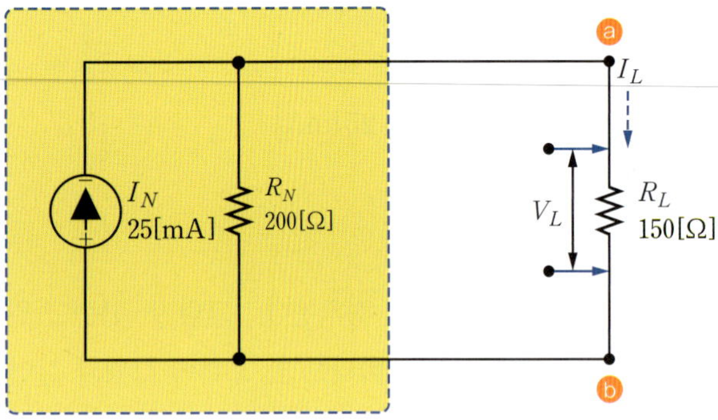

[그림 9-5] 완성된 노턴 등가회로

[그림 9-5]의 노턴 등가회로를 이용하여 부하저항 R_L의 전류 I_L과 전압 V_L을 구하면 다음과 같다.

$$I_L = \frac{R_N}{R_N + R_L} I_N = \frac{200}{200 + 150} \times 25\,[\mathrm{mA}] = 14.3\,[\mathrm{mA}]$$

$$V_L = I_L R_L = 14.3\,[\mathrm{mA}] \times 150\,[\Omega] = 2.1\,[\mathrm{V}]$$

구한 I_L과 V_L의 값은 [그림 8-9]의 테브난 등가회로에서 구한 I_L과 V_L의 값과 같다. 이는 같은 회로를 대상으로 테브난 등가회로와 노턴 등가회로를 구하여 계산한 것이므로 당연한 결과라 할 수 있다.

9.2.2 전류원

노턴 등가회로는 등가 전류원을 포함하여 구성한다. 앞에서 살펴본 것과 같이 등가 전류원 I_N은 일정한 전류(앞의 경우는 25[mA])를 출력해야 하며, 이를 정전류원(Constant Current Source)이라 한다.

[그림 9-6]은 [실험 02]에서 사용법을 설명한 직류전원 공급장치이다.[2] 이 장치로 정전류원을 설정하는 방법은 다음과 같다.

(1) ❶의 가변 출력단에 프로브를 연결한다.

(2) ❷의 다이얼을 돌려 전압을 5[V] 정도로 조절한다.[3] 표시창 ❸에서 05.0 C.V. V를 확인할 수 있다.

(3) ❹의 'CC/CV' 버튼을 눌러 정전류 모드(CC Mode)로 전환한다. 그러면 그림과 같이 위쪽의 LED가 점등된다.

(4) 가변 출력단에 연결한 프로브를 ❺와 같이 서로 맞물려 단락시킨다.

(5) ❻의 'UP'과 'DOWN' 버튼을 이용하여 원하는 정전류 값을 설정한다. 표시창 ❼에 설정된 정전류 값 0.10 C.C. A(100[mA])[4]이 표시되어 있다.[5]

(6) 정전류 모드로 전환되면 전압은 0[V]에 가깝게 떨어진다. 표시창 ❼의 00.1 V로 확인할 수 있다.

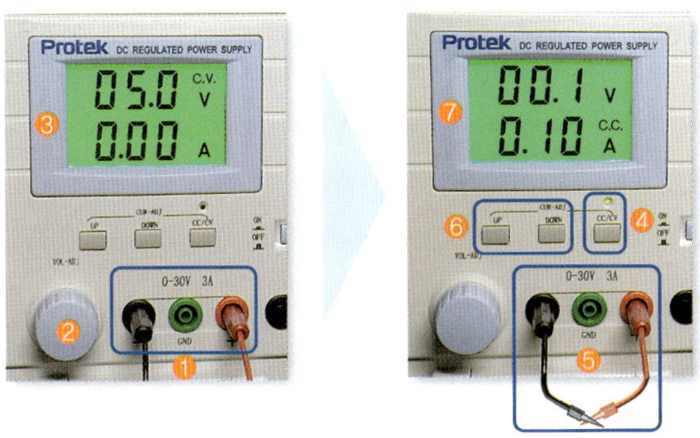

[그림 9-6] 정전류원 설정

2 [그림 2-2]와 부분별 기능 설명을 참조하라.

3 전압에 의해 전류가 흐르므로 정전류원을 설정하려면 일정 크기 이상의 전압을 설정해야 한다.

4 정확한 실험을 위해서는 정전류 출력을 직접 멀티미터로 측정해서 조절하는 것이 좋다. 실제로 실험에 사용되는 직류전원 공급장치로는 정확한 정전류 값을 설정하기 어렵다. 이 경우에도 멀티미터로 측정한 전류값은 116[mA]이며, 장치에 표시된 100[mA]와는 다소 오차가 있다.

5 앞에서 5[V]로 설정한 전압을 조절하면 정전류 값을 약간씩 조절할 수 있다. 다만, 전압을 너무 높이면 실험 중에 프로브에서 불꽃이 튀어 멀티미터의 전류 퓨즈가 끊어지는 등의 위험이 발생할 수 있으므로 주의해야 한다.

9.3 실험

【실습 장비】

실험 기기	멀티미터	1대	
	직류전원 공급장치	1대	
	브레드보드	1개	
회로 부품	저항	100[Ω]	3개
		150[Ω], 200[Ω]	각 1개

9.3.1 기본 회로 실험

1 [그림 9-7]의 실험 회로를 구성하라. $R_1 = R_2 = 100[\Omega]$, $R_3 = 200[\Omega]$, $R_4 = 100[\Omega]$이다.

2 부하저항 $R_L = 150[\Omega]$을 연결하고, 직류전원 $V = 10[V]$를 인가하라.

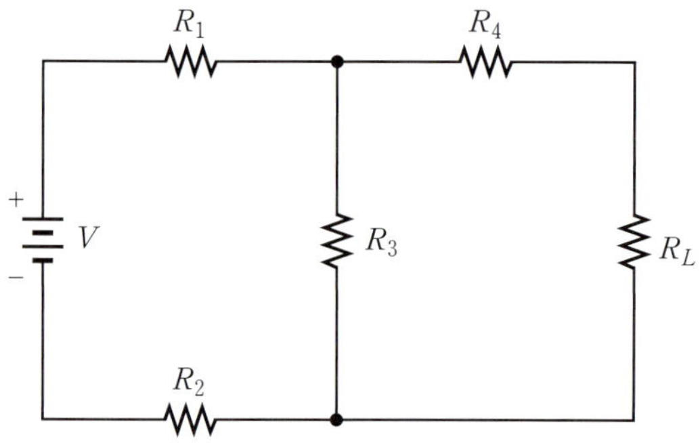

[그림 9-7] 실험 회로(기본 회로)

3 R_L에 걸린 전압 V_L을 측정하여 [표 9-1]에 기록하라.

4 R_L을 흐르는 전류 I_L을 측정하여 [표 9-1]에 기록하라.

5 [그림 9-7]의 실험 회로에 대한 노턴 등가회로는 [그림 9-8]과 같이 등가 전류원 I_N과 등가저항 R_N으로 구성된다. I_N과 R_N의 이론값을 계산하여 [그림 9-8]과 [표 9-1]에 각각 기록하라.

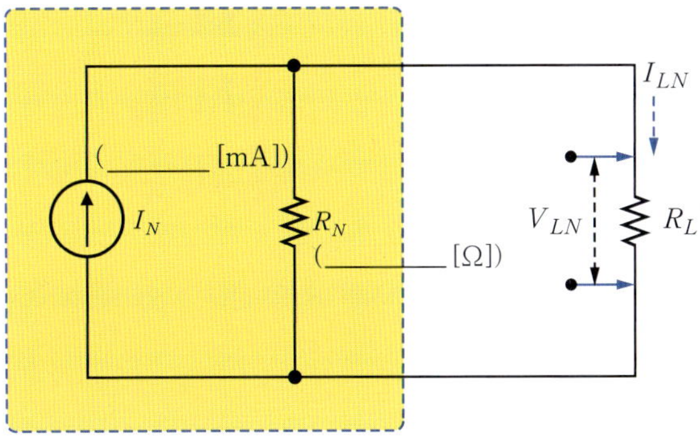

[그림 9-8] 노턴 등가회로

9.3.2 노턴 등가회로 실험

9.3.1절에 이어 다음 과정을 실험한다.

1 [그림 9-8]의 노턴 등가회로를 구성하라. I_N과 R_N은 9.3.1절의 실험 과정 **5** 에서 계산한 값을 사용(설정)하라.

2 R_L에 걸린 전압 V_{LN}을 측정하여 [표 9-1]에 기록하라.

3 R_L을 흐르는 전류 I_{LN}을 측정하여 [표 9-1]에 기록하라.

4 [표 9-1]에서 $V_L = V_{LN}$의 관계가 성립되는지 확인하라.[6]

5 [표 9-1]에서 $I_L = I_{LN}$의 관계가 성립되는지 확인하라.[7]

[표 9-1] 노턴 등가회로

기본 회로 실험		이론값		노턴 등가회로 실험	
V_L	I_L	I_N	R_N	V_{LN}	I_{LN}

6 노턴 등가회로의 등가전류원(I_N) 설정 시에 생긴 오차를 감안하라.

7 마찬가지로 등가전류원(I_N) 설정 시에 생긴 오차를 감안하라.

실험 따라하기 기본 회로([그림 9-7])와 노턴 등가회로([그림 9-8])

1 기본 회로([그림 9-7]) 실험에 사용할 저항을 확인한다.
$R_1 = R_2 = R_4 = 100\,[\Omega]$, $R_3 = 200\,[\Omega]$, $R_L = 150\,[\Omega]$이다.

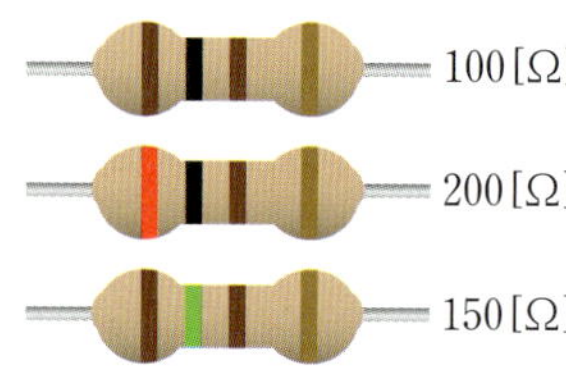

2 다음과 같이 [그림 9-7]의 실험 회로를 구성하고, 그림과 같이 부하저항 R_L의 전압 V_L을 측정하여 [표 9-1]에 기록한다.

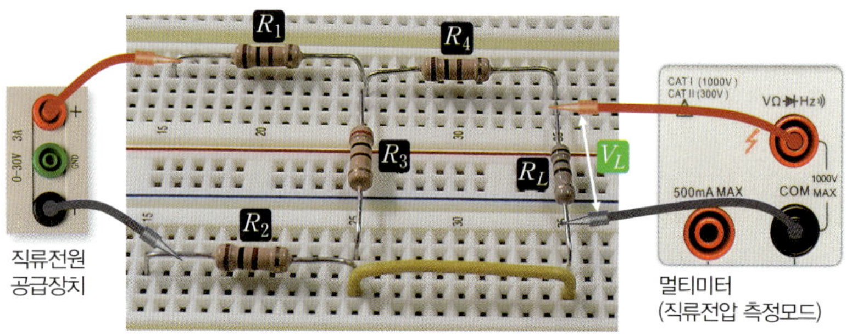

3 다음과 같이 부하저항 R_L의 전류 I_L을 측정하여 [표 9-1]에 기록한다.

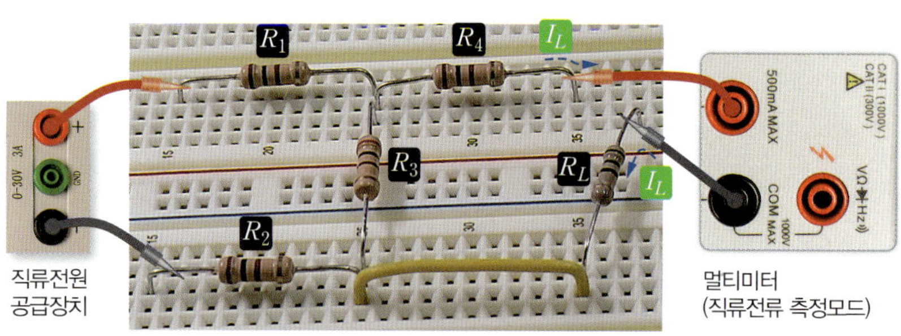

4 다음으로 그림과 같이 직류전원 공급장치를 정전류원으로 설정한다.

- 가변 출력단 ❶에 프로브 연결하고, ❷의 다이얼로 ❸과 같이 $12\,[\mathrm{V}]$를 설정한다.
- ❹의 'CC/CV' 버튼을 누른 다음(LED On), ❺와 같이 멀티미터(직류전류 측정모드)와 같은 극성의 프로브를 연결한다.
- ❻의 'UP'과 'DOWN' 버튼으로 ❼과 같이 $0.01\,[\mathrm{A}]$$(10\,[\mathrm{mA}])$를 설정한다.[8]
- 이때 멀티미터에서 측정되는 전류값은 ❽에 보인 $24\,[\mathrm{mA}]$이다.[9]

8 설정한 정전류 값은 ❼에 보인 10[mA]이나 실제는 ❽에 보인 24[mA]가 출력되었다. 이는 직류전원 공급장치의 정전류 정밀도가 낮기 때문이다. 이 경우, 여기에 설명한 것처럼 출력 전류를 멀티미터로 측정하면 정확한 실험이 가능하다. 이때 ❸의 전압값을 조절하면 약간의 전류값 조절이 가능하니 각자 확인해보기 바란다.

9 본 실험에 필요한 I_N 값은 25[mA]이나, 여기에서는 직류전원 공급장치로 설정이 가능한 값인 24[mA]를 사용한다.

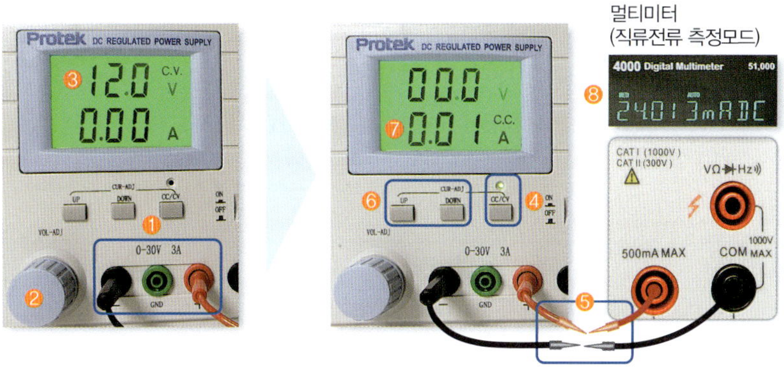

5 앞에서 설정한 24 [mA]를 등가 전류원 I_N으로 사용하고 등가저항 $R_N = 200\,[\Omega]$ 및 부하저항 $R_L = 150\,[\Omega]$을 연결하여 [그림 9-8]의 노턴 등가회로를 구성한다. 이어서 R_L의 전압 V_{LN}을 측정하여 [표 9-1]에 기록한다.

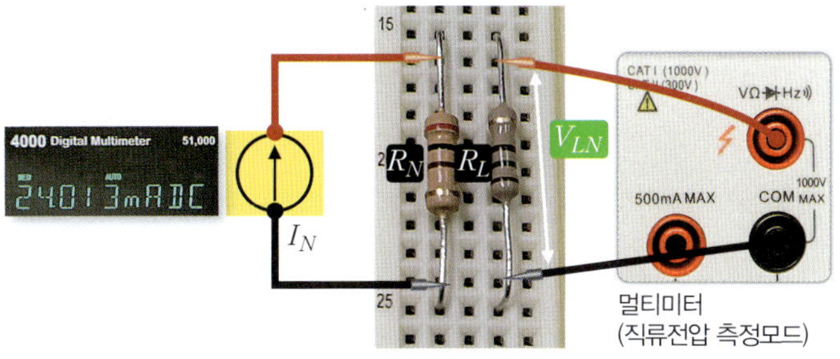

6 다음과 같이 R_L의 전류 I_{LN}을 측정하여 [표 9-1]에 기록한다.

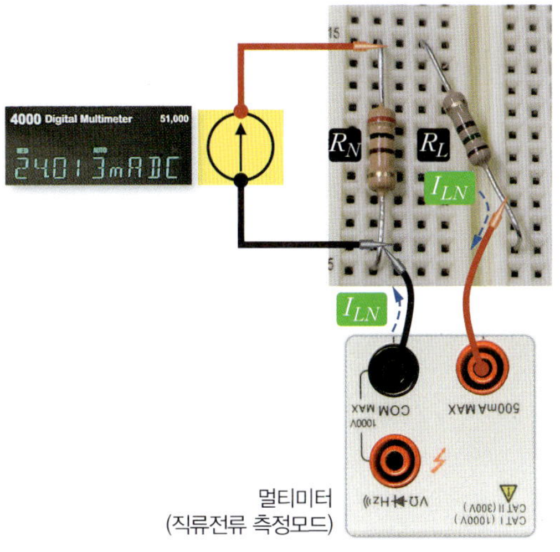

9.4 PSpice 시뮬레이션

[그림 9-7]의 기본 회로와 [그림 9-8]의 노턴 등가회로를 각각 시뮬레이션하여 노턴 등가회로의 정확성(등가성)을 확인해보자. 시뮬레이션 설정은 [표 9-2]와 같다.[10]

[표 9-2] 시뮬레이션 설정

시뮬레이션 목적		노턴 등가회로의 정확성(등가성) 확인하기
대상 회로		[그림 9-7] 및 [그림 9-8]의 실험 회로
시뮬레이션 설정	Analysis Type	Time Domain(Transient)
	Options	General Settings
	Run to time	40[ms]

시뮬레이션 결과

Capture CIS Lite의 회로 편집기 화면에 기본 회로와 노턴 등가회로를 함께 그리고, 시뮬레이션을 수행하여 부하저항 R_L[11]의 전류와 전압을 확인했다. [그림 9-9]는 시뮬레이션 회로에서 전압을 확인한 결과이다.[12] 위쪽 기본 회로의 부하저항(RL1)에 걸린 전압은 $5.3-3.2=2.1$[V]이며, 이는 아래쪽 노턴 등가회로의 부하저항(RL2)에 걸린 전압 2.1[V]와 같다.

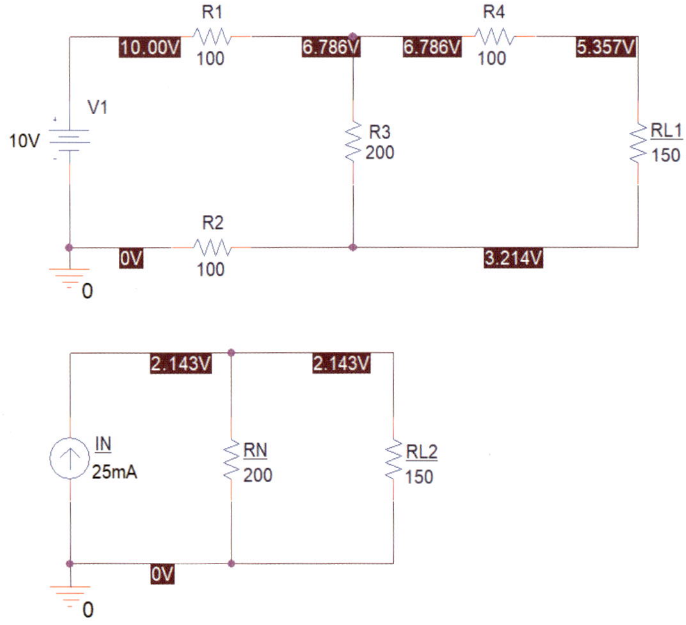

[그림 9-9] 시뮬레이션 결과(부하저항의 전압)

10 시뮬레이션 설정은 [실험 08]과 같다([그림 8-12] 참조).
11 구별을 위해 'RL1'과 'RL2'로 표시했다.
12 PSpice 도구모음의 Ⓥ (Enable Bias Voltage Display) 버튼을 누른다.

[그림 9-10]은 시뮬레이션 회로에서 전류를 확인한 결과이다.[13] 기본 회로의 부하저항(RL1)과 테브난 등가회로의 부하저항(RL2)에는 14.3[mA]의 같은 전류가 흐른다.

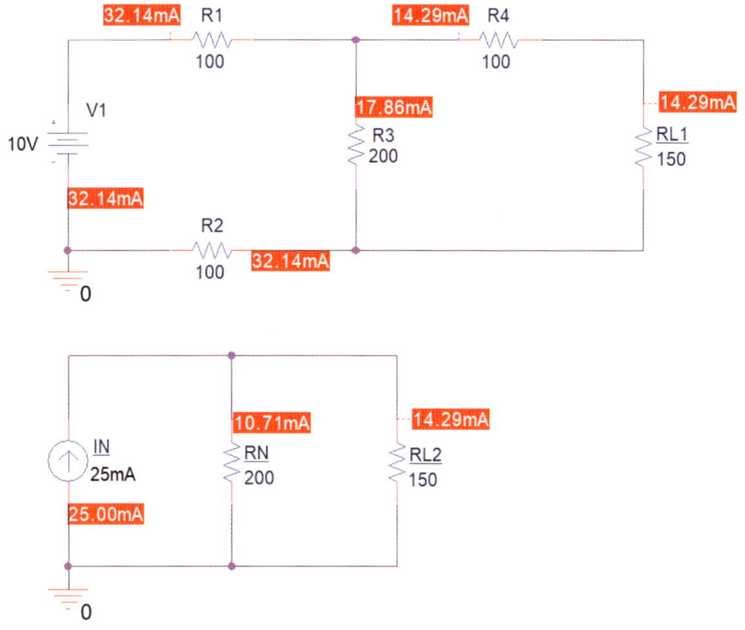

[그림 9-10] 시뮬레이션 결과(부하저항의 전류)

앞의 시뮬레이션 결과는 기본 회로 및 노턴 등가회로에 연결된 부하저항의 전류와 전압이 같음을 보여주며, 이로부터 노턴 등가회로의 정확성(등가성)을 확인할 수 있다.

13 PSpice 도구모음의 (Enable Bias Current Display) 버튼을 누른다.

9.5 결과 검토

■ 실험

(1) [표 9-1]에서 V_L과 V_{LN}의 값이 같은지 확인하라.

(2) [표 9-1]에서 I_L과 I_{LN}의 값이 같은지 확인하라.

(3) [그림 9-11]에 주어진 회로에 대하여 노턴 등가회로를 구하라.[14]

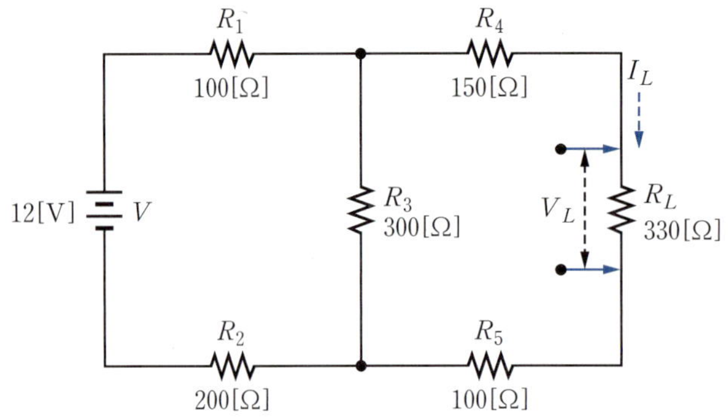

[그림 9-11] 노턴 등가회로를 구하기 위한 회로

(4) 앞의 (3)에서 구한 노턴 등가회로를 이용하여 R_L에 걸린 전압 V_{LN}과 전류 I_{LN}을 구하라.

■ PSpice 시뮬레이션

(1) [그림 9-11]의 회로를 시뮬레이션하여 R_L의 전압 V_L과 전류 I_L을 구하라.

(2) 실험 결과 검토 (4)에서 구한 V_{LN}, I_{LN}과 시뮬레이션으로 구한 V_L, I_L을 비교하라.

14 [그림 9-11]은 테브난 정리에서 다룬 [그림 8-15]와 같은 그림이다. 이점을 감안하여 결과를 비교해보라.

셀프 테스트

(1) 노턴 등가회로는 하나의 등가 전류원 및 이것과 (직렬, 병렬)로 연결된 등가저항으로 이루어져 있다.

(2) 노턴 등가회로를 구할 때, 부하저항 R_L을 제거한 곳에 (개방, 단락) 단자를 만든다.

(3) 노턴 등가회로는 등가저항을 구할 때 전원을 제거하지 않는다. (○, ×)

(4) 노턴 등가회로에서는 등가 전류원을 구하므로 전원의 내부저항을 고려해야 한다. (○, ×)

(5) 직류전원 공급장치를 정전류 모드로 전환할 때, 미리 설정해 둔 전압은 (0[V]에 가깝게 떨어진다, 변하지 않는다).

예비학습

(1) 중첩의 원리에 대해 조사하라.

(2) 선형회로와 비선형 회로에 대해 조사하라.

실험 10

중첩의 원리

10.1 실험 목표

- 중첩의 원리를 적용하는 방법을 설명할 수 있다.
- 중첩의 원리를 실험할 수 있다.

10.2 기초 이론

전원이 1개인 회로는 옴의 법칙과 키르히호프의 법칙 및 테브난과 노턴의 정리를 이용하면 전압과 전류를 쉽게 구할 수 있다. 반면에, 전원이 2개 이상인 회로는 옴의 법칙이나 테브난과 노턴의 정리 외에 **중첩의 원리**(Principle of Superposition)를 적용해야 한다.

중첩의 원리는 '**전원이 2개 이상인 선형회로[1]에서 어떤 소자의 전압과 전류는 각 전원에 의한 전압 및 전류의 합이다**'로 정의된다.

2개의 전원(V_1, V_2)을 가진 회로에 중첩의 원리를 적용하는 과정은 다음과 같다.

❶ V_1을 선택한다(V_2 제거).
❷ V_1에 의한 전류와 전압을 구한다.
❸ V_2를 선택한다(V_1 제거).
❹ V_2에 의한 전류와 전압을 구한다.
❺ 각 전원에 의한 전류를 더하여 실제 전류를 구한다.
❻ 각 전원에 의한 전압을 더하여 실제 전압을 구한다.

1 선형회로(Linear Circuit)는 저항, 커패시터, 인덕터와 같은 수동 소자로 이루어진 회로를 말하며, 전압과 전류가 전원에 비례하는 특성을 보여준다. 앞에서 다룬 옴의 법칙, 키르히호프의 법칙, 테브난과 노턴의 정리는 선형회로에만 적용된다.

이 과정을 따라 2개의 직류전원(V_1, V_2)을 가진 [그림 10-1]의 회로에 중첩의 원리를 적용해보자.

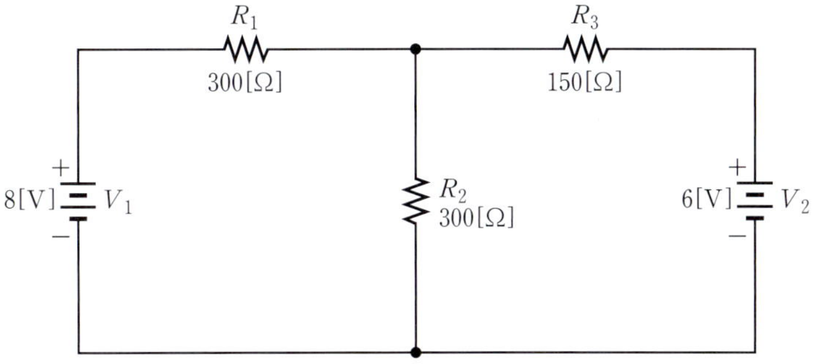

[그림 10-1] 중첩의 원리를 적용하기 위한 회로

❶ V_1 선택(V_2 제거)

[그림 10-2]와 같이 V_1을 남기고 V_2는 단락시켜 제거한다. V_1만 작용하므로 저항, 전류, 전압에 숫자 '1'을 붙인다.

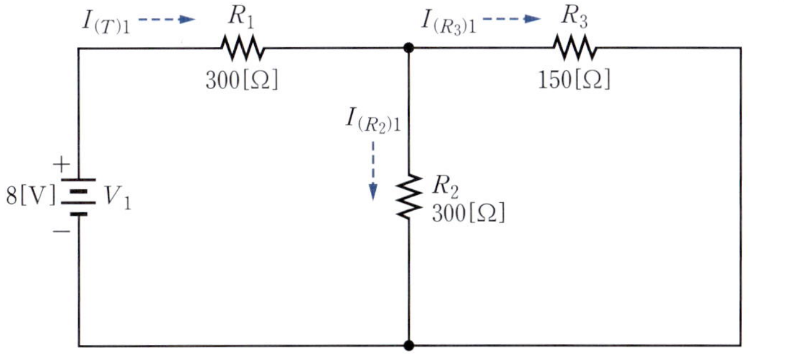

[그림 10-2] V_1은 선택, V_2는 제거

[그림 10-2]의 회로에서 전체 저항 $R_{(T)1}$을 구해보자. V_2가 제거되면 R_2와 R_3는 병렬로 연결되므로 $R_{(T)1}$은 다음과 같다.

$$R_{(T)1} = R_1 + (R_2 /\!/ R_3) = 400\,[\Omega]$$

❷ V_1에 의한 전류와 전압

[그림 10-2]에서 전체 전류 $I_{(T)1}$과 가지 전류 $I_{(R_2)1}$, $I_{(R_3)1}$을 구하면 다음과 같다.

$$I_{(T)1} = \frac{V_1}{R_{(T)1}} = 20\,[\text{mA}]$$

$$I_{(R_2)1} = \frac{R_3}{R_2 + R_3} I_{(T)1} = 6.7\,[\text{mA}]$$

$$I_{(R_3)1} = \frac{R_2}{R_2 + R_3} I_{(T)1} = 13.3\,[\text{mA}]$$

다음으로 각 저항에 걸린 전압은 다음과 같다.

$$V_{(R_1)1} = I_{(T)1} R_1 = 6\,[\mathrm{V}]$$

$$V_{(R_2 /\!/ R_3)1} = I_{(T)1} \frac{R_2 R_3}{R_2 + R_3} = 2\,[\mathrm{V}] \quad \text{또는} \quad V_1 - V_{(R_1)1} = 2\,[\mathrm{V}]$$

❸ V_2 선택(V_1 제거)

[그림 10-3]과 같이 V_2를 남기고 V_1은 단락시켜 제거한다. V_2만 작용하므로 저항, 전류, 전압에 숫자 '2'를 붙인다.

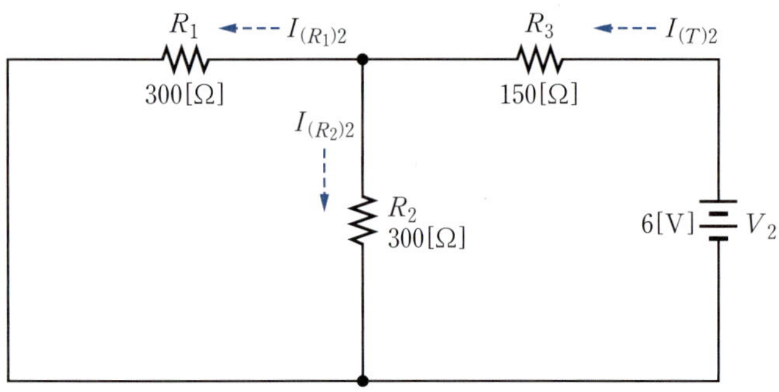

[그림 10-3] V_2는 선택, V_1은 제거

[그림 10-3]의 회로에서 전체 저항 $R_{(T)2}$를 구해보자. V_1이 제거되면, R_1과 R_2가 병렬로 연결되므로 $R_{(T)2}$는 다음과 같다.

$$R_{(T)2} = (R_1 /\!/ R_2) + R_3 = 300\,[\Omega]$$

❹ V_2에 의한 전류와 전압

[그림 10-3]에서 전체 전류 $I_{(T)2}$와 가지 전류 $I_{(R_1)2}$, $I_{(R_2)2}$를 구하면 다음과 같다.

$$I_{(T)2} = \frac{V_2}{R_{(T)2}} = 20\,[\mathrm{mA}]$$

$$I_{(R_1)2} = \frac{R_2}{R_1 + R_2} I_{(T)2} = 10\,[\mathrm{mA}]$$

$$I_{(R_2)2} = \frac{R_1}{R_1 + R_2} I_{(T)2} = 10\,[\mathrm{mA}]$$

다음으로 각 저항에 걸린 전압은 다음과 같다.

$$V_{(R_3)2} = I_{(T)2} R_3 = 3\,[\mathrm{V}]$$

$$V_{(R_1 /\!/ R_2)2} = I_{(T)2} \frac{R_1 R_2}{R_1 + R_2} = 3\,[\mathrm{V}] \quad \text{또는} \quad V_2 - V_{(R_3)2} = 3\,[\mathrm{V}]$$

❺ 실제 전류 구하기

단계 ❷ 및 ❹에서 구한 전류를 더하여 각 저항의 실제 전류를 구한다. [그림 10-4]에서 푸른색은 V_1 및 그에 따른 전류이고, 붉은색은 V_2 및 그에 따른 전류이다.

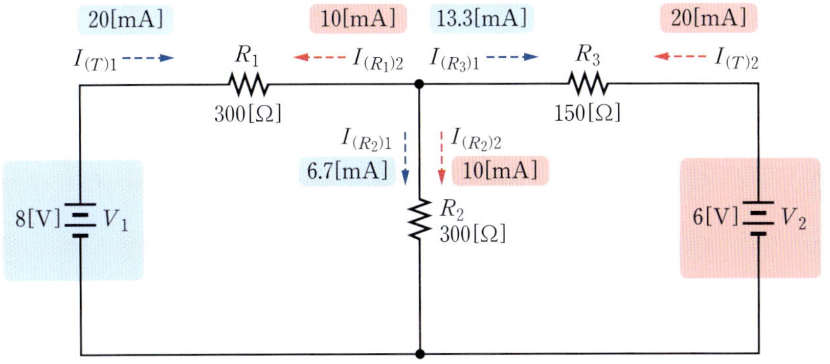

[그림 10-4] 각 전원에 의한 전류

각 저항을 흐르는 실질적인 전류는 각 전원에 의한 전류의 합이다. 방향이 반대인 전류는 상쇄되며, 방향이 같은 전류는 더해진다. 방향이 반대인 전류가 상쇄될 때 크기가 큰 전류의 방향이 실제로 전류가 흐르는 방향이 된다. 각 저항을 흐르는 전류를 구해보면 다음과 같다.

$$I_{R_1}\ :\ 20\,[\text{mA}] - 10\,[\text{mA}] = 10\,[\text{mA}]\ (\text{오른쪽으로 흐름})$$
$$I_{R_2}\ :\ 10\,[\text{mA}] + 6.7\,[\text{mA}] = 16.7\,[\text{mA}]\ (\text{아래쪽으로 흐름})$$
$$I_{R_3}\ :\ 20\,[\text{mA}] - 13.3\,[\text{mA}] = 6.7\,[\text{mA}]\ (\text{왼쪽으로 흐름})$$

[그림 10-5]에 앞에서 구한 각 전류를 표시했다.

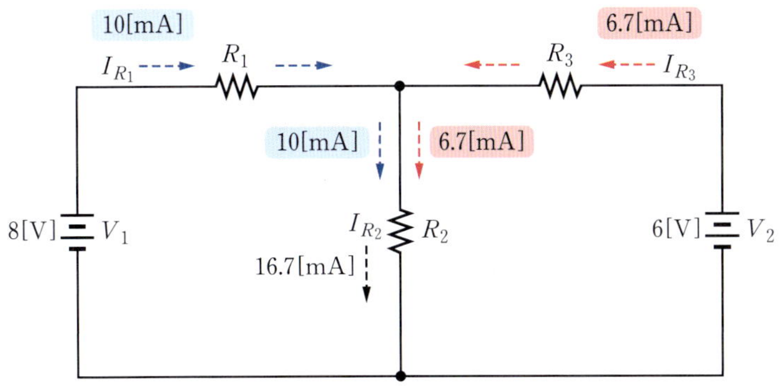

[그림 10-5] 각 저항을 흐르는 실질적인 전류

❻ 실제 전압 구하기

단계 ❶ 및 ❹에서 구한 전압을 더하여 각 저항에 걸린 실질적인 전압을 구한다. [그림 10-6]에서 푸른색은 V_1 및 그에 따른 전압이고, 붉은색은 V_2 및 그에 따른 전압이다. R_1과 R_3에 걸린 전압은 방향이 서로 반대이므로 상쇄된다. 반면에, R_2에 걸린 전압은 극성이 같으므로 더해진다.

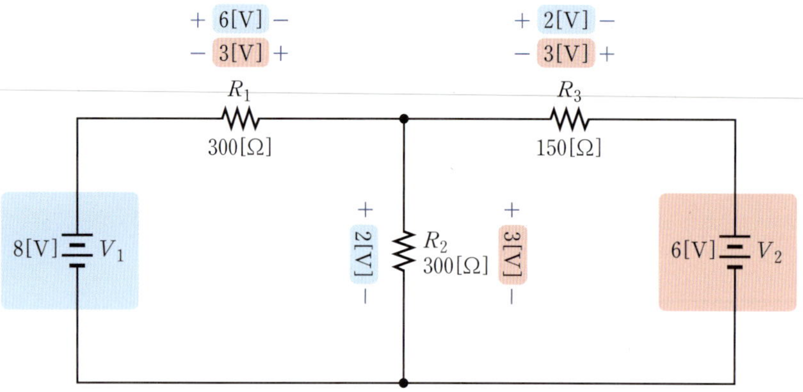

[그림 10-6] 각 전원에 의한 전압

[그림 10-7]은 각 저항에 걸린 실질적인 전압으로, 전원이 포함된 각각의 폐회로는 키르히호프의 전압법칙을 만족한다.

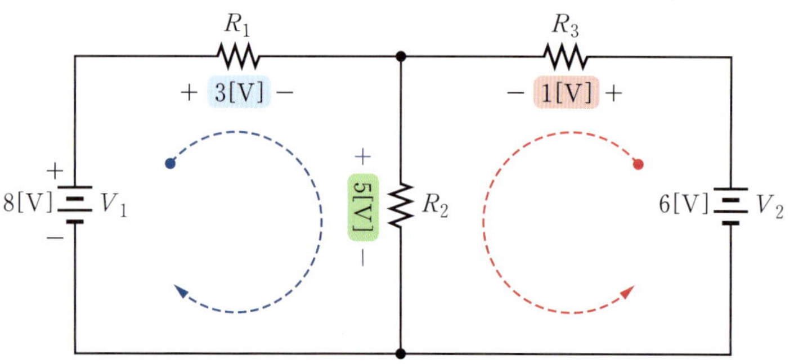

[그림 10-7] 각 저항에 걸린 실질적인 전압

10.3 실험

【실습 장비】

실험 기기	멀티미터	1대	
	직류전원 공급장치	1대	
	브레드보드	1개	
회로 부품	저항	270[Ω], 330[Ω], 470[Ω]	각 1개

10.3.1 기본 회로 실험

1 [그림 10-8]의 실험 회로를 구성하라. 저항 $R_1=470[\Omega]$, $R_2=330[\Omega]$, $R_3=270[\Omega]$이다.

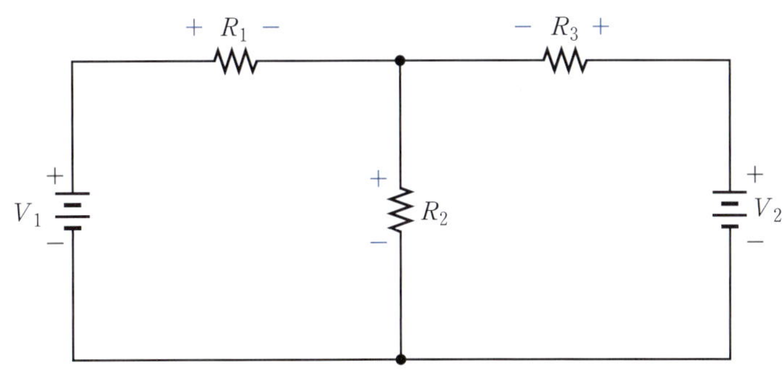

[그림 10-8] 실험 회로(기본 회로)

실험 동영상

2 직류전원 $V_1=8[V]$, $V_2=6[V]$를 직류전원 공급장치의 2개의 출력단을 이용하여 인가하라.

3 전류, 전압 측정 시 그림에 표시된 극성에 맞추어 멀티미터의 프로브를 연결하라. 멀티미터의 측정값이 (−)로 나오면 부호를 그대로 붙여서 기록하라.

4 각 저항을 흐르는 전류 I_{R_1}, I_{R_2}, I_{R_3}를 측정하여 [표 10-1]에 기록하라.

5 각 저항에 걸린 전압 V_{R_1}, V_{R_2}, V_{R_3}를 측정하여 [표 10-2]에 기록하라.

10.3.2 V_1을 선택할 때의 전류와 전압

10.3.1절에 이어 다음 과정을 실험한다.[2]

1 V_2를 제거하여 [그림 10-9]의 실험 회로를 구성하라.

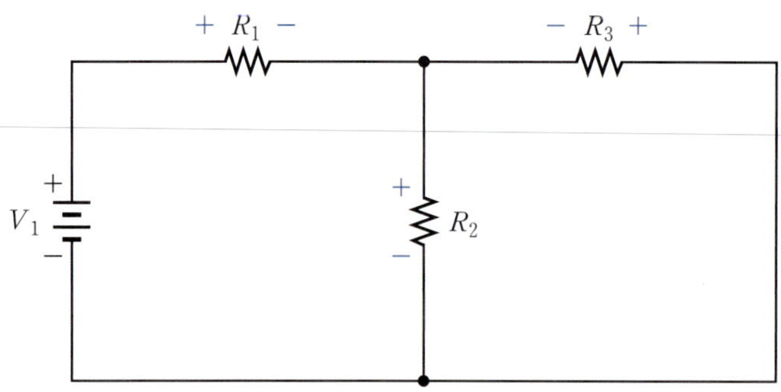

[그림 10-9] 실험 회로(V_1 선택)

2 V_1에 의해 각 저항을 흐르는 전류 $I_{(R_1)1}$, $I_{(R_2)1}$, $I_{(R_3)1}$을 측정하여 [표 10-1]에 기록하라.

3 V_1에 의해 각 저항에 걸린 전압 $V_{(R_1)1}$, $V_{(R_2)1}$, $V_{(R_3)1}$을 측정하여 [표 10-2]에 기록하라.[3]

10.3.3 V_2를 선택할 때의 전류와 전압

10.3.2절에 이어 다음 과정을 실험한다.

1 V_1을 제거하여 [그림 10-10]의 실험 회로를 구성하라.

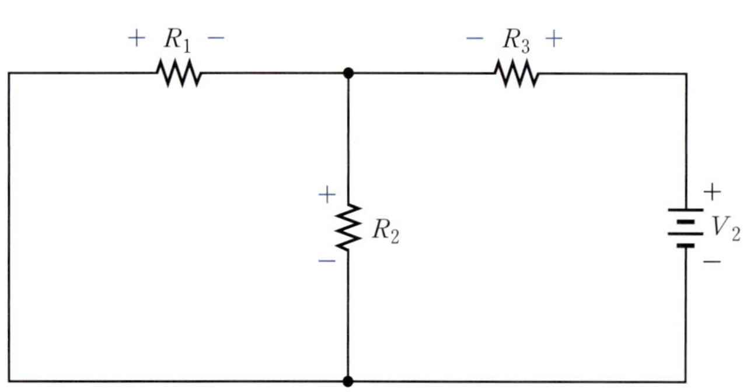

[그림 10-10] 실험 회로(V_2 선택)

2 중첩의 원리를 실험으로 확인하려면, 전원 (V_1, V_2)에 관계없이 같은 방향의 극성으로 전압과 전류를 측정해야 한다. 이에 따라 [그림 10-9]와 [그림 10-10]에 표시된 극성은 [그림 10-8]과 같다. 표시된 극성에 맞추어 전압과 전류를 측정하기 바란다.

3 전류와 전압에 첨자로 붙인 숫자 '1'은 V_1에 의한 것임을 나타낸다.

2 V_1에 의해 각 저항을 흐르는 전류 $I_{(R_1)2}$, $I_{(R_2)2}$, $I_{(R_3)2}$를 측정하여 [표 10-1]에 기록하라.

3 V_2에 의해 각 저항에 걸린 전압 $V_{(R_1)2}$, $V_{(R_2)2}$, $V_{(R_3)2}$를 측정하여 [표 10-2]에 기록하라.[4]

[표 10-1] 중첩의 원리(전류)

기본 회로 실험 (실제 전류)	I_{R_1}		I_{R_2}		I_{R_3}	
V_1을 선택할 때	$I_{(R_1)1}$		$I_{(R_2)1}$		$I_{(R_3)1}$	
V_2를 선택할 때	$I_{(R_1)2}$		$I_{(R_2)2}$		$I_{(R_3)2}$	

[표 10-2] 중첩의 원리(전압)

기본 회로 실험 (실제 전압)	V_{R_1}		V_{R_2}		V_{R_3}	
V_1을 선택할 때	$V_{(R_1)1}$		$V_{(R_2)1}$		$V_{(R_3)1}$	
V_2를 선택할 때	$V_{(R_1)2}$		$V_{(R_2)2}$		$V_{(R_3)2}$	

4 전류와 전압에 첨자로 붙인 숫자 '2'는 V_2에 의한 것임을 나타낸다.

10.4 PSpice 시뮬레이션

[그림 10-8]의 기본 회로를 시뮬레이션하여 위의 실험 결과를 확인해보자. 시뮬레이션 설정은 [표 10-3]과 같다.[5]

[표 10-3] 시뮬레이션 설정

시뮬레이션 목적		중첩의 원리 확인하기
대상 회로		[그림 10-8]의 실험 회로
시뮬레이션 설정	Analysis Type	Time Domain(Transient)
	Options	General Settings
	Run to time	40[ms]

시뮬레이션 결과

[그림 10-11]은 Capture CIS Lite로 그린 시뮬레이션 회로에서 전류와 전압을 확인한 결과이다.[6]

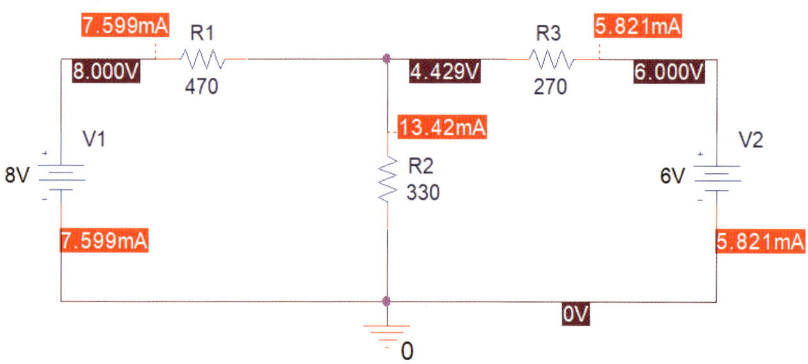

[그림 10-11] 시뮬레이션 결과(전류 및 전압)

5 시뮬레이션 설정은 [실험 08]과 같다([그림 8-12] 참조).
6 PSpice 도구모음의 Ⓘ 와 Ⓥ 버튼을 누른다.

[그림 10-11]을 참고해서 각 저항의 전류와 전압을 정리해보면 다음과 같다.[7]

$$I_{R_1} : 7.6[\text{mA}] \text{ (오른쪽으로 흐름)}$$
$$I_{R_2} : 13.4[\text{mA}] \text{ (아래쪽으로 흐름)}$$
$$I_{R_3} : 5.8[\text{mA}] \text{ (왼쪽으로 흐름)}$$

$$V_{R_1} : 8.0[\text{V}] - 4.4[\text{V}] = 3.6[\text{V}]$$
$$V_{R_2} : 4.4[\text{V}] - 0[\text{V}] = 4.4[\text{V}]$$
$$V_{R_3} : 4.4[\text{V}] - 6.0[\text{V}] = 1.6[\text{V}]$$

[그림 10-12]는 앞에서 정리한 전류 및 전압의 시뮬레이션 결과를 표시한 실험 회로이다. 그림에 표시된 전류와 전압을 [표 10-1] 및 [표 10-2]의 '기본 회로 실험'의 결과와 비교해보라.

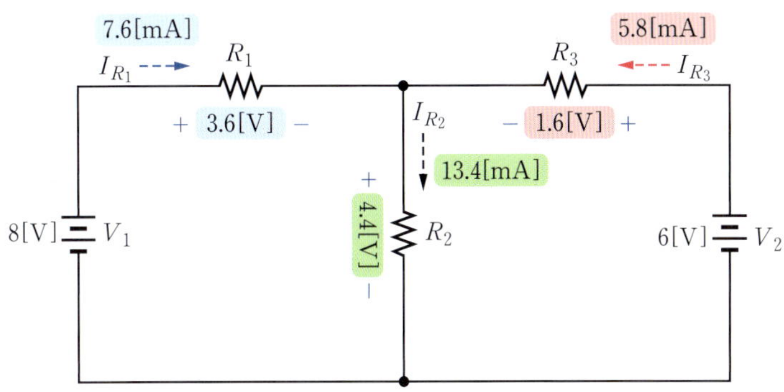

[그림 10-12] 시뮬레이션 결과(실험 회로에 표시)

7 시뮬레이션 결과의 수치는 소수점 둘째자리에서 반올림했다.

10.5 결과 검토

■ 실험

(1) [표 10-1]에서 'V_1을 선택'할 때와 'V_2를 선택'할 때의 전류값을 더하면, '기본 회로 실험'에서 측정한 실제 전류가 된다(예 $I_{(R_1)1} + I_{(R_1)2} = I_{R_1}$). 각 저항별 측정 결과가 이 관계를 만족하는지 확인하라(계산하라).

(2) [표 10-2]에서 'V_1을 선택'할 때와 'V_1를 선택'할 때의 전압값을 더하면, '기본 회로 실험'에서 측정한 실제 전압이 된다(예 $V_{(R_1)1} + V_{(R_1)2} = V_{R_1}$). 각 저항별 측정 결과가 이 관계를 만족하는지 확인하라(계산하라).

(3) 앞의 (1)과 (2)의 결과를 이용하여 중첩의 원리를 설명하라.

(4) [표 10-1]의 실험 결과가 키르히호프의 전류법칙을 만족함을 설명하라.

(5) [표 10-2]의 실험 결과가 키르히호프의 전압법칙을 만족함을 설명하라.

■ PSpice 시뮬레이션

(1) [그림 10-1]의 회로를 시뮬레이션하여 각 저항의 전류와 전압을 구하라.

(2) 시뮬레이션 결과와 [그림 10-5] 및 [그림 10-7]에 표시한 전류 및 전압값을 비교해보라.

셀프 테스트

(1) 중첩의 원리는 전원이 (   )개 이상인 선형회로를 해석할 때 특히 중요하다.

(2) 선형회로란 저항, 커패시터와 같은 (수동, 능동) 소자로 구성된 회로이다.

(3) 중첩의 원리에서는 전원을 모두 제거한 다음 회로를 해석한다. (○, ×)

(4) 중첩의 원리는 전압원에 대해서만 적용이 가능하다. (○, ×)

예비학습

(1) 전자회로에서 부하(Load)가 무엇인지 조사하라.

(2) 전력(Electric Power)에 대해서 조사하라.

실험 11

최대전력 전달조건

11.1 실험 목표

- 최대전력 전달조건을 설명할 수 있다.
- 임피던스에 따른 전력전달 효율의 변화를 실험할 수 있다.

11.2 기초 이론

교류 또는 직류전원은 회로가 동작할 수 있도록 전류와 전압을 공급하는 에너지원이다. 전원의 측면에서 회로는 안정적인 동작이 가능하도록 전류와 전압을 공급해야 하는 대상(짐)이 된다. 이러한 '짐'이라는 의미로 회로를 부하(Load)라고 한다. 예를 들어, 핸드폰을 충전할 때 충전기는 전원이 되고, 배터리는 전원을 공급받는 부하가 된다.

[그림 11-1]은 전원과 부하의 개념을 나타낸 그림이다. 대부분의 회로는 저항으로 단순화할 수 있으므로 간단히 저항(부하저항) R_L로 표시한다. 전원은 그림과 같이 교류 전압의 크기를 바꾸거나 교류를 직류로 변환하여 부하에 공급한다.

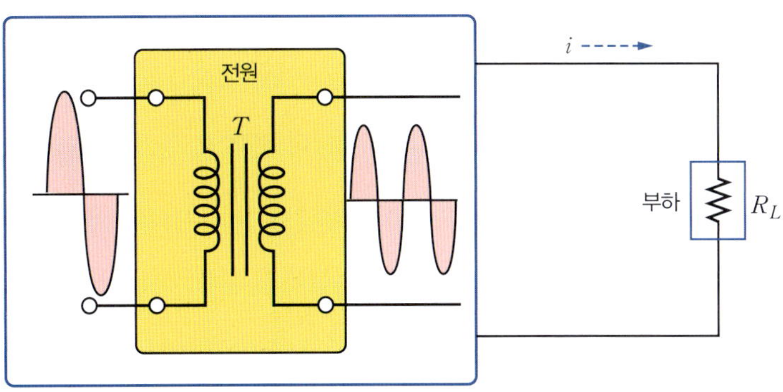

[그림 11-1] 전원과 부하

전원과 부하의 관계를 생각하면, 전원이 공급하는 전력이 손실 없이 부하로 전달되는 것이 중요하다. 전원이 부하에 공급하는 전력은 저항을 포함한 임피던스(Impedance)[1]의 영향을 받는다. 이러한 특성에 따라 전력이 최대로 전달되는 임피던스 조건을 정리한 것이 최대전력 전달조건(Condition of Maximum Power Transmission)이다.

전력(Electric Power) 여기서 잠깐

전력은 단위시간 동안 전기장치(부하)에 공급되는 전기에너지로, P로 표시한다. 단위는 와트(W)이다. 1[W]는 1[A]의 전류가 1[V]가 걸린 부하에 흐를 때 소비되는 전력이므로 $P = VI$로 나타낼 수 있다. 여기에 옴의 법칙을 적용하면 다음과 같이 여러 형태로 나타낼 수 있다.

$$P = VI = V \times \left(\frac{V}{R}\right) = \frac{V^2}{R}$$
$$P = VI = (IR) \times I = I^2 R$$

[그림 11-1]에서 회로를 하나의 부하저항으로 나타낸 것처럼, 전원도 [그림 11-2]와 같이 전압원과 내부저항의 등가회로로 간단히 나타낼 수 있다. 그림에서 V_S는 직류전원, R_S는 내부저항이다.

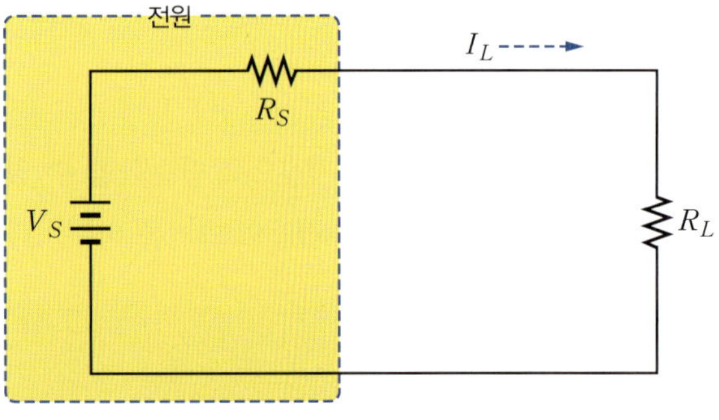

[그림 11-2] 전원의 등가회로와 부하저항

[그림 11-2]에서 최대전력 전달조건을 구해보자. 먼저 부하저항 R_L에서의 전력 P_L은 다음과 같다.

$$P_L = I_L^2 R_L \tag{11.1}$$

여기에서 $I_L = \dfrac{V_S}{R_S + R_L}$이므로 식 (11.1)은 다음과 같이 나타낼 수 있다.

$$P_L = \frac{V_S^2}{(R_S + R_L)^2} R_L \tag{11.2}$$

1 인덕터 및 커패시터가 나타내는 저항 특성을 리액턴스(Reactance)라 하며, 저항과 리액턴스를 합하여 임피던스라 한다. 리액턴스에 대해서는 [실험 13]과 [실험 14]를 참조하라.

식 (11.2)에서 P_L이 최대가 되는 조건이 최대전력 전달조건이다. 내부저항 R_S는 바꿀 수 없으므로 R_L에 따른 P_L의 변화를 살펴야 하며, P_L을 R_L에 대해 미분한 값이 0이 될 때가 최대전력 전달 조건이 된다.[2] 즉 식 (11.3)과 같이 나타낼 수 있다.

$$\frac{dP_L}{dR_L} = 0 \tag{11.3}$$

식 (11.2)를 R_L에 대해서 미분[3]하면 식 (11.4)가 되며, 이를 정리하면 식 (11.5)가 된다.

$$\frac{dP_L}{dR_L} = \frac{V_S^2(R_S + R_L)^2 - V_S^2 R_L(2R_S + 2R_L)}{(R_S + R_L)^4} = 0 \tag{11.4}$$

$$\frac{dP_L}{dR_L} = \frac{V_S^2(R_S + R_L)[(R_S + R_L) - 2R_L]}{(R_S + R_L)^4} = 0 \tag{11.5}$$

식 (11.5)에서 '$V_S^2(R_S + R_L)$'는 0이 될 수 없으므로[4] 식 (11.5)가 0이 되려면 식 (11.6)이 성립되어야 한다.

$$(R_S + R_L) - 2R_L = 0 \tag{11.6}$$

식 (11.6)을 정리하면 식 (11.7)을 얻으며, 이 식은 전원의 내부저항 R_S와 부하저항 R_L의 크기가 같을 때 최대전력이 전달됨을 보여준다.

$$R_S = R_L \tag{11.7}$$

최대전력 전달조건, 즉 $R_S = R_L$일 때 부하로 전달되는 전력을 $P_{L-\max}$라 하자. 그러면 $P_{L-\max}$는 식 (11.2)를 R_L 또는 R_S로 정리하여 식 (11.8)로 나타낼 수 있다.

$$P_{L-\max} = \frac{V_S^2}{4R_S} = \frac{V_S^2}{4R_L} \tag{11.8}$$

최대전력 전달조건은 전원장치 이외에 증폭기와 같은 능동회로에도 적용할 수 있다. 그러면 최대전력 전달조건은 **'출력을 최대한 전달하려면 능동회로의 출력 임피던스와 부하의 입력 임피던스가 같아야 한다'**로 표현할 수 있다. 이를 임피던스 정합(Impedance Matching)이라고 한다. 예를 들어, 오디오와 스피커를 연결하는 경우를 생각해보자. 오디오(능동회로) 출력이 스피커(부하)로 최대한 전달되려면, 최대전력 전달조건에 따라 오디오의 출력 임피던스와 스피커의 입력 임피던스가 같아야 한다. 입력과 출력 임피던스가 다른 경우에는 출력회로와 부하 사이에 수동 회로망을 끼워 넣어 임피던스가 정합되도록 한다.

---

2 미분은 변화율이며, 정점(최대점)에서는 변화가 없으므로 미분값은 0이 된다.

3 함수 $f(x)$와 $g(x)$의 분수식 $\frac{f(x)}{g(x)}$의 미분은 $\frac{f(x)'g(x) - f(x)g(x)'}{g(x)^2}$이다.

4 $R_S + R_L$은 항상 0보다 크다.

11.3 실험

【실습 장비】

실험 기기	멀티미터	1대	
	직류전원 공급장치	1대	
	브레드보드	1개	
회로 부품	저항	100[Ω]	1개
	가변저항	500[Ω], 1[kΩ]	각 1개

1 [그림 11-3]의 실험 회로를 구성하라. 저항 $R_S=100[\Omega]$, $R_L=500[\Omega]$(가변저항)이다. R_S는 전원의 내부저항을 대신하여 연결한 저항이다.

2 직류전원 $V_S=5[V]$를 인가하라.

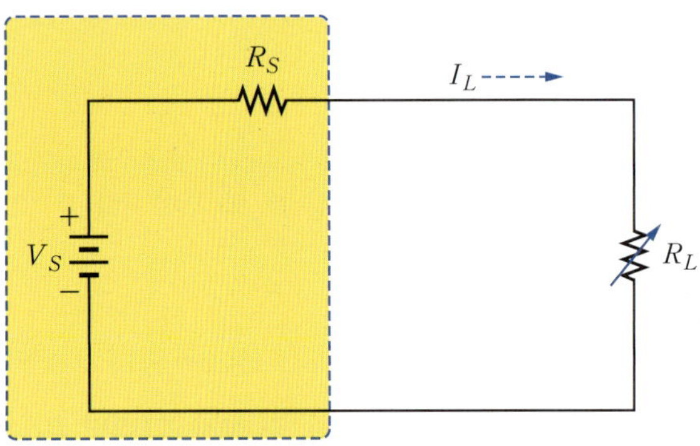

[그림 11-3] 실험 회로(최대전력 전달조건)

실험 동영상

3 식 (11.8)를 이용하여 최대전력 전달조건($R_L=100[\Omega]$)일 때 전력 $P_{L-\max}$(이론값)를 계산하여 [표 11-1]에 기록하라.

4 R_L을 $50[\Omega]$으로 조절한 다음 다시 연결하라(멀티미터 이용).

5 R_L의 전류 I_L, 전압 V_L을 측정하여 [표 11-1]에 기록하라.

6 R_L의 전력 $P_L=V_LI_L$을 계산하여 [표 11-1]에 기록하라.

7 R_L을 $80[\Omega]$, $100[\Omega]$, $200[\Omega]$, $300[\Omega]$, $400[\Omega]$으로 바꾸면서 실험 과정 5, 6을 반복하라.

8 R_L을 $1[k\Omega]$으로 바꾸어 연결하라.

9 R_L의 값을 500[Ω], 700[Ω], 900[Ω]으로 바꾸면서 실험 과정 **5**, **6**을 반복하라.

10 [표 11-1]의 실험 결과를 이용하여 [그림 11-4]에 R_L에 따른 P_L의 변화 그래프를 그려라.

[표 11-1] 최대전력 전달조건

$P_{L-\max}$ (이론값)	P_L	50	80	100	200	300	400	500	700	900
	I_L									
	V_L									
	P_L[mW]									

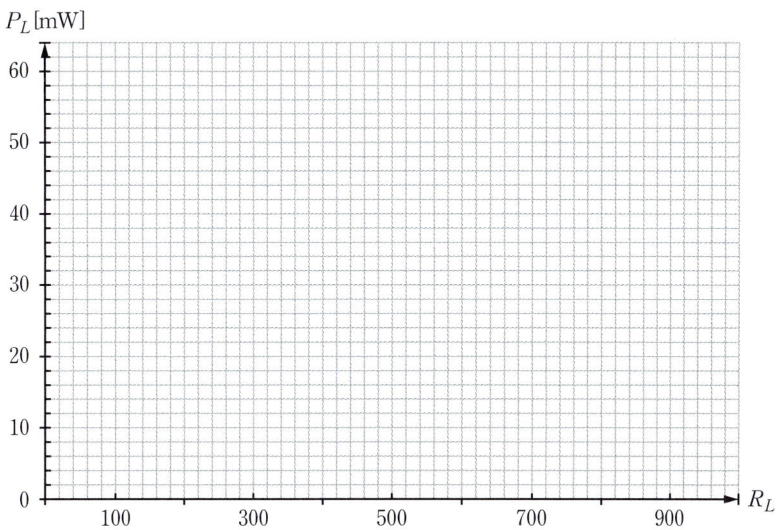

[그림 11-4] R_L에 따른 P_L의 변화

11.4 PSpice 시뮬레이션

[그림 11-3]의 실험 회로를 시뮬레이션하려면 R_L의 값에 따른 P_L의 변화를 관찰해야 한다. 이를 위해 'DC Sweep' 해석 방법을 적용하여 시뮬레이션한다.

DC Sweep은 부품값을 변수(Sweep Variable)로 설정한 다음, 변수의 값을 바꾸면서 시뮬레이션하는 해석 방법이다. 이를 위해 'PARAM'이라는 변수 설정 부품을 사용한다. 'PARAM'도 다른 부품들처럼 'Place Part' 도구모음을 이용하여 찾은 다음 회로도면 편집기에 입력한다.[5]

[그림 11-5]는 〈Place Part〉 설정창이다. ❶의 입력창에 'PARAM'을 입력하고 ❷ 를 클릭하여 부품을 찾는다. 그러면 ❸과 같이 부품 목록에 'PARAM'이 표시된다. ❹는 부품 기호이다.

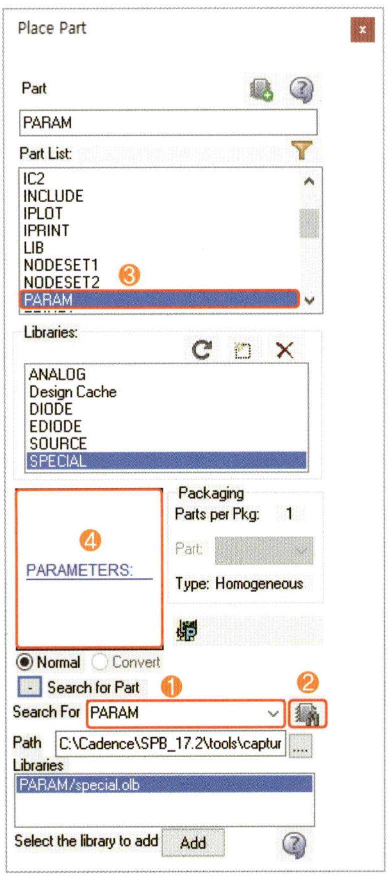

[그림 11-5] 'PARAM' 입력

5 [그림 3-11]을 참고하라.

[그림 11-6]과 같이 시뮬레이션 회로에 'PARAM'을 입력한다. PARAM은 'PARAMETERS:'라는 문자열로 표시된다. 또한 R_L을 변수로 만들기 위해 부품값으로 '{Rvar}'을 입력하고[6], 전력 측정 프로브( )를 붙였다.[7]

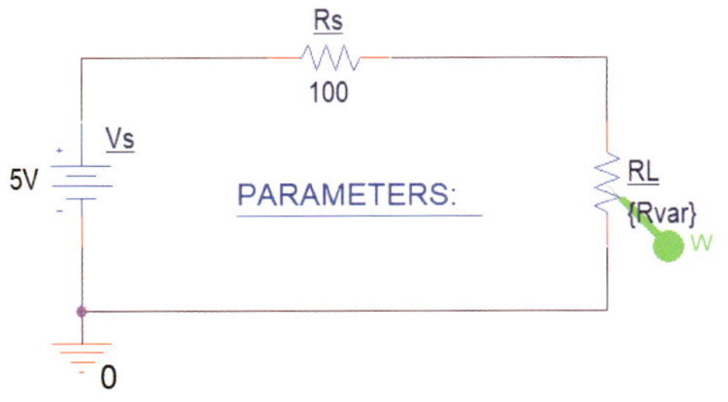

[그림 11-6] 시뮬레이션 회로

다음으로 'PARAM'을 설정한다. 'PARAM'을 더블클릭하면, [그림 11-7]과 같이 〈Property Editor〉 설정창이 나타난다. ❶ [New Property...] 버튼을 누르면, 〈Add New Property〉 입력창이 나타난다. 여기에서 ❷ 'Name' 칸에 'Rvar'을 입력하고, ❸ 'Value' 칸에 '10'을 입력한다. 이렇게 하면 'Rvar'이 변수로 설정되며, 초깃값은 10[Ω]이 된다. ❹ 입력 후 [OK] 버튼을 클릭하여 설정창을 닫는다.

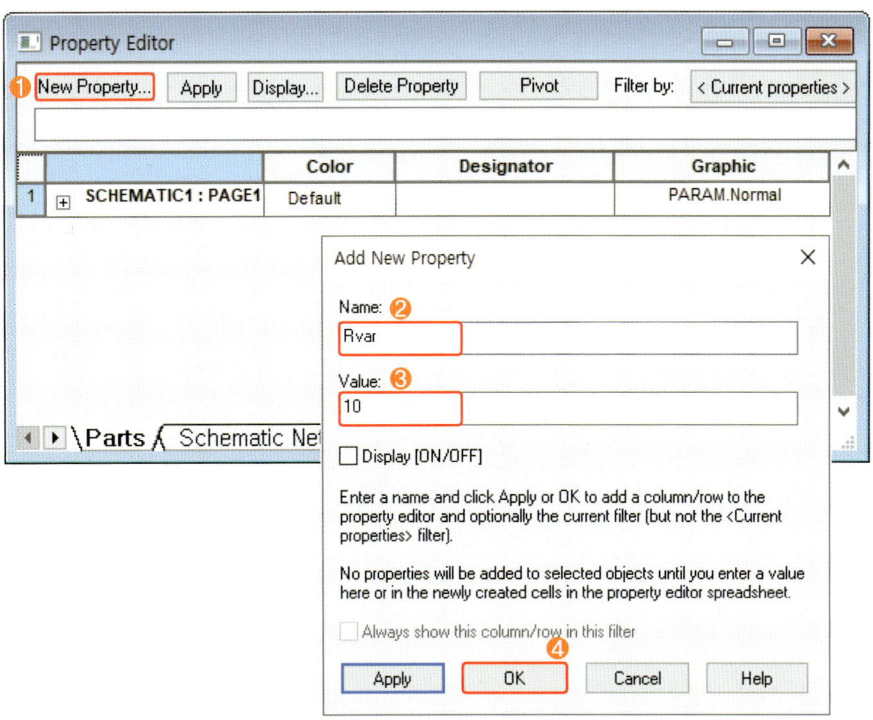

[그림 11-7] 'PARAM'의 설정

6 R_L의 기본 부품값(1k)을 더블클릭한 후 설정창의 'Value' 칸에 {Rvar}을 입력한다.

7 전력 측정 프로브( )는 그림과 같이 부품에 직접 붙여야 한다.

시뮬레이션 설정

시뮬레이션 설정은 [표 11-2]와 같으며, 여기에 맞춰 시뮬레이션을 설정한다.

[표 11-2] 시뮬레이션 설정

시뮬레이션 목적		최대전력 전달조건 확인하기
대상 회로		[그림 11-3]의 실험 회로
시뮬레이션 설정	Analysis type	DC Sweep
	Options	Primary Sweep
	Sweep Variable	Global parameter
	Sweep Type	Linear
	기타	R_L의 저항값을 변수 {Rvar}로 설정하고, 10[Ω]~900[Ω]의 범위에서 10[Ω]씩 가변하면서 전력의 변화를 관찰한다.

[그림 11-8]은 시뮬레이션 설정창으로, 먼저 ❶ Analysis Type(해석 방법)으로 'DC Sweep' 을 선택하고 ❷ Options(옵션)으로 'Primary Sweep'을 선택한다. ❸ Sweep Variable(바꿀 변수)로 'Global parameter'를 선택하고, 'Parameter name'으로 변수 'Rvar'을 입력한다. ❹ Sweep Type으로 'Linear'를 선택한 다음, Start value에 '10', End value에 '900', Increment에 '10'을 입력한다. 이렇게 하면 R_L이 10[Ω]에서 900[Ω]까지 10[Ω]씩 증가하게 된다.

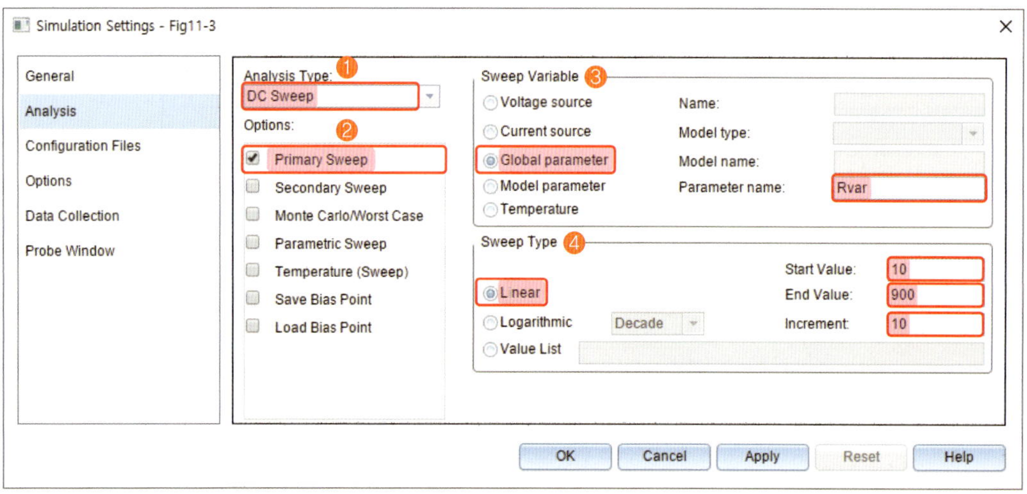

[그림 11-8] 시뮬레이션 설정

시뮬레이션 결과

[그림 11-9]는 시뮬레이션 결과로, R_L의 저항값에 따른 전력의 변화를 보여준다. R_S가 100[Ω]이므로 R_L이 100[Ω]일 때 전력이 최대이다. 이로부터 $R_S = R_L$일 때 최대전력이 전달됨을 확인할 수 있다.[8]

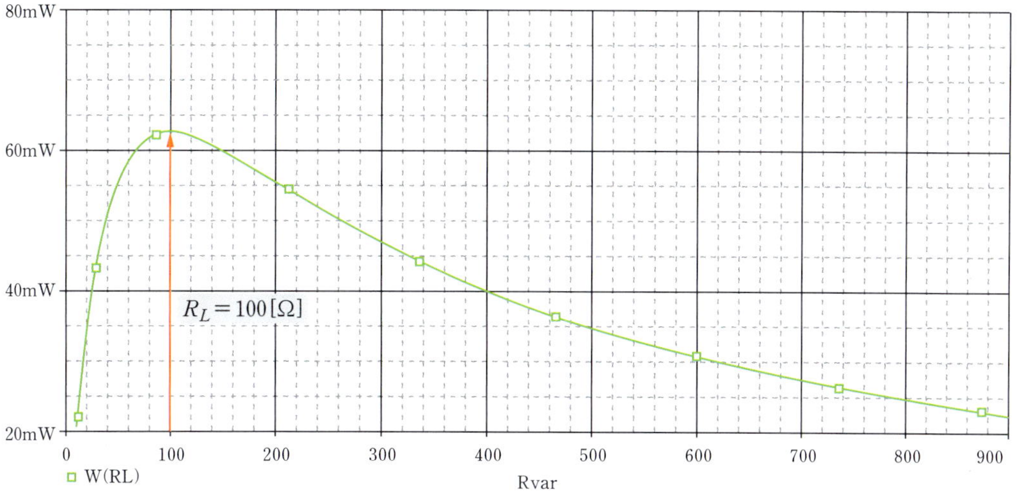

[그림 11-9] 시뮬레이션 결과

11.5 결과 검토

■ 실험

(1) [표 11-1]에서 P_L이 최대가 되는 R_L의 저항값이 얼마인지 확인하라.

(2) P_L이 최대일 때의 값과 $P_{L\text{-max}}$(이론값)이 서로 같은지 확인하라.

(3) 앞의 (1)에서 확인한 R_L의 저항값과 내부저항 R_S의 값이 서로 같은지 확인하라.

(4) 전원의 내부저항이 무엇인지 설명하라.

■ PSpice 시뮬레이션

(1) [그림 11-10]의 회로를 시뮬레이션하여 최대전력이 전달되는 부하저항 R_L의 값을 결정하라.

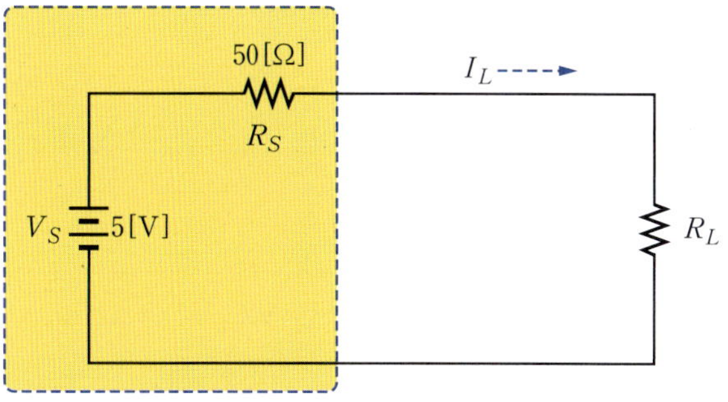

[그림 11-10] 시뮬레이션 회로

8 전력이 최대가 될 때의 R_L 값을 정확히 알려면 시뮬레이션 결과 그래프에서 피크점의 좌표를 구해야 한다. 이에 대해서는 [그림 20-14]를 참조하라.

셀프 테스트

(1) 핸드폰을 충전할 때 충전기는 (전원, 부하)(이)가 되고 배터리는 (전원, 부하)(이)가 된다.

(2) 전원과 연결된 대부분의 회로는 저항으로 단순화할 수 있다. (○, ×)

(3) 다음 중에서 전력이 최대로 전달되기 위해 가장 중요한 것은 무엇인가?

① 부하의 종류

② 전원의 출력 크기

③ 임피던스 정합

④ 전원의 종류(전류원/전압원)

(4) 전력은 단위시간에 전기장치에 공급되는 전기에너지를 말하며, 전압과 (　　　)의 곱으로 주어진다.

(5) 오디오 출력이 스피커로 최대한 전달되려면, 오디오의 출력 임피던스와 스피커의 입력 임피던스가 (같아야, 달라야) 한다.

예비학습

(1) 오실로스코프(Oscilloscope)에 대해 조사하라.

(2) 파형발생기(Function Generator)에 대해 조사하라.

PART

03

교류 실험

PART 03에서는 커패시터와 인덕터의 소자 특성 및 이를 활용하는 교류회로의 특성을 다룬다. 이를 위해 먼저 교류 실험에 사용되는 실습 장비인 오실로스코프와 파형발생기의 사용법을 익히고, 이를 사용하여 커패시터와 인덕터의 소자 특성, 에너지 저장소자로서의 커패시터와 인덕터의 특성을 실험한다. 또한 휘스톤 브리지로 커패시턴스와 인덕턴스를 측정하는 방법과 미분회로 및 적분회로의 원리를 실험한다. 이어서 기본적인 교류회로(RC 및 RL 직렬회로, RC 및 RL 병렬회로, RLC 공진회로)의 특성을 실험한다.

실험 12

오실로스코프와 파형발생기

12.1 실험 목표

- 오실로스코프의 동작 원리를 설명할 수 있다.
- 오실로스코프를 사용하여 파형을 관찰하고 측정할 수 있다.
- 파형발생기를 사용할 수 있다.

12.2 기초 이론

오실로스코프(Oscilloscope)는 교류 신호를 다룰 때 매우 중요한 장치로, 이를 이용해 파형, 진폭, 주파수, 위상 등을 측정할 수 있다. 멀티미터와 더불어 교류 신호를 측정하는 중요한 계측기이다.

파형발생기(Function Generator)는 교류 신호를 만들어내는 장치로, 교류회로를 위한 전원장치로 사용된다. 파형발생기는 정현파, 펄스(구형파), 삼각파와 같은 교류 신호를 출력하며, 신호의 진폭과 주파수를 자유롭게 조절할 수 있다. 이번 실험에서는 오실로스코프 동작 원리와 사용법 및 파형발생기의 사용법을 다룬다.

12.2.1 오실로스코프의 동작 원리

아날로그 오실로스코프

[그림 12-1]은 아날로그 오실로스코프의 예로, CRT(Cathode Ray Tube, 음극선관)를 표시 장치로 사용한다. 아날로그 오실로스코프는 CRT의 전자총(Electron Gun)에서 방출되는 전자들을 측정 신호에 따라 편향시키는 방식으로 파형을 표시한다.

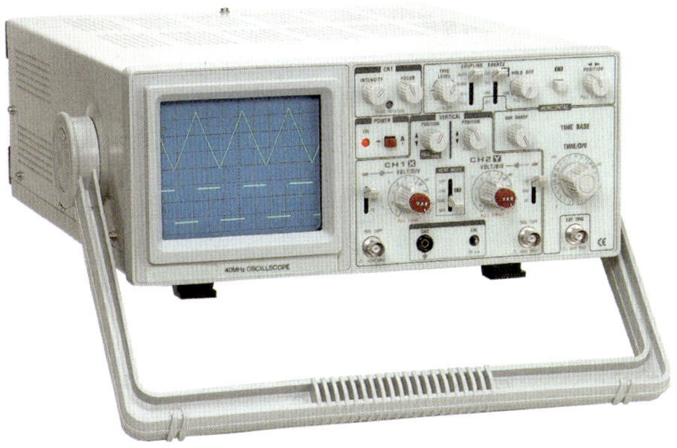

[그림 12-1] 아날로그 오실로스코프

[그림 12-2]는 아날로그 오실로스코프의 구조로, ❶은 전자빔(Electron Beam)을 만드는 전자총, ❷는 측정 신호를 인가하는 수직 편향판, ❸은 스윕 신호(Sweep Signal, 톱니파가 사용된다)를 인가하는 수평 편향판, ❹는 파형이 표시되는 형광 화면이다.

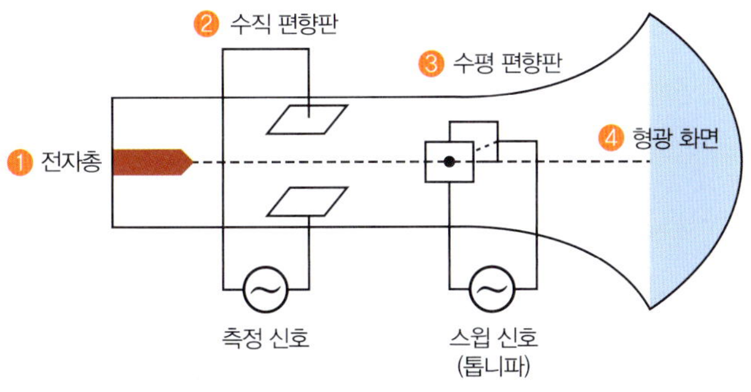

[그림 12-2] 아날로그 오실로스코프의 구조

전자빔은 ❷의 수직 편향판을 지나면서 측정 신호의 변화에 따라 수직 방향으로 휘어지게 된다. [그림 12-3]은 ❸의 수평 편향판에 인가되는 톱니파(Saw Wave) 스윕 신호로, 전압이 증가하다 0이 되는 파형이 반복된다. 따라서 ❸의 수평 편향판을 지나는 전자빔은 수평 방향으로 휘었다가 제자리로 돌아오는 동작을 반복하게 된다. 결과적으로 ❹의 형광 화면에는 수직 및 수평 방향의 움직임이 합해진 전자빔의 궤적, 즉 파형이 나타나게 된다.

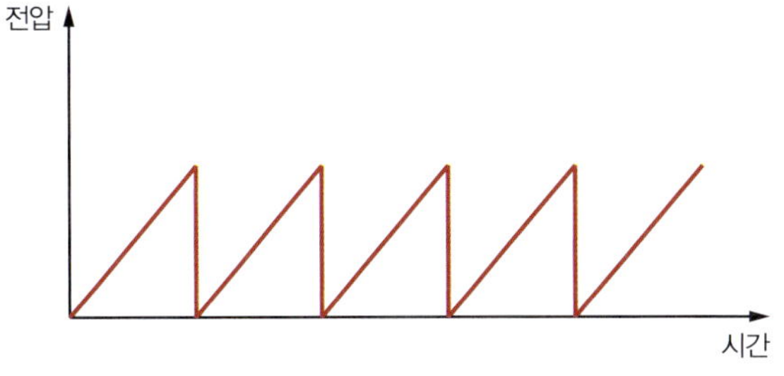

[그림 12-3] 스윕 신호(톱니파)

아날로그 오실로스코프는 전자빔의 궤적을 화면에 그대로 나타내므로 파형 외에 신호의 주파수, 주기 등을 측정하려면 화면에 표시된 눈금을 읽은 후 환산해야 하는 번거로운 과정이 필요하다. 이 때문에 파형은 물론 진폭, 주파수 등을 화면에 곧바로 표시해주는 디지털 오실로스코프가 주로 사용된다.

디지털 오실로스코프

디지털 오실로스코프는 ADC(Analog to Digital Converter)를 이용해 측정 신호를 디지털 신호로 변환하며, 파형과 첨두치[1], 주파수, 주기 등의 정보를 액정 화면에 곧바로 표시해준다.

[그림 12-4]는 디지털 오실로스코프의 예이다.[2] 디지털 오실로스코프는 제품에 따라 약간씩 차이는 있지만 기본적인 사용법은 비슷하다. 따라서 오실로스코프의 기본적인 사용법을 잘 익혀두면 다른 제품도 쉽게 다룰 수 있다.

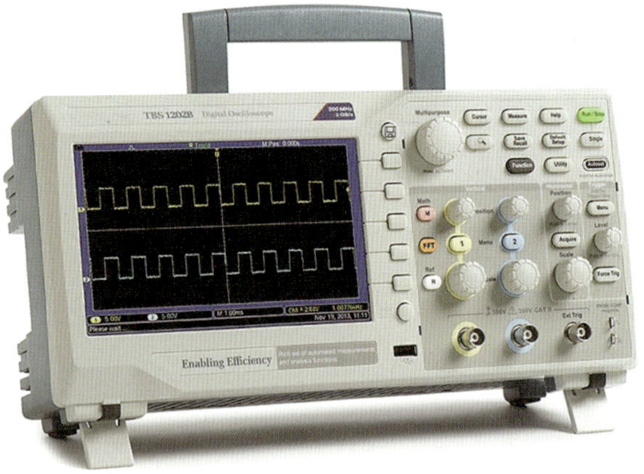

[그림 12-4] 디지털 오실로스코프

12.2.2 오실로스코프의 사용법

조작부

[그림 12-5]는 [그림 12-4]에 보인 디지털 오실로스코프의 조작부이다. 이 오실로스코프는 2개의 입력단을 가지고 있으며, 이를 채널(Channel)이라고 한다. 조작 버튼들은 대부분 채널별로 구분되어 있다.

1 교류 신호에서 전압의 전체 변화폭을 말한다. V_{PP}(Peak to Peak Voltage)라고도 한다.

2 이 책에서는 이 디지털 오실로스코프를 사용한다.

[그림 12-5]에 ❶~⓮의 번호로 표시한 각 부분의 이름과 기능을 살펴보자.

❶ 입력단 : 측정 신호 입력, 노란색은 채널 1(CH1), 파란색은 채널 2(CH 2)

❷ 채널(Menu) 버튼 : 사용 채널 선택, 채널 온/오프, 채널 설정(커플링 등)

❸ 수직 스케일(Scale) 다이얼 : 파형의 수직(전압) 크기 확대/축소[3]

❹ 수평 스케일(Scale) 다이얼 : 파형의 수평(시간) 크기 확대/축소[4]

❺ 수직 위치 조정(Vertical Position) 다이얼 : 파형의 위/아래 위치 조절

❻ 수평 위치 조정(Horizontal Position) 다이얼 : 파형의 좌/우 위치 조절

❼ 측정(Measure) 버튼 : 측정 항목(첨두치, 주파수 등) 설정

❽ 측정 메뉴 : ❼의 측정 버튼을 누를 때 화면에 표시됨

❾ 범용(Multipurpose) 다이얼 : 화면 메뉴 이동 및 선택/취소(LED 점등 시 사용 가능)

❿ 메뉴 선택 버튼 : 화면 메뉴와 연계된 버튼, 버튼을 누른 후 ❾의 범용 다이얼로 설정

⓫ 자동 설정(Autoset) 버튼 : 최적의 측정 상태 자동 설정

⓬ 트리거 레벨(Level) 다이얼 : 측정 신호와 스윕 신호의 동기화 레벨 조절(파형이 흐를 때 사용)

⓭ 유틸리티(Utility) 버튼 : 디스플레이 설정, 표시 언어 선택, 자체 교정 등의 기능 설정

⓮ 점검 신호 출력단(PROBE COMP) : 5[V_{PP}], 1[kHz]의 구형파 신호 출력

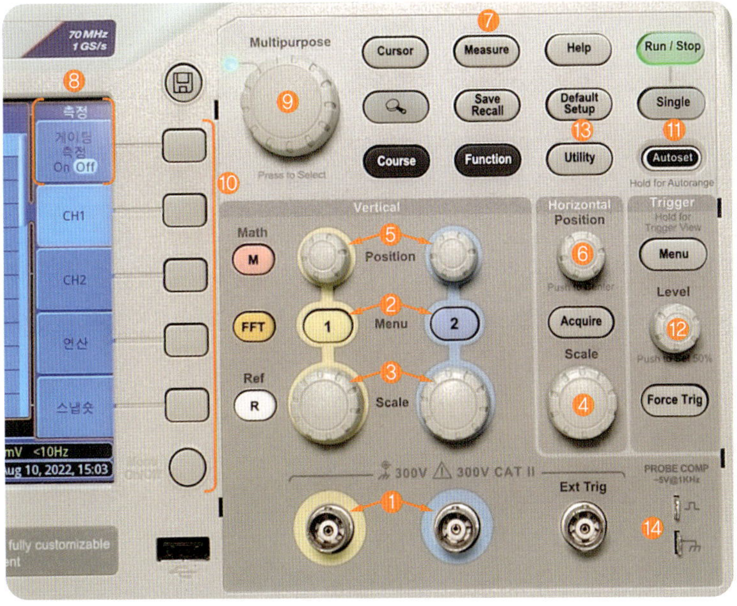

[그림 12-5] 디지털 오실로스코프의 조작부

실험 동영상

3 이 다이얼을 돌리면 화면에 표시된 파형이 (관찰하기 쉽도록) 커지거나 작아진다. 그러나 신호의 전압이 변하는 것은 아니다.

4 이 다이얼을 돌리면 (스윕 신호의 주기가 바뀌면서) 파형이 수평 방향으로 늘어나거나 줄어든다. 그러나 신호의 주기가 변하는 것은 아니다.

오실로스코프 프로브(Oscilloscope Probe)

여기서 잠깐

[그림 12-6]은 오실로스코프에 사용되는 프로브이다.

❶은 오실로스코프의 입력단(채널)과 연결되는 부분으로, 입력단의 돌출부에 끼운 다음 시계 방향으로 돌려 고정시킨다. ❷는 회로와 접촉시키는 메인 팁(Main Tip)이다. 캡이 씌워져 있으며, 이를 누르면 낚시 바늘처럼 구부러진 핀이 돌출된다. 이를 이용해 부품이나 배선에 프로브를 고정시킨다. ❸은 10:1 선택 스위치로, '×10'의 위치에 놓으면 입력신호가 $\frac{1}{10}$로 줄어든다. 진폭이 큰 신호를 관찰할 때 유용하다. ❹는 접지 클립이다.

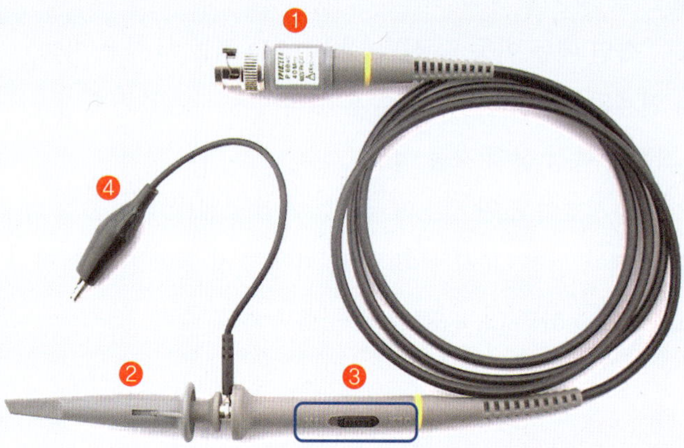

[그림 12-6] 오실로스코프용 프로브

점검

디지털 오실로스코프는 전원을 켜면 자동으로 자기 진단을 실시한 다음, 전원을 끌 때의 설정 상태로 자동 전환된다(만약 자동으로 바뀌지 않는다면 기기에 이상이 있는 것이다). 이 상태에서 점검 신호를 이용하여 프로브를 점검한다. [그림 12-5]를 이용해 점검 과정을 설명한다.

(1) 프로브를 ❶의 입력단(CH1)에 연결한다.

(2) 프로브의 메인 팁과 접지 클립을 ⑭의 점검 신호 출력단(PROBE COMP)에 연결한다.

(3) ⑪의 자동 설정(Autoset) 버튼을 눌러 최적의 측정 상태를 설정한다.

(4) 오실로스코프와 프로브 모두 이상이 없다면, 5[V_{PP}], 1[kHz]의 펄스(구형파)가 표시된다.

기본 사용법

[그림 12-7]을 이용해 오실로스코프의 기본적인 사용법을 설명한다.

(1) 프로브를 ❶의 입력단(CH1)에 연결한다.[5]

(2) 프로브의 메인 팁을 실험 회로의 부품이나 배선에 연결한다.

(3) 자동 설정(Autoset) 버튼을 눌러 최적의 상태를 설정한다([그림 12-5]의 ⓫).

(4) ❷의 측정(Measure) 버튼을 누른다. 그러면 ❸의 측정 메뉴가 화면에 표시된다.

(5) 측정 항목을 설정한다.

- 'CH1'과 연계된 메뉴 선택 버튼 ❹를 누른다.
- ❺의 세부 메뉴가 표시되고, 범용 다이얼 ❻의 LED가 켜진다(사용 가능).
- 범용 다이얼을 돌려 원하는 항목으로 이동한 후 다이얼을 눌러서 해당 항목을 선택하거나 취소한다.
- ❺에는 주기, 주파수, 첨두치가 선택되어 있으며, 해당 항목의 값이 자동으로 화면에 표시된다.[6]

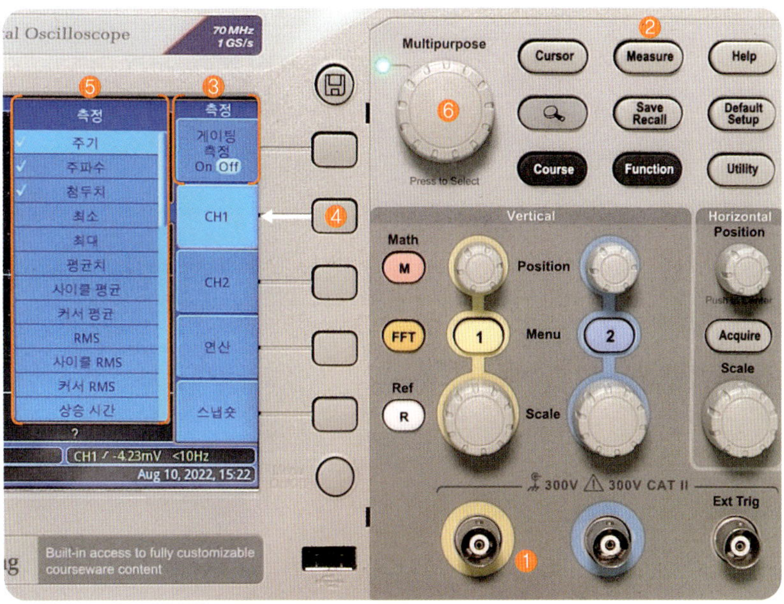

[그림 12-7] 기본 측정법

5 신호를 하나만 측정할 때는 주로 CH1을 사용한다.

6 측정값에 물음표(?)가 표시되어 있다면, 이는 측정 범위를 벗어난 것이다. 이 경우 수직 또는 수평 스케일 다이얼([그림 12-5]의 ❸, ❹)로 파형을 조정하면 물음표가 없어지면서 올바른 데이터가 측정된다.

12.2.3 파형발생기의 사용법

조작부

[그림 12-8]은 이 책에서 사용할 파형발생기로, 2개의 출력(Dual Output)을 가진 점이 특징이다. [그림 12-8]에 ❶~❽의 번호로 표시한 각 부분의 이름과 기능은 다음과 같다.

❶ 화면 : 2개의 출력(CH A, CH B)에 대한 파형, 주파수, 첨두치 등을 표시

❷ 출력단 : 2개의 출력단(Output A, Output B)

❸ 출력 버튼 : 출력단 온/오프[7]

❹ 다이얼 : 출력 신호의 주파수, 첨두치 등을 설정

❺ 메뉴 선택 버튼 : 화면의 메뉴와 연계된 버튼, 버튼을 누른 후 ❹의 다이얼로 설정

❻ 숫자키 : 직접 숫자를 입력하여 주파수, 첨두치 등을 설정, 숫자 입력 후 단위 선택

❼ 이동 버튼 : 숫자키 입력 시 설정할 숫자 자리를 바꿀 때 사용

❽ 파형 설정부 : 정현파(Sine)와 구형파(Square) 등의 파형 설정

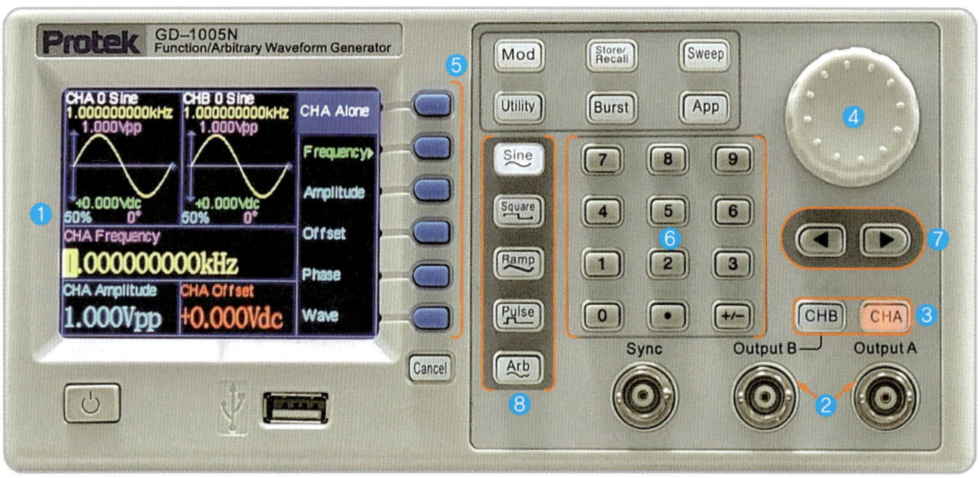

[그림 12-8] 파형발생기의 조작부

[그림 12-9]는 파형발생기의 화면과 메뉴 선택 버튼을 나타낸 그림이다. 메뉴 선택 버튼의 기능 및 이것과 연계된 화면 표시는 다음과 같다.

❶, ❷ 화면 : 2개의 출력(CH A, CH B)의 정보(파형, 주파수, 첨두치 등) 표시

❸ 출력 선택 버튼 : 출력 중 하나를 선택, 그림의 'CH A Alone'은 'CH A'가 선택되었음을 표시

❹ 주파수(Frequency) 버튼 : 버튼을 누른 다음 다이얼([그림 12-8]의 ❹) 또는 숫자키([그림 12-8]의 ❻)로 주파수 설정, ❺에 주파수 표시[8]

---

7 'CH A'가 점등되어 있으므로 'Output A'로 'CH A'의 신호가 출력된다.

8 [그림 12-8]의 ❼ '이동 버튼'을 이용하면 보다 쉽게 값을 설정할 수 있다.

> 주파수 버튼이 선택된 상태에서 한번 더 누르면 '주기(Period)'가 표시된다. 마찬가지로 다이얼 또는 숫자키로 설정할 수 있으며, ❺에는 주기가 표시된다.

❻ 첨두치(Amplitude) 버튼 : 버튼을 누른 후 다이얼 또는 숫자키로 첨두치를 설정, ❼에 첨두치 표시[9]

❽ 오프셋(Offset) 버튼 : 교류 신호에 직류전압을 더할 때 사용. 버튼을 누른 후 다이얼 또는 숫자키로 오프셋 전압 설정, ❾에 오프셋 전압 표시

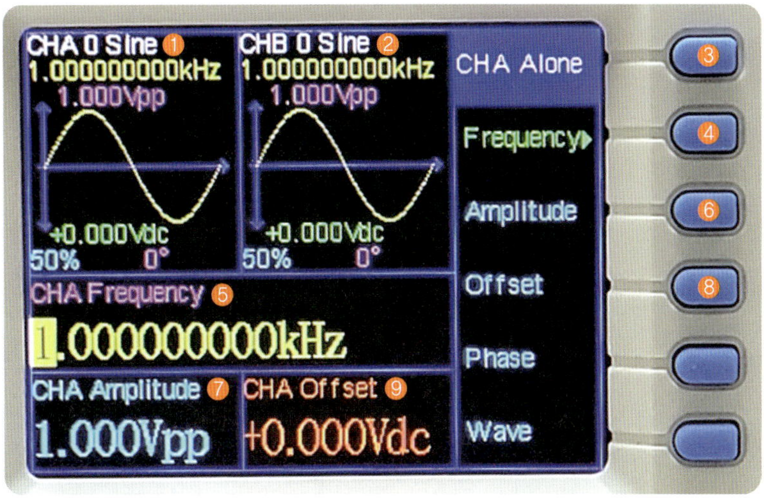

[그림 12-9] 파형발생기의 화면과 메뉴 선택 버튼

기본 사용법

[그림 12-8](파란색 번호)과 [그림 12-9](주황색 번호)를 이용해 파형발생기의 기본 사용법을 설명한다.

(1) 전원을 켜면 1[kHz], 첨두치 1[V_{PP}]의 정현파가 2개의 출력단(CH A, CH B)에 자동으로 설정된다.
(2) 프로브를 출력단(❷)에 연결하고, 출력 선택 버튼(❸)으로 출력단을 선택한다.
(3) 필요한 경우, 파형 설정부(❽)에서 파형을 바꾼다.
(4) 주파수 버튼(❹)을 누르고, 다이얼(❹)이나 숫자키(❻)로 주파수를 설정한다.
(5) 첨두치 버튼(❻)을 누르고, 다이얼(❹)이나 숫자키(❻)로 첨두치를 설정한다.
(6) 프로브를 연결한 출력단에 해당하는 출력 버튼(❸)을 누른다.
(7) 프로브를 교류 신호가 필요한 회로에 연결한다.

9 'Amplitude'는 원래 첨두치의 1/2인 진폭을 의미한다. 이 책에서 사용한 파형발생기 실습장비는 이를 첨두치의 의미로 혼동하여 표시하고 있다. 관련 내용은 18.2.3절을 참조하라.

12.3 실험

【실습 장비】

실험 기기	오실로스코프	1대
	파형발생기	1대

12.3.1 오실로스코프와 파형발생기 사용하기

1 오실로스코프의 'CH 1'을 점검 신호 출력단(PROBE COMP)과 연결하여 파형이 나타나게 하라.

2 파형을 휴대전화로 촬영하라.

3 첨두치, 주파수, 주기를 측정하여 [표 12-1]에 기록하라.

4 오실로스코프의 채널 1과 파형발생기의 출력단을 직접 연결하라.

5 파형발생기의 출력을 15[V_{PP}], 17.5[kHz]의 정현파로 설정하라. 오실로스코프를 조정하여 파형이 올바르게 나타나게 하라.

6 파형을 휴대전화로 촬영하라.

7 첨두치, 주파수, 주기를 측정하여 [표 12-1]에 기록하라.

8 파형발생기의 출력을 5[V_{PP}], 2[kHz]의 삼각파로 설정하라.

9 파형을 휴대전화로 촬영하라.

10 첨두치, 주파수, 주기를 측정하여 [표 12-1]에 기록하라.

[표 12-1] 오실로스코프의 사용법

실험 과정	첨두치(V_{PP})	주파수	주기
3			
7			
10			

12.3.2 오실로스코프의 채널 사용하기

1. 오실로스코프의 'CH 1'을 자체의 점검 신호 출력단(PROBE COMP)과 연결하라.
2. 'CH 2'를 파형발생기와 연결하여 2[V_{PP}], 2[kHz]의 삼각파가 표시되도록 조정하라.
3. [그림 12-10]과 같이 오실로스코프 화면에 'CH 1'과 'CH 2'가 동시에 표시되도록 오실로스코프를 조정하라.
4. 측정 데이터가 [그림 12-10]의 ❶과 같이 표시되도록 오실로스코프를 조정하라(전압과 주파수는 그림과 약간 차이날 수 있다).
5. 휴대전화로 오실로스코프의 화면을 촬영하라.

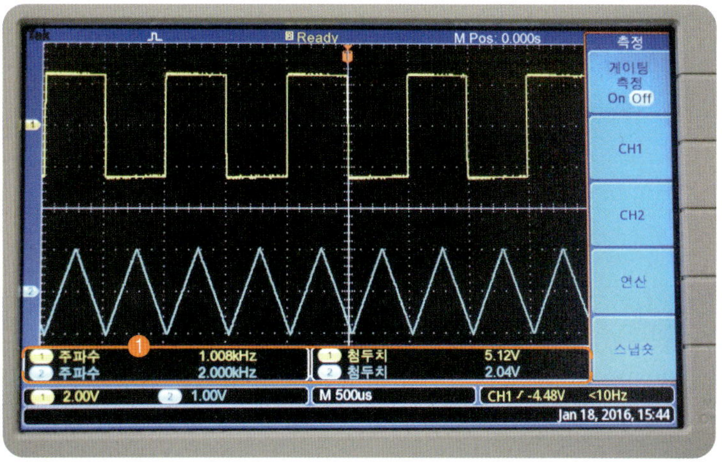

[그림 12-10] 오실로스코프 화면(채널 2개 사용)

12.3.3 파형발생기의 채널 사용하기

1. 오실로스코프의 'CH 1'을 파형발생기의 출력(CH A)과 연결하라.
2. 오실로스코프의 'CH 2'를 파형발생기의 출력(CH B)과 연결하라.
3. 파형발생기의 출력(CH A)를 12[V_{PP}], 10[kHz]의 정현파로 설정하라.
4. 파형발생기의 출력(CH B)를 4[V_{PP}], 8[kHz]의 구형파로 설정하라.
5. 오실로스코프 화면에 'CH 1'과 'CH 2'가 동시에 표시되도록 오실로스코프를 조정하라. 이때 앞의 실험 과정 3 과 4 에서 설정한 첨두치와 주파수가 오실로스코프 화면에 표시되도록 하라.
6. 휴대전화로 오실로스코프의 화면을 촬영하라.

12.4 결과 검토

(1) [표 12-1]의 실험 과정 **3** 에서 측정한 첨두치와 주파수 및 주기가 점검 신호 출력단(PROBE COMP)의 정격 출력(5[V_{PP}], 1[kHz], 펄스)과 같은지 확인하라.

(2) 12.3.1절의 실험 과정 **2**, **6**, **9** 에서 촬영한 파형을 보여라.

(3) 주파수를 f, 주기를 T라 하면 $f = \frac{1}{T}$의 관계를 갖는다. [표 12-1]에서 주파수와 주기가 이 관계를 만족하는지 계산해보라.

(4) 12.3.2절의 실험 과정 **5** 와 12.3.3절의 실험 과정 **6** 에서 촬영한 파형을 각각 보여라.

(5) 앞의 (4)에서 촬영한 화면을 얻기 위해 오실로스코프를 어떻게 조정했는지 간단히 설명하라.

셀프 테스트

(1) 교류회로의 전원으로 사용하는 실습 장비는 (오실로스코프, 파형발생기)이다.

(2) 아날로그 오실로스코프에서 측정 신호는 (수직 편향판, 수평 편향판)에 인가된다.

(3) 아날로그 오실로스코프에서 스윕 신호는 (수직 편향판, 수평 편향판)에 인가된다.

(4) 스윕 신호로는 (정현파, 삼각파, 톱니파, 구형파)가 사용된다.

(5) 오실로스코프의 수직 스케일 다이얼을 돌렸더니 화면에 표시되는 파형이 커졌다. 이는 측정 신호의 전압이 증가한 것이다. (○, ×)

(6) 오실로스코프 프로브의 선택 스위치를 'x10' 위치에 놓으면, 입력신호가 (1/10로 줄어든다, 10배 커진다).

(7) 다음은 파형발생기에서 출력되는 신호의 특성이다. 이들 중에서 조절할 수 없는 특성은 무엇인가?

① 파형　② 주파수　③ 첨두치　④ 트리거 레벨　⑤ 오프셋 전압

예비학습

(1) 커패시터의 구조에 대해 조사하라.

(2) 커패시터는 회로에서 어떤 용도로 사용되는지 조사하라.

(3) 용량성 리액턴스가 무엇인지 조사하라.

실험 13

커패시터

13.1 실험 목표

- 커패시터의 구조, 종류 및 특성을 설명할 수 있다.
- 커패시터를 직렬 및 병렬로 연결할 때의 특성 변화를 실험할 수 있다.
- 주파수 및 커패시터 용량에 따라 용량성 리액턴스가 어떻게 변하는지 실험할 수 있다.
- 오실로스코프로 커패시터의 시정수를 측정할 수 있다.

13.2 기초 이론

커패시터의 구조와 종류를 살펴보고, 커패시턴스 값을 읽는 법을 알아본다. 또한 커패시터를 직렬 및 병렬로 연결할 때의 특성과 커패시터의 교류 특성을 살펴본다.

13.2.1 커패시터의 구조

커패시터(Capacitor)는 전하를 저장(충전)하는 기능을 가진 부품으로, 콘덴서(Condenser)라고도 한다. 커패시터는 [그림 13-1]과 같이 유전체(Dielectric)[1]를 가운데 두고 양쪽에 전극이 놓여

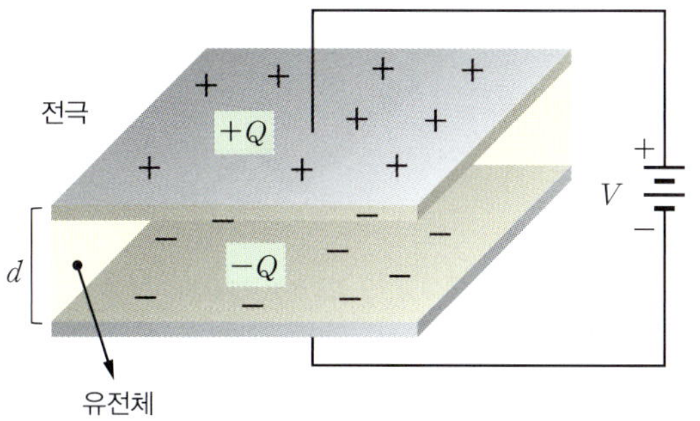

[그림 13-1] 커패시터의 기본 구조

1 전하는 통과시키지 않고 전극에 양과 음의 전하가 대전되도록 하는 물질. 절연체라고도 한다. 물질마다 고유의 유전율을 가지고 있으며, 유전율이 클수록 더 많은 전하가 대전된다.

있는 구조이다. 그림과 같이 커패시터에 직류전압 V를 인가하면, $+Q$와 $-Q$의 전하들이 유전체 양쪽의 전극에 대전되면서 충전이 이루어진다.

커패시터에 충전되는 전하량을 **커패시턴스**(Capacitance, 정전용량)라 하며 C로 표시한다. [그림 13-1]에서 전극의 면적을 A, 유전체의 유전율을 ε, 전극 간격[2]을 d라 하면, 커패시턴스 C는 식 (13.1)과 같이 나타낼 수 있다.

$$C = \frac{\varepsilon A}{d} \tag{13.1}$$

커패시턴스의 단위는 [F](패럿, Farad)이다. 이는 영국의 과학자인 마이클 패러데이(Michael Faraday)의 이름을 딴 것이다. [F]은 커패시터에 적용하기에는 단위가 너무 커서[3] [μF](10^{-6}[F], 마이크로 패럿)이나 [pF](10^{-12}[F], 피코 패럿)이 많이 사용된다.

한편, [그림 13-1]에서 커패시터에 충전된 전하량을 Q라 하면, Q는 커패시터에 걸린 전압 V와 커패시턴스(정전용량) C의 곱에 비례하며, 식 (13.2)와 같이 나타낼 수 있다.

$$Q = CV \tag{13.2}$$

13.2.2 커패시터의 종류

■ 전해 커패시터

전해 커패시터(Electrolytic Capacitor)는 얇은 산화 알루미늄을 유전체로 사용하고, 알루미늄을 전극으로 사용하여 만든다.[4] 유전체가 얇고 전극을 말아 넣어 면적이 크므로 큰 커패시턴스를 얻을 수 있다. 전해 커패시터는 극성을 가진 것이 가장 큰 특징이다.

[그림 13-2]는 전해 커패시터의 모습으로, 겉면에 ‘ ’가 표시되어 있고 리드선이 짧은 쪽이 (−) 극이다. 겉면에는 커패시턴스 값(4700μF)과 정격전압(35V)도 표시되어 있다. 전해 커패시터는 극성을 잘못 연결하거나, 정격전압을 넘는 전압을 걸면 터질 수 있으므로 주의해야 한다.

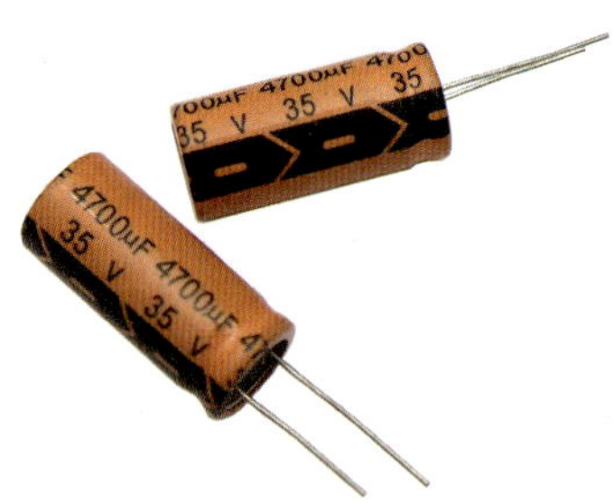

[그림 13-2] 전해 커패시터

2 유전체의 두께가 곧 전극 간격이다.
3 1[F]은 1[V]를 인가할 때 1쿨롱(Coulomb)의 전하가 충전되는 크기이다. 참고로, 1쿨롱은 1[A]의 전류가 1초 동안 흐를 때 이동하는 전하량이다.
4 [그림 13-1]의 구조를 옆으로 길게 만든 다음 리드선을 각 전극에 같은 방향으로 붙이고 원통형으로 말아서 만든다.

■ 세라믹 커패시터

세라믹 커패시터(Ceramic Capacitor)는 유전율이 매우 큰 티탄산 바륨(Titanium Barium)을 유전체로 사용하여 만든다. 세라믹 커패시터는 전해 커패시터와는 달리 극성은 없으며, 인덕턴스 성분이 적어 고주파 특성이 좋다.

[그림 13-3]은 세라믹 커패시터의 모습으로, 겉면에 커패시턴스 값이 숫자코드로 표시되어 있다. 숫자코드에 대해서는 13.2.3절에서 설명한다.

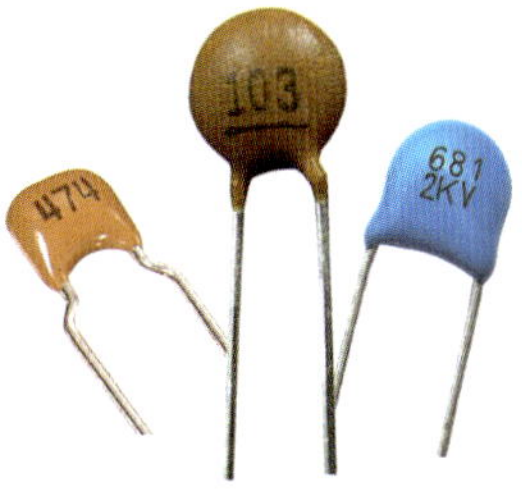

[그림 13-3] 세라믹 커패시터

[그림 13-4]는 세라믹 커패시터의 일종인 MLCC(Multi Layer Ceramic Capacitor)[5]로, 유전체인 세라믹과 전극을 차례로 적층하여 만든다. [그림 13-4]의 왼쪽은 MLCC의 내부 구조로, 세라믹과 전극이 적층된 모습을 확인할 수 있다. 오른쪽은 실제 제품으로, 용량에 따라 크기가 다르다.

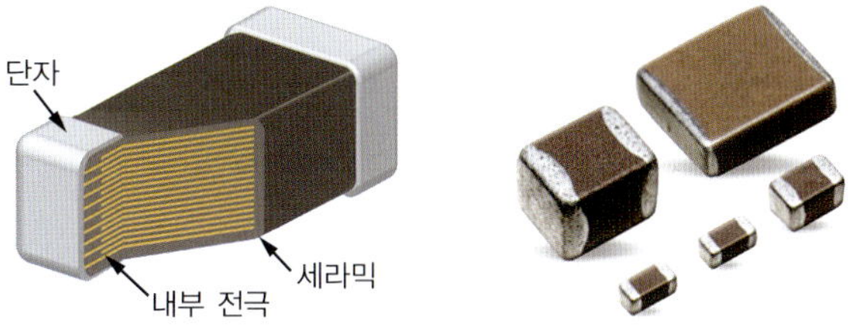

[그림 13-4] MLCC의 내부 구조와 외형

MLCC는 다른 커패시터에 비해 온도 및 주파수 특성이 우수하고, 크기도 작다. 또한 기판 표면에 실장할 수 있어 표면실장기술(SMT)과 더불어 많이 사용되고 있다.

■ 탄탈 커패시터

탄탈 커패시터(Tantalum Capacitor)는 탄탈륨(Tantalum)을 전극으로 사용하여 만든다. 탄탈 커패시터는 전해 커패시터보다 온도 특성과 주파수 특성이 더 우수하며, 전해 커패시터와 마찬가지로 극성을 가지고 있다.

5 적층형 세라믹 커패시터라고도 한다.

[그림 13-5]는 다양한 용량을 가진 탄탈 커패시터이다. 겉면에 '+'가 표시된 쪽이 (+)극이며, 리드선을 길게 만들어 (+)극을 표시하기도 한다.

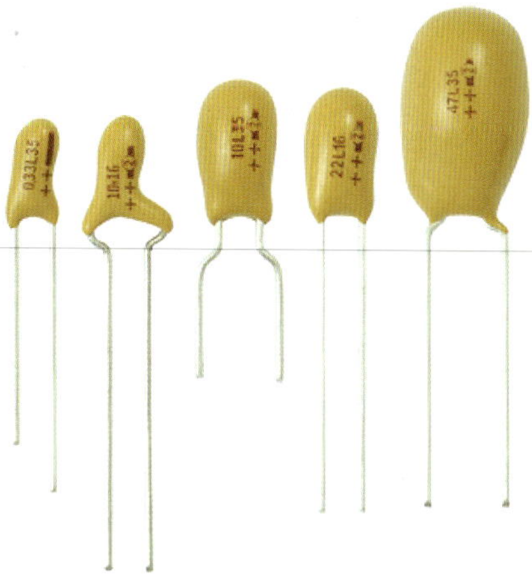

[그림 13-5] 탄탈 커패시터

■ 마일러 커패시터

마일러 커패시터(Mylar Capacitor)는 얇은 폴리에스테르(Polyester) 필름의 양면에 금속을 입힌 다음 감아서 만든다. 마일러 커패시터는 가격이 저렴한 대신에 정밀도는 낮다. [그림 13-6]은 마일러 커패시터의 모습으로, 세라믹 커패시터처럼 커패시턴스 값이 숫자코드로 표시되어 있다.

[그림 13-6] 마일러 커패시터

커패시터의 회로 심벌 — 여기서 잠깐

[그림 13-7]은 커패시터의 회로 심벌이다. 왼쪽은 전해 커패시터의 회로 심벌로 극성이 표시되어 있다. 오른쪽은 일반적인 커패시터의 회로 심벌이다.

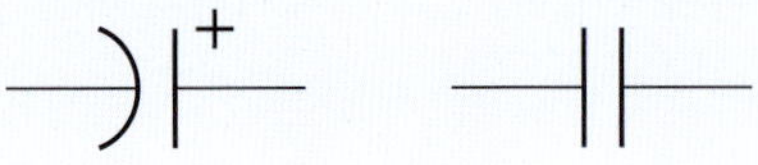

[그림 13-7] 커패시터의 회로 심벌

13.2.3 커패시턴스 값을 읽는 법

전해 커패시터는 겉면에 커패시턴스 값과 정격전압이 기록되어 있지만, 크기가 작은 세라믹이나 마일러 커패시터는 '103 J'[6]와 같은 숫자코드로 커패시턴스 값을 표시한다.

'103 J'에서 '10'은 숫자 값, 3은 10의 승수, J는 오차 범위를 나타내며, 단위는 [pF](10^{-12}[F])이다. [표 13-1]은 커패시터에 표시된 문자에 따른 오차 범위이며, 여기에서 'J'는 ±5[%]임을 알 수 있다.

따라서 '103 J'가 표시된 커패시터의 커패시턴스 값은 다음과 같다.

$$103\,\mathrm{J} = [10 \times 10^3] \pm \mathrm{J} = 10{,}000\,[\mathrm{pF}] \pm 5\,[\%] = 0.01[\mu\mathrm{F}] \pm 5\,[\%]$$

[표 13-1] 오차 범위(커패시터)

문자	오차 범위	문자	오차 범위
C	±0.25 [pF]	F	±1 [%]
D	±0.5 [pF]	J	±5 [%]
E	±1.0 [pF]	K	±10 [%]
G	±2.0 [pF]	M	±20 [%]

다른 예로, [그림 13-6]의 '225 J'가 표시된 붉은색 커패시터의 커패시턴스 값은 다음과 같다.

$$225\,\mathrm{J} = [22 \times 10^5] \pm \mathrm{J} = 2.2 \times 10^6\,[\mathrm{pF}] \pm 5\,[\%] = 2.2[\mu\mathrm{F}] \pm 5\,[\%]$$

13.2.4 커패시터의 직렬연결

[그림 13-8]은 n개의 커패시터를 직렬로 연결하고 직류전원 V를 인가한 모습이다. 여기에서 전체 커패시턴스 C_T를 구해보자. 인가전압 V는 각 커패시터에 걸린 전압의 합이므로 식 (13.3)과 같이 된다.

$$V = V_{C_1} + V_{C_2} + V_{C_3} + \cdots + V_{C_n} \tag{13.3}$$

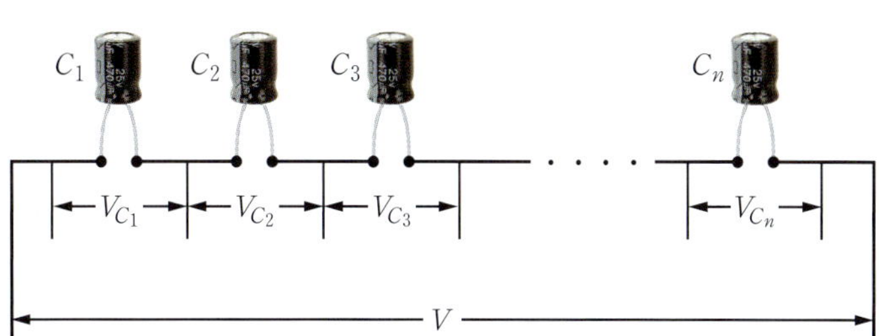

[그림 13-8] 커패시터의 직렬연결

6 [그림 13-6]의 맨 왼쪽에 있는 마일러 커패시터의 숫자코드이다.

직렬회로에는 같은 전류가 흐르므로 커패시터들은 같은 전하량 Q로 충전된다.[7] 식 (13.2)에서 $V = \frac{Q}{C}$ 이므로 식 (13.3)을 식 (13.4)로 바꿀 수 있다.

$$V = \left(\frac{1}{C_1} + \frac{1}{C_2} + \frac{1}{C_3} + \cdots + \frac{1}{C_n}\right)Q \tag{13.4}$$

그러면 C_T를 식 (13.5)와 같이 구할 수 있다.

$$C_T = \frac{Q}{V} = \frac{Q}{\left(\frac{1}{C_1} + \frac{1}{C_2} + \frac{1}{C_3} + \cdots + \frac{1}{C_n}\right)Q} = \frac{1}{\frac{1}{C_1} + \frac{1}{C_2} + \frac{1}{C_3} + \cdots + \frac{1}{C_n}} \tag{13.5}$$

식 (13.5)는 커패시터를 직렬로 연결할수록 C_T가 감소함을 나타낸다. 예를 들어, 1[μF]의 커패시터 2개를 직렬로 연결하면 C_T는 0.5[μF]가 되고, 3개를 연결하면 0.33[μF]이 된다.

13.2.5 커패시터의 병렬연결

[그림 13-9]는 n개의 커패시터를 병렬로 연결한 모습이다. 이 경우의 C_T를 구해보자. 먼저 전체 전하량 Q는 각 커패시터에 충전된 전하량의 합이므로 식 (13.6)과 같이 나타낼 수 있다.

$$Q = Q_1 + Q_2 + Q_3 + \cdots + Q_n \tag{13.6}$$

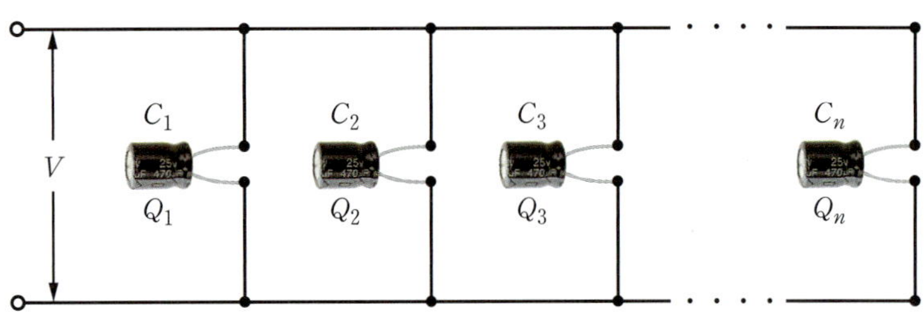

[그림 13-9] 커패시터의 병렬연결

7 커패시터가 직렬로 연결되면 아래 그림과 같이 이웃한 커패시터의 전극이 마주 보며 대전되므로, 결국 같은 전하량이 충전된다.

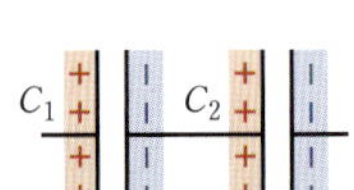

[그림 13-9]는 병렬회로이므로 각 커패시터에는 같은 전압 V가 걸리고, $Q = CV$이므로 식 (13.6)을 식 (13.7)로 바꿀 수 있다.

$$Q = (C_1 + C_2 + C_3 + \cdots + C_n)\,V \tag{13.7}$$

그러면 C_T를 식 (13.8)과 같이 구할 수 있으며, 이 식은 커패시터를 병렬로 연결할수록 C_T가 증가함을 나타낸다.

$$\begin{aligned} C_T = \frac{Q}{V} &= \frac{(C_1 + C_2 + C_3 + \cdots + C_n)\,V}{V} \\ &= C_1 + C_2 + C_3 + \cdots + C_n \end{aligned} \tag{13.8}$$

13.2.6 커패시터의 교류 특성

식 (13.2)의 양변을 시간 t에 대해 미분하면 식 (13.9)가 된다.[8]

$$\frac{dq}{dt} = C\frac{dv}{dt} \tag{13.9}$$

$\frac{dq}{dt} = i$ 이므로[9] 식 (13.9)를 식 (13.10)과 같이 바꿀 수 있다.

$$i = C\frac{dv}{dt} \tag{13.10}$$

식 (13.10)은 커패시터 전류 i가 커패시턴스 C 및 $\frac{dv}{dt}$(전압의 변화율)에 비례함을 나타낸다.

커패시터에 직류전압을 인가하는 경우를 생각해보자. 직류는 시간에 따라 전압이 변하지 않으므로 식 (13.9)에서 $i = 0$이 된다. 실제로 커패시터에 직류전압을 인가하면, 전하가 충전되는 매우 짧은 시간 동안만 전류가 흐른다.

교류전압을 인가하는 경우, $\frac{dv}{dt}$는 0이 아니므로 커패시터에는 교류 커패시터 전류 i가 흐른다. 실제로 커패시터는 교류전압에 따라 충전과 방전을 반복하며, 그에 따라 전류 i는 계속 흐르게 된다.

---

8 교류를 표현하기 위해 전하(q), 전압(v) 등을 이탤릭체 소문자로 표기한다.

9 전류는 '단위시간당 도선의 단면을 통과한 전하량'으로 정의하며, 이는 시간에 따른 전하량의 변화가 곧 전류임을 나타낸다.

전류-전압 위상차

[그림 13-10]은 커패시터에 교류를 인가할 때 커패시터 전압 v_C와 커패시터 전류 i_C의 파형이다. 충전이 시작될 때 v_C는 0이고, 전류는 최대(i_{max})이다. 충전이 진행되면 v_C는 증가하고 대신 i_C는 감소한다. v_C가 최댓값(v_{max})이 되면 i_C는 0이 된다. 이러한 메커니즘에 의해 결과적으로 i_C와 v_C 사이에 위상차가 생긴다(i_C가 v_C보다 90° 빠르다).

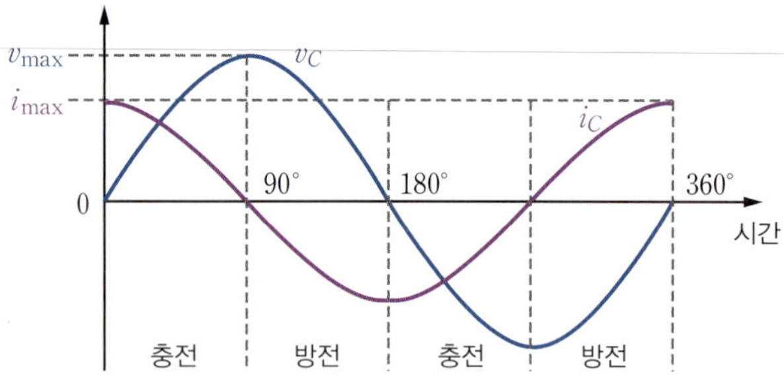

[그림 13-10] 커패시터의 전류-전압 위상차

위상차가 있는 물리량은 페이저도(Phasor Diagram)로 나타내면 편리하다. [그림 13-10]을 페이저도로 나타내면 [그림 13-11]과 같다. 위상이 90° 빠른 i_C를 세로축에, 위상이 늦는 v_C는 가로축에 표시한다. 이때 화살표 길이로 i_C 및 v_C의 크기를 나타낸다.

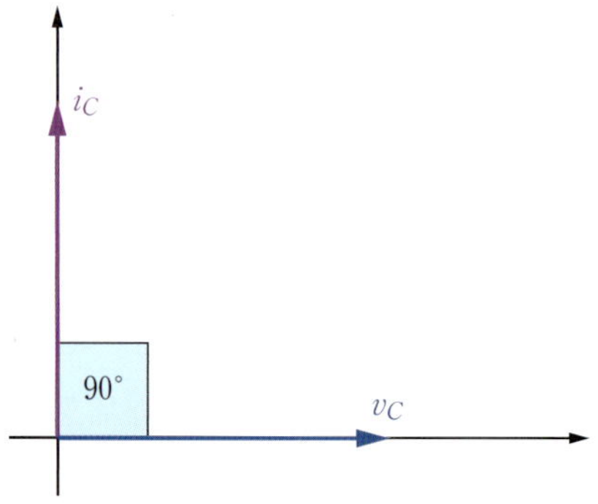

[그림 13-11] 커패시터의 전류-전압 페이저도

용량성 리액턴스

[그림 13-10]을 살펴보면, v_C가 증가할 때 i_C는 오히려 감소한다. 이는 커패시터가 '전압의 급격한 변화를 억제'하는 저항성을 가지고 있기 때문이다. 커패시터의 이러한 특성을 **용량성 리액턴스**(Capacitive Reactance)라 하며, X_C로 표시한다. 단위는 [Ω]이다.

X_C는 식 (13.11)로 주어지며, 식에서 ω는 각속도, f는 주파수이다.

$$X_C = \frac{1}{\omega C} = \frac{1}{2\pi f C} \tag{13.11}$$

식 (13.11)을 이용해 직류와 교류에 대한 X_C의 변화를 살펴보자.

■ 직류의 경우

직류는 시간에 따라 변하지 않으므로 $f = 0$이다. 그러면 X_C는 ∞의 저항을 나타내게 된다.

$$X_C = \frac{1}{2\pi f C} = \frac{1}{0} = \infty$$

커패시터는 직류의 경우 잠깐의 충전되는 시간 외에는 전류를 완전히 차단한다. 이 때문에 커패시터를 'DC Block'이라고 한다.

■ 교류의 경우

교류는 시간에 따라 변화하므로 $f \neq 0$이며, X_C는 주파수 f에 반비례한다. 주파수가 매우 높아지면 $X_C \simeq 0$이 되며, 커패시터는 도체(도선)와 같은 상태가 된다.

[그림 13-12]는 주파수 f에 따른 X_C와 i_C의 변화이다. X_C는 f에 반비례하여 감소하고, i_C는 f에 비례하여 증가한다. i_C가 증가하는 것은 저항성의 X_C가 감소하기 때문이다.

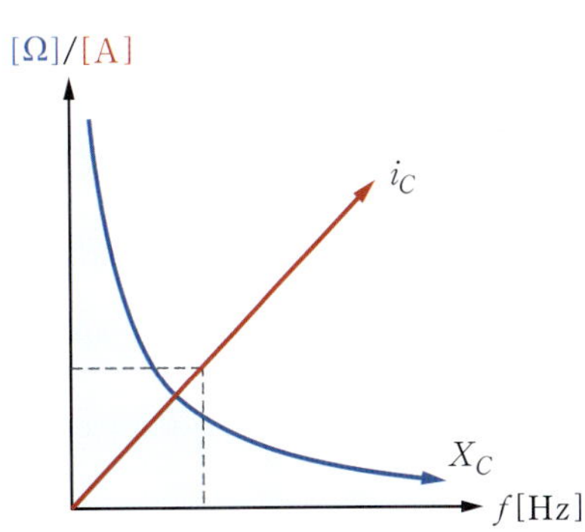

[그림 13-12] 주파수 f에 따른 X_C와 i_C의 변화

커패시터의 시정수

시정수(Time Constant)는 τ로 표시하며, 커패시터의 충전 및 방전 특성을 보여주는 파라미터이다. τ는 RC 직렬회로에서 정의하며, 식 (13.12)와 같이 R과 C의 곱에 비례한다.

$$\tau = RC \tag{13.12}$$

[그림 13-13]은 커패시터의 시정수를 보여준다. 충전 시정수는 **'인가전압의 63.2[%]까지 충전되는 데 걸리는 시간'**으로 정의하며, 방전 시정수는 반대로 **'충전전압의 63.2[%]가 방전되는 데 걸리는 시간'**으로 정의한다. 이는 충전전압의 36.8[%]까지 방전되는 데 걸리는 시간이다.

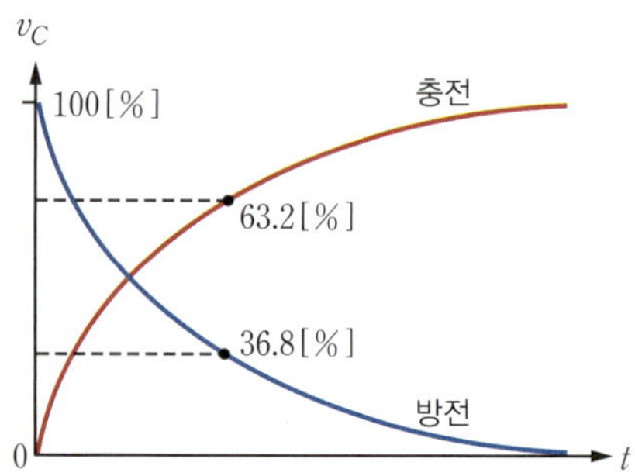

[그림 13-13] 시정수의 정의(커패시터)

13.2.7 시정수 측정

오실로스코프의 커서(Cursor) 기능을 이용하여 시정수를 측정해보자. [그림 13-14]에서 ❶은 회로에 인가한 교류전압 v(10[V_{pp}], 700[Hz]의 구형파)의 파형이고, ❷는 커패시터 전압 v_C의 파형이다. v가 증가 또는 감소함에 따라 v_C는 천천히 증가 또는 감소한다.

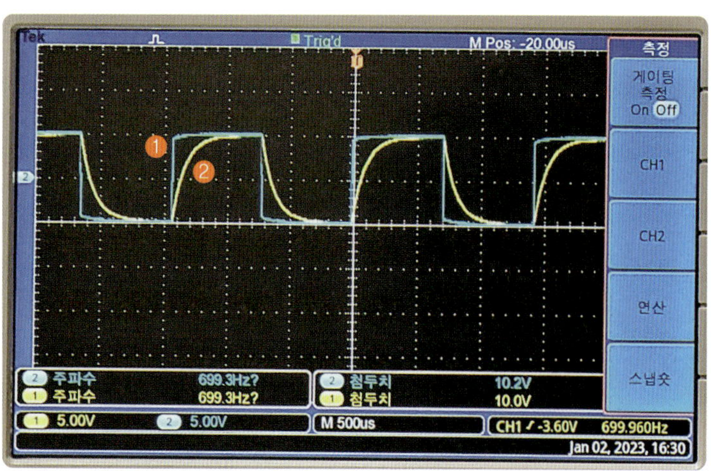

[그림 13-14] 시정수 측정(1)

[그림 13-15]는 시정수를 측정하기 위한 오실로스코프의 설정 방법이다. 그림에서 ❶은 교류전압 v이고, ❷는 커패시터 전압 v_C이다. 그림의 파형은 오실로스코프의 수직 및 수평 스케일 다이얼[10]로 모양을 조절한 것이다. 커서 기능을 이용한 시정수 측정은 다음의 순서로 진행한다.

(1) 커서(Cursor) 버튼 ❸을 누른다.
(2) 메뉴 선택 버튼 ❹를 누른다. 그러면 ❺의 세부 메뉴(종류)가 표시된다.
(3) 범용 다이얼 ❻으로 그림과 같이 '시간'을 선택한다.
(4) 2개의 커서(커서 1, 커서 2)가 화면에 표시된다.
(5) 메뉴 선택 버튼 ❼을 누른 다음, 범용 다이얼 ❻을 돌려 '커서 1'을 좌우로 움직여본다.
(6) '커서 1'을 움직여 그림과 같이 v_C(❶)가 증가하기 시작하는 곳에 놓는다.
(7) 메뉴 선택 버튼 ❽을 누른 다음, 범용 다이얼 ❻을 돌려 '커서 2'을 좌우로 움직여본다.
(8) 화면 ❾에 커서 사이의 시간차와 전압차 등이 표시된다.
(9) '커서 2'를 움직여 화면 ❾에 커서 사이의 전압차 'ΔV 6.32V'가 표시되도록 한다.[11]
(10) 화면 ❾에 커서 사이의 시간차 'Δ104us'가 함께 표시된다. 이 값이 시정수 τ이다.

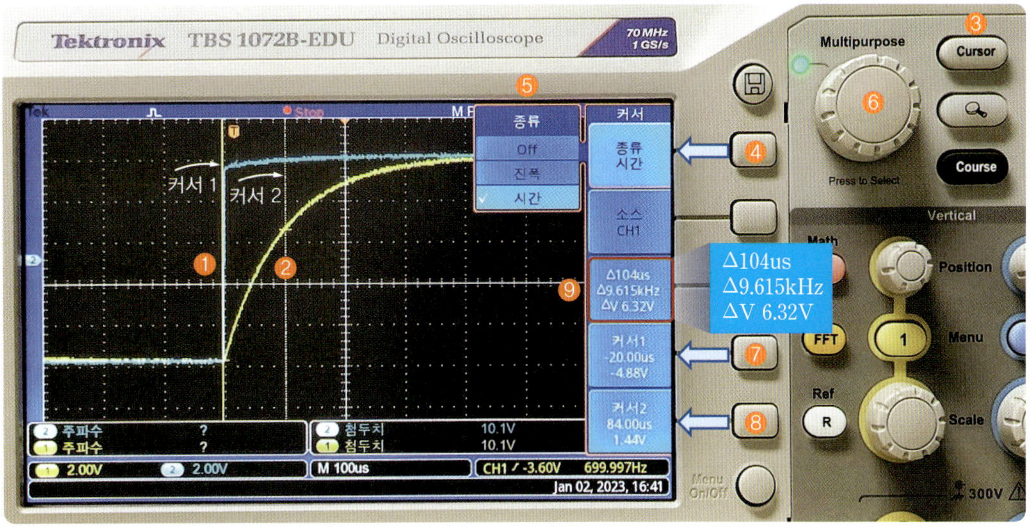

[그림 13-15] 시정수 측정 (2)

10 [그림 12-5]를 참조하라.

11 v의 첨두치가 10[V_{PP}]이므로 충전 시정수 τ는 v_C = 6.32[V]가 될 때까지 걸리는 시간이다.

13.3 실험

【실습 장비】

실험 기기	오실로스코프	1대	
	파형발생기	1대	
	멀티미터	1대	
	브레드보드	1개	
회로 부품	저항	330[Ω], 1[kΩ], 1.2[kΩ]	각 1개
	커패시터	0.1[μF], 0.22[μF], 0.47[μF], 470[μF]	각 1개
		1[μF]	4개
	LED	적색(5Φ)	1개

13.3.1 커패시터의 직렬 및 병렬연결

1 [그림 13-16]의 실험 회로를 구성하라. 저항 $R=330[\Omega]$, 커패시터 $C_1 \sim C_4$는 모두 $1[\mu F]$이다.

2 교류전원 v로 $20[V_{PP}]$, $1[kHz]$의 정현파를 인가하라.

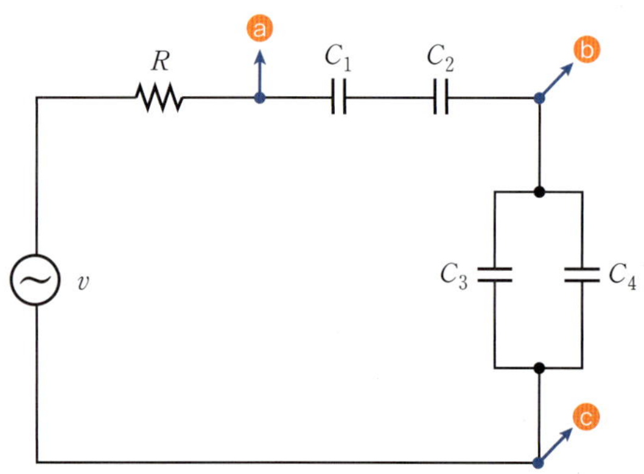

[그림 13-16] 실험 회로(커패시터의 직렬 및 병렬연결)

3 직렬로 연결된 C_1, C_2의 전체 커패시턴스 C_{T1}을 계산하여 [표 13-2]에 기록하라.

4 병렬로 연결된 C_3, C_4의 전체 커패시턴스 C_{T2}를 계산하여 [표 13-2]에 기록하라.

5 멀티미터로 ⓐ~ⓑ의 전압 v_{ab}를 측정하여 [표 13-2]에 기록하라. 이때 멀티미터는 교류전압 측정모드로 설정하라.

6 멀티미터로 ⓑ~ⓒ의 전압 v_{bc}를 측정하여 [표 13-2]에 기록하라.

[표 13-2] 커패시터의 직렬 및 병렬연결

실험 과정	계산/측정 항목	계산/측정값
3	C_{T1}	(계산값)
4	C_{T2}	(계산값)
5	v_{ab}	(측정값)
6	v_{bc}	(측정값)

Tip [표 13-2]에서는 커패시터의 직렬 및 병렬연결을 실험하기 위해 전압 v_{ab}, v_{bc}를 측정한다. 이는 전체 커패시턴스 값에 따라 X_C가 변하는 원리를 이용한 것이다. v_{ab} 및 v_{bc}는 저항성의 X_C에 비례하므로 전압 측정만으로 전체 커패시턴스의 변화를 간단히 실험할 수 있다.

13.3.2 주파수에 따른 X_C의 변화

1 [그림 13-17]의 실험 회로를 구성하라. 저항 $R=1.2\,[\text{k}\Omega]$, 커패시터 $C=0.1\,[\mu\text{F}]$이다.

2 교류전원 v로 $20\,[\text{V}_{\text{PP}}]$, $1\,[\text{kHz}]$의 정현파를 인가하라.

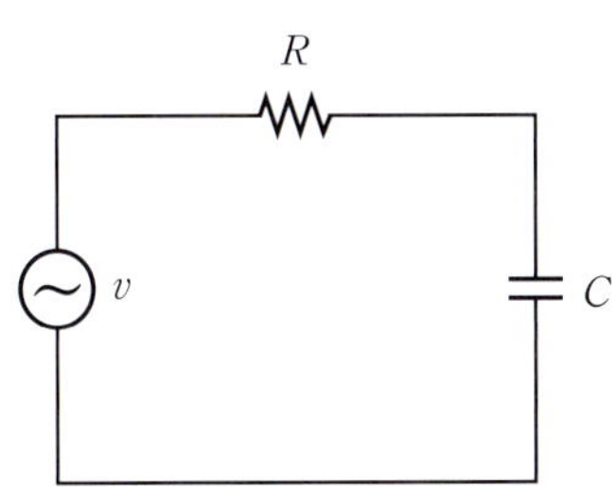

[그림 13-17] 실험 회로(X_C의 변화)

3 저항 전압 v_R과 커패시터 전압 v_C를 오실로스코프로 측정하여 [표 13-3]의 '1[kHz]'칸에 기록하라.

4 v의 주파수 f를 [표 13-3]과 같이 바꾸면서, v_R과 v_C를 측정하여 [표 13-3]에 기록하라.

5 [표 13-3]의 실험 결과를 이용하여 f에 따른 v_C의 변화를 [그림 13-18]에 그려라.

[표 13-3] 주파수에 따른 X_C의 변화

f	v_R	v_C
1 [kHz]		
3 [kHz]		
5 [kHz]		
7 [kHz]		
9 [kHz]		

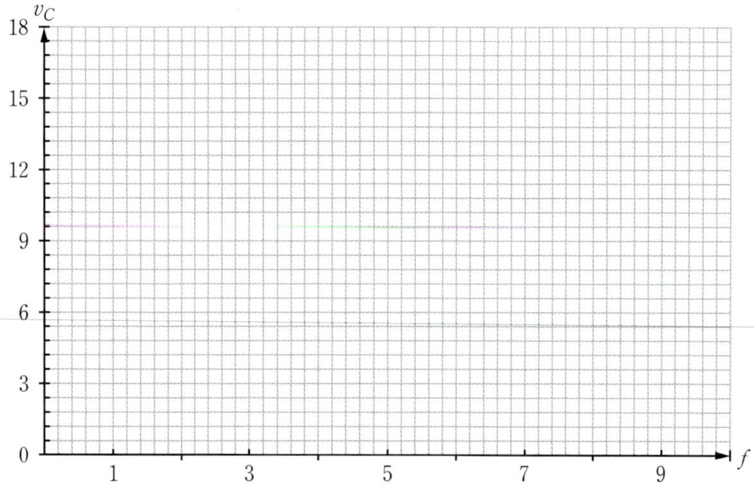

[그림 13-18] f에 따른 v_C의 변화

13.3.3 커패시턴스에 따른 X_C의 변화

1 [그림 13-17]의 실험 회로를 그대로 사용한다.

2 저항 전압 v_R과 커패시터 전압 v_C를 한 번 더 측정하여 [표 13-4]의 '0.1[μF]'칸에 기록하라.

3 커패시터를 [표 13-4]와 같이 바꾸면서, v_R과 v_C를 측정하여 표에 기록하라.

[표 13-4] 커패시턴스에 따른 X_C의 변화

C	v_R	v_C
0.1[μF]		
0.22[μF]		
0.47[μF]		
1[μF]		

Tip [표 13-3]과 [표 13-4]에서는 X_C의 변화를 실험하기 위해 커패시터 전압 v_C를 측정한다. 이는 v_C가 X_C에 비례한다는 점에 근거한 것이다.

13.3.4 시정수 측정

1 [그림 13-19]의 실험 회로를 구성하라. 저항 $R = 1[\text{k}\Omega]$, 커패시터 $C = 0.1[\mu\text{F}]$이다.

2 교류전원 v로 $10[\text{V}_{\text{PP}}]$, $700[\text{Hz}]$의 구형파를 인가하라.

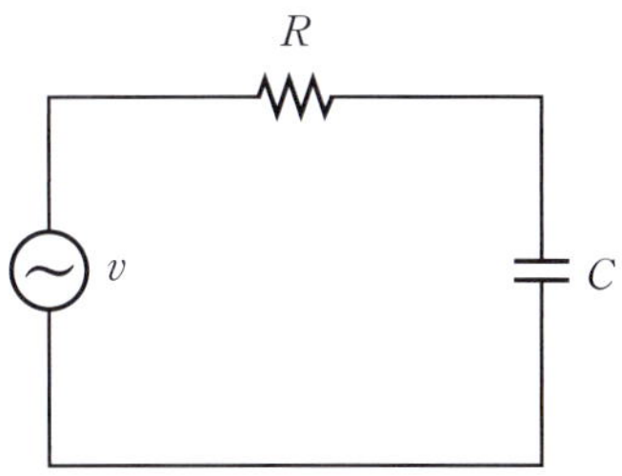

[그림 13-19] 실험 회로(시정수 측정)

실험 동영상

3 오실로스코프로 v_C를 측정하여 [표 13-5]에 기록하라. 이때 '$0.632 \times v_C$'도 계산하여 표에 기록하라.

4 오실로스코프의 커서 기능으로 시정수 τ를 측정하여 [표 13-5]에 기록하라(13.2.7절 참조).

5 커패시터를 $0.22[\mu\text{F}]$으로 바꾸고, 실험 과정 3 ~ 4 를 반복하라.

[표 13-5] RC 회로의 시정수 측정

실험 과정	v_C	$0.632 \times v_C$
3		
4	시정수 τ :	
5		
5	시정수 τ :	

13.4 PSpice 시뮬레이션

13.3.3절의 '커패시턴스에 따른 X_C의 변화'를 시뮬레이션해보자. 이를 시뮬레이션하려면 교류전원 'VSIN'과 변수 설정 부품 'PARAM'이 필요하다. 또한 'Parametric Sweep' 시뮬레이션 방법도 사용해야 한다.

교류전원 VSIN

이번 실험에서 다른 교류회로를 시뮬레이션하기 위해 'VSIN'이라는 교류전원을 사용한다. 'VSIN'도 다른 부품처럼 'Place Part' 도구모음을 이용하여 회로도면 편집기에 입력한다.[12] [그림 13-20]은 〈Place Part〉 설정창으로, ❶ 입력창에 'VSIN'을 입력하고 ❷를 클릭하여 부품을 찾는다. 그러면 ❸과 같이 부품 목록에 'VSIN'이 표시된다. ❹는 부품 기호이다.

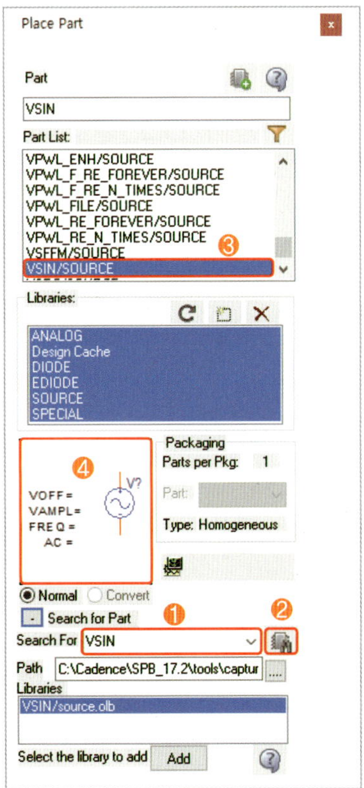

[그림 13-20] 교류전원 'VSIN' 입력하기

12 [그림 3-11]을 참조하라.

[그림 13-20]에서 'VSIN'의 부품 기호(④)에는 'VOFF ='과 같은 파라미터가 표시되어 있다. 각 파라미터의 설정 내용은 다음과 같으며, 다른 부품과 마찬가지로 더블클릭한 다음 설정값을 입력한다.

- VOFF : 오프셋(Offset) 전압 설정
- VAMPL : 진폭(Amplitude) 설정
- FREQ : 주파수(Frequency) 설정
- AC : AC 해석을 위한 파라미터(여기서는 사용하지 않음)

시뮬레이션 회로

[그림 13-21]은 시뮬레이션회로이다.[13] 회로에는 저항 R과 커패시터 C가 입력되어 있다. C의 부품값은 시뮬레이션을 위해 변수 '{Cvar}'로 바꾸었다. 또한 교류전원 'VSIN'과 변수 설정 부품 'PARAM[14]'도 입력되어 있다.

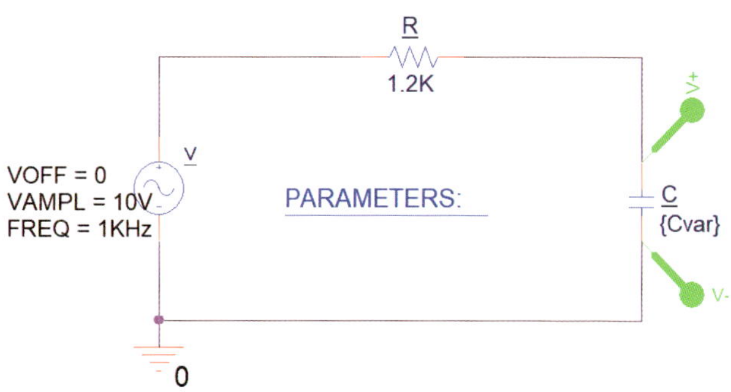

[그림 13-21] 시뮬레이션 회로

'VSIN'의 파라미터는 실험 회로([그림 13-17])의 조건에 맞춰 다음과 같이 설정한다.

- VOFF = 0 : 오프셋 전압이 필요하지 않으므로 0을 입력
- VAMPL = 10V : 20[V_{PP}]의 정현파 생성
- FREQ = 1kHz : 주파수를 1[kHz]로 설정
- AC = : 삭제(사용하지 않음)

다음으로 'PARAM'을 설정한다. 'PARAM'을 더블클릭하면 [그림 13-22]의 〈Property Editor〉 설정창이 나타난다. ❶ [New Property...] 버튼을 누르면 〈Add New Property〉 입력창이 나타난다. ❷ 'Name' 칸에 'Cvar'을 입력하고, ❸ 'Value' 칸에는 실험 회로의 부품값 '0.1uF'를 입력한다. 이렇게 하면 시뮬레이션 회로에 입력한 'Cvar'이 변수로 설정되며, 초깃값은 0.1[μF]이 된다. ❹ 입력 후 [OK] 버튼을 클릭하여 설정창을 닫는다.

13 [그림 13-17]의 실험 회로이다.

14 'VSIN'과 마찬가지로 'Place Part' 도구모음을 이용하여 입력한다(11.4절 참조).

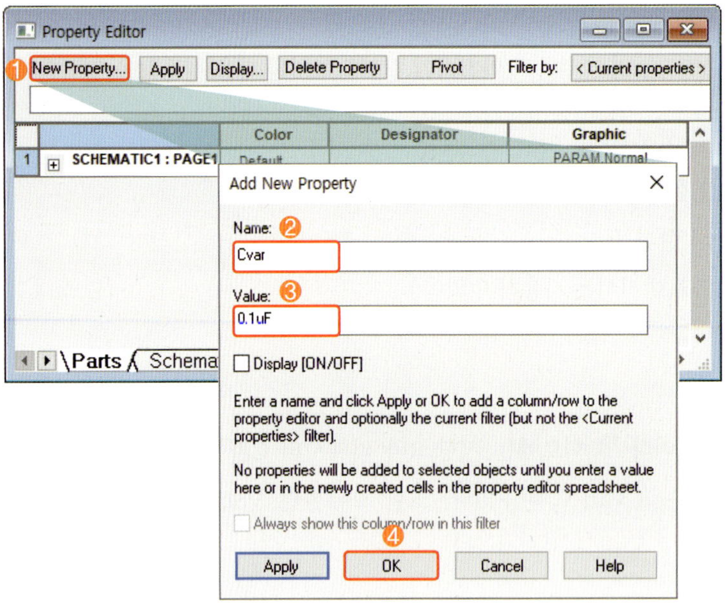

[그림 13-22] 'PARAM'의 설정

시뮬레이션 설정

시뮬레이션 설정은 [표 13-6]과 같으며, 여기에 맞춰 시뮬레이션을 설정한다.

[표 13-6] 시뮬레이션 설정

시뮬레이션 목적		커패시턴스(0.1 [μF], 0.22 [μF], 0.47 [μF], 1 [μF])에 따른 v_C의 변화 확인하기
대상 회로		[그림 13-17]의 실험 회로
시뮬레이션 설정	Analysis type	Time Domain(Transient)
	Options	Parametric Sweep
	Run to time	2 [ms]
교류전원(VSIN) 파라미터		VOFF = 0, VAMPL = 10V, FREQ = 1KHz (오프셋 전압 0, 20 [V_{PP}], 1 [kHz] 정현파 생성)

[그림 13-23]은 시뮬레이션 설정창이다. ❶ Analysis Type(해석 방법)으로 'Time Domain (Transient)'을 선택하고, ❷ Options(옵션)으로 'Parametric Sweep'을 선택한다. ❸ Sweep Variable(바꿀 변수)로 'Global parameter'를 선택한 다음 'Parameter name'에 변수 'Cvar'을 입력한다. 이어서 ❹ Sweep Type으로 'Value list'를 선택하고, [표 13-6]에 따라 '0.1uF, 0.22uF, 0.47uF, 0.1uF'의 부품값을 입력한다. 이렇게 하면 커패시터의 부품값이 차례로 바뀌면서 시뮬레이션이 실행된다. 다음으로 ❺ Options(옵션)에서 'General Settings'를 선택한 다음 'Run to time' 칸에 2[ms]를 입력한다.[15]

15 'General Settings'를 선택하면 'Run to time'이 화면에 표시된다.

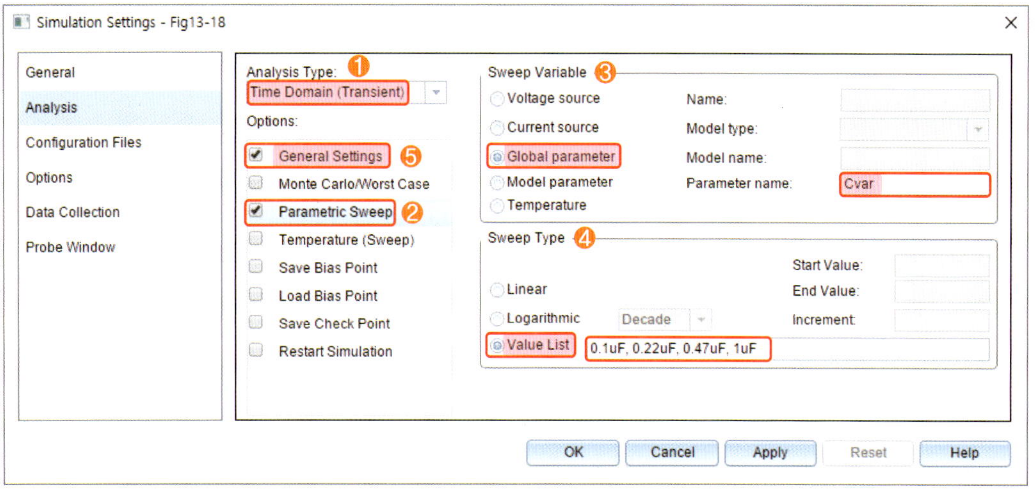

[그림 13-23] 시뮬레이션 설정

시뮬레이션 결과

[그림 13-24]는 시뮬레이션 결과로, 커패시터의 부품값(커패시턴스)이 클수록 커패시터 전압 v_C는 작아진다. 이는 식 (13.11)[16]에 나타낸 것처럼 용량성 리액턴스 X_C가 커패시턴스 C에 반비례하기 때문이다. 즉 커패시턴스 C가 커질수록 X_C의 저항값이 작아지고, 그에 따라 v_C도 작아진 것이다.

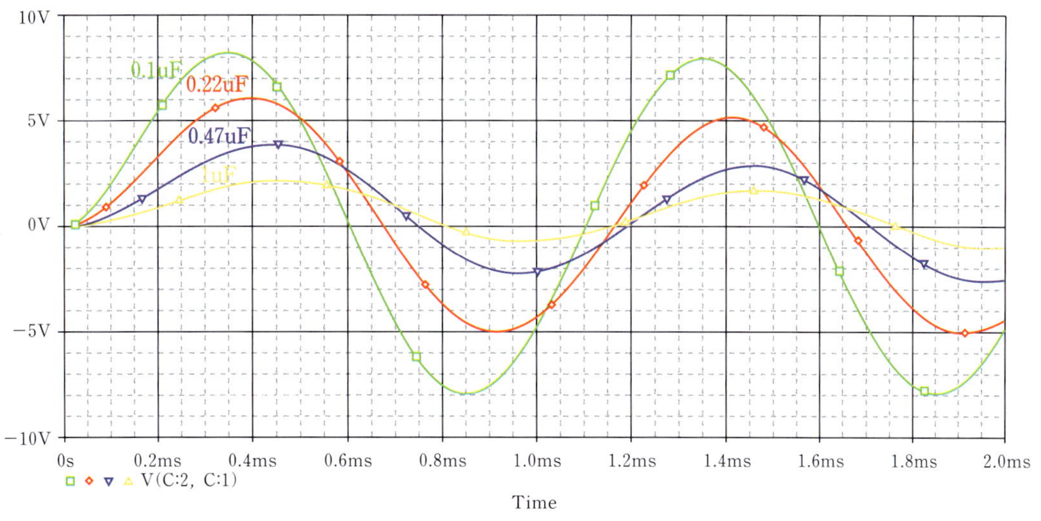

[그림 13-24] 시뮬레이션 결과

16 $X_C = \frac{1}{2\pi fC}$

시뮬레이션 결과 확인 및 라벨 붙이기

여기서 잠깐

시뮬레이션 결과 그래프 중 하나를 선택하여 마우스 오른쪽 버튼을 누르면 [그림 13-25]의 ❶과 같은 팝업 창이 나타난다. 여기에서 ❷의 'Trace Information'을 선택하면, ❸의 표시창이 나타난다. 표시창의 밑줄 친 부분 'Cvar = 100.0000E − 9'는 '100×10^{-9}'을 의미하며, 이는 '0.1 [μF]'을 나타낸다. 즉 선택한 그래프는 '0.1 [μF]'에 대한 시뮬레이션 결과이다.

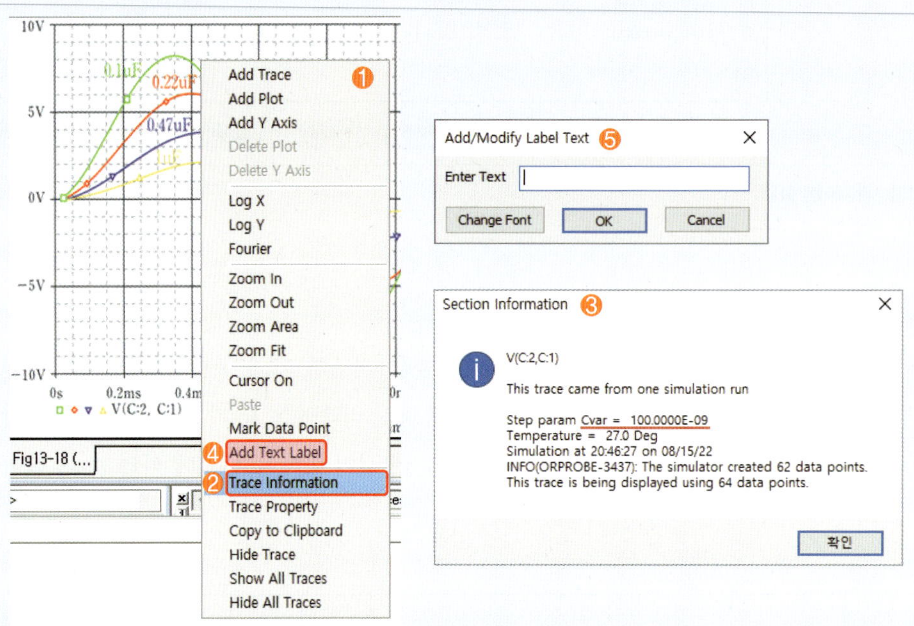

[그림 13-25] 시뮬레이션 결과 확인 및 라벨 붙이기

[그림 13-25]에서 ❹의 'Add Text Label'을 선택하면, ❺와 같은 입력창이 나타난다. 예를 들어, 입력창에 '0.1uF'를 입력하면, 그림과 같이 그래프에 라벨을 붙일 수 있다.

13.5 결과 검토

■ 실험

(1) [표 13-7]에 주어진 숫자코드가 나타내는 커패시턴스 값과 오차 범위를 표에 기록하라.

[표 13-7] 커패시턴스 값 읽기

숫자코드	커패시턴스 값	오차 범위
105C		
224K		
336F		
221G		

(2) [표 13-2]에서 v_{ab}와 v_{bc}의 값이 다르다면, 그 이유가 무엇인지 설명하라.

(3) [표 13-3]에서 주파수 f가 클수록 v_C가 증가(또는 감소)한다면, 그 이유가 무엇인지 설명하라.

(4) [표 13-4]에서 커패시턴스 C가 클수록 v_C가 증가(또는 감소)한다면, 그 이유가 무엇인지 설명하라.

(5) [그림 13-19]의 실험 회로에서 $C = 0.1[\mu\text{F}]$일 때 및 $C = 0.22[\mu\text{F}]$일 때의 시정수(이론값)를 각각 계산하라.

(6) 앞의 (5)에서 구한 이론값과 [표 13-5]의 측정값을 비교해보라.

■ PSpice 시뮬레이션

(1) [그림 13-17]의 실험 회로에서 교류전원 v의 주파수를 $1[\text{kHz}]$에서 $9[\text{kHz}]$로 바꿀 때, v_C의 변화를 시뮬레이션하라.[17]

17 주파수 응답을 시뮬레이션하려면, 교류전원으로 'Vac'를 사용하고, 시뮬레이션 조건 설정에서 'Analysis type'을 'AC Sweep/Noise'로 선택하면 된다. 상세한 설정 방법은 14.4절을 참조하라.

셀프 테스트

(1) 커패시턴스(정전용량) C는 유전율 ε 및 전극 면적 A에 (비례, 반비례)하고, 전극 간격 d에는 (비례, 반비례)한다.

(2) 다음 중에서 극성을 가시고 있는 커패시터는 무엇인가?

① 세라믹 커패시터 ② 마일러 커패시터

③ 전해 커패시터 ④ MLCC

(3) 다음 중에서 유전율이 큰 티탄산 바륨을 유전체로 사용하는 커패시터는 무엇인가?

① 세라믹 커패시터 ② 마일러 커패시터

③ 전해 커패시터 ④ 탄탈 커패시터

(4) '104K'가 나타내는 커패시턴스 값은 얼마인가?

① 0.01[μF]±10[%] ② 0.1[μF]±10[%]

③ 1[μF]±10[%] ④ 0.04[μF]±10[%]

(5) 커패시터를 직렬로 연결하면 전체 커패시턴스는 (커지고, 작아지고), 병렬로 연결하면 전체 커패시턴스는 (커진다, 작아진다).

(6) 커패시터 전류 i_C는 커패시터 전압 v_C보다 위상이 90° (빠르다, 늦다).

(7) 시정수 τ는 ( )와(과) 커패시턴스 C의 곱이다.

(8) 시정수가 크다는 것은 커패시터의 충전과 방전에 걸리는 시간이 (길다, 짧다)는 것을 의미한다.

(9) 커패시터가 나타내는 저항 특성을 일반적인 저항과 구별하여 ( ) 리액턴스라 한다.

(10) 커패시터에 직류전압을 인가하면 전류가 흐르지 않는다. 이 때문에 커패시터는 'DC Block'이라는 별명을 가지고 있다. (○, ×)

예비학습

(1) 인덕터의 구조에 대해 조사하라.

(2) 인덕터는 회로에서 어떤 용도로 사용되는지 조사하라.

(3) 유도성 리액턴스에 대해 조사하라.

실험 14

인덕터

14.1 실험 목표

- 인덕터의 종류와 특성을 설명할 수 있다.
- 인덕터를 직렬 및 병렬로 연결할 때의 특성 변화를 실험할 수 있다.
- 주파수 및 인덕터 용량에 따라 유도성 리액턴스가 어떻게 변하는지 실험할 수 있다.

14.2 기초 이론

인덕터의 구조와 종류를 살펴보고, 인덕턴스 값을 읽는 법을 알아본다. 또한 인덕터를 직렬 및 병렬로 연결할 때의 특성과 인덕터의 교류 특성을 살펴본다.

14.2.1 인덕터의 구조

인덕터(Inductor)는 구리선과 같은 도선을 나선 모양으로 감아서 만들며, 코일(Coil)이라고도 한다. 코일에 교류전류가 흐르면 자계(Magnetic Field)가 생긴다. 이 자계는 전류의 변화에 비례하며, 자계에 의해 전류의 흐름을 억제하는 역방향의 유도전압(역기전력)이 생긴다.[1] 다른 관점으로 인덕터는 교류전원의 에너지를 자계 및 유도전압의 형태로 저장하는 소자로 볼 수 있다.

인덕터가 유도전압을 생성하는 정도를 인덕턴스(Inductance)라고 한다. 인덕턴스는 L로 표시하며, 단위는 [H](헨리, Henry)이다. [H]는 인덕터에 적용하기에는 단위가 너무 커서[2] 주로 [mH] (10^{-3}[H])가 사용된다.

1 이를 전자기유도(Electromagnetic Induction)라 한다.

2 전류가 1초당 1[A]의 비율로 변할 때, 1[V]의 유도전압이 생성되는 인덕터의 용량(인덕턴스)을 1[H]로 정의한다.

[그림 14-1]은 인덕터의 구조로, 나선형으로 감긴 코일의 안쪽에 코어(Core)가 놓여 있다. 코어로는 투자율[3]이 큰 자성 재료가 주로 쓰인다. 그림에서 l은 코일의 길이이고, N은 코일의 권수(감은 횟수), A는 코어의 단면적이다.

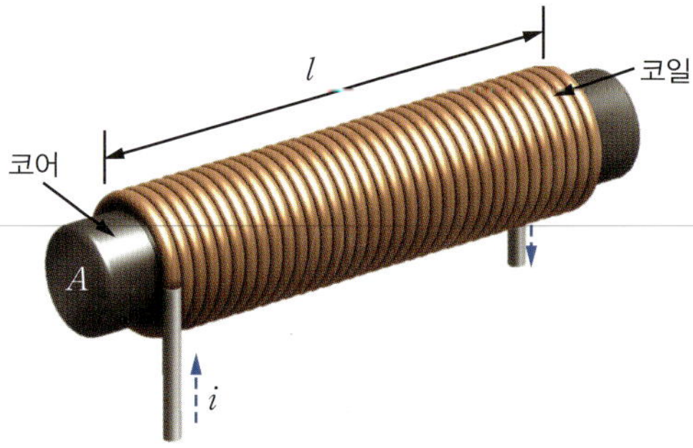

[그림 14-1] 인덕터의 구조

[그림 14-1]에서 인덕턴스 L은 식 (14.1)과 같이 나타낼 수 있다. 식에서 μ는 코어의 투자율이다. 이 식으로부터 인덕턴스 L에 가장 큰 영향을 미치는 것은 코일의 권수 N임을 알 수 있다.

$$L = \frac{\mu A N^2}{l} \tag{14.1}$$

전자기 유도현상에 의해 인덕터에 유기되는 유도전압 v_L은 인덕턴스 L 및 시간에 대한 전류의 변화율 $\frac{di}{dt}$에 비례하며, 전류 변화를 억제하는 역기전력이므로 식 (14.2)로 나타낼 수 있다.

$$v_L = -L\frac{di}{dt} \tag{14.2}$$

14.2.2 인덕터의 종류

■ 코어에 따른 구분

인덕터는 [그림 14-2]와 같이 코어의 종류에 따라 공심 인덕터(Air Core Inductor), 철심 인덕터(Iron Core Inductor), 자심 인덕터(Magnetic Core Inductor) 등으로 구분한다.

(a) 공심 인덕터 (b) 철심 인덕터 (c) 자심 인덕터

[그림 14-2] 코어의 종류에 따른 인덕터

3 자계를 끌어당겨 통과시키는 정도를 나타내는 상수로, 물질마다 고유의 값을 가지고 있다.

공심 인덕터는 단순하게 코일만을 감은 것으로, 코일을 길게 감아도 큰 인덕턴스를 얻기 어렵고, 오히려 저항만 커지는 단점이 있다. 이러한 문제점을 개선하기 위해 철이나 자성체를 코어로 사용하는 철심 인덕터와 자심 인덕터가 만들어졌다.

철심 인덕터는 주파수가 높아지면 철심 코어가 코일로 작용하여 생기는 손실 때문에 특성이 떨어진다. 자심 인덕터는 이러한 손실이 발생하지 않아 특성이 우수하므로 가장 많이 사용된다. 자심 코어로는 금속산화물 분말을 압축 성형한 페라이트(Ferrite)가 주로 사용된다.

■ 권선법에 따른 구분

[그림 14-3]은 권선법에 따른 인덕터로, 솔레노이드(Solenoid)형과 토로이달(Toroidal)형이 있다. 솔레노이드형은 나선형으로 도선을 감은 일반적인 인덕터이고, 토로이달형은 코일을 원형으로 감은 인덕터이다. 토로이달형은 누설자속이 적어 소형으로 큰 인덕턴스를 얻을 수 있는 장점이 있다.

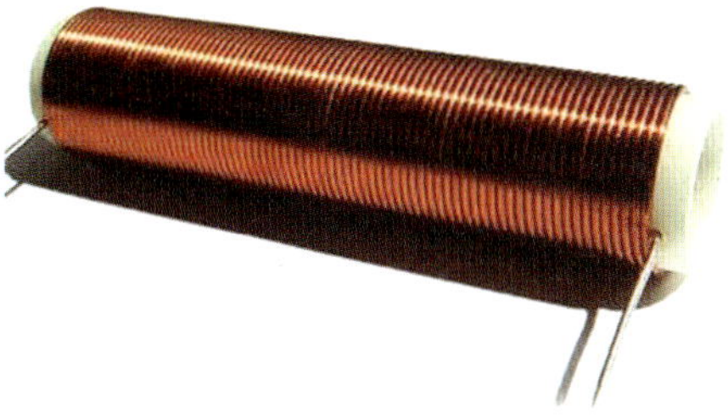

(a) 솔레노이드형 인덕터

(b) 토로이달형 인덕터

[그림 14-3] 권선법에 따른 인덕터

■ 축 인덕터와 방사형 인덕터

[그림 14-4]는 축(Axial Lead) 인덕터와 방사형(Radial Lead) 인덕터이다. 축 인덕터는 일자형 리드선을 가지고 있어 저항과 혼동하기 쉬우며, 저항과 비슷하게 컬러코드로 인덕턴스를 표시한다. 방사형 인덕터는 원통형 보빈(Bobbin)[4]에 코일을 감아 만든 것으로, 그림과 같이 코일을 노출시키거나 패키지로 감싸는 등 다양한 형태를 가지고 있다.

(a) 축 인덕터

(b) 방사형 인덕터

[그림 14-4] 축 인덕터와 방사형 인덕터

4 코일을 감는 원통형 틀을 말하며, 자성체나 플라스틱, 세라믹 등의 소재로 만든다.

■ **가변형 인덕터와 칩 인덕터**

[그림 14-5]는 가변형 인덕터와 칩 인덕터이다. 가변형 인덕터는 나사 모양의 코어를 가지고 있으며, 나사를 돌려 코어를 아래위로 움직임으로써 손쉽게 인덕턴스 값을 바꿀 수 있다. 칩 인덕터는 표면실장이 가능한 평면형 단자를 가진 인덕터로, 기판에서 차지하는 공간을 줄일 수 있다는 장점이 있다.

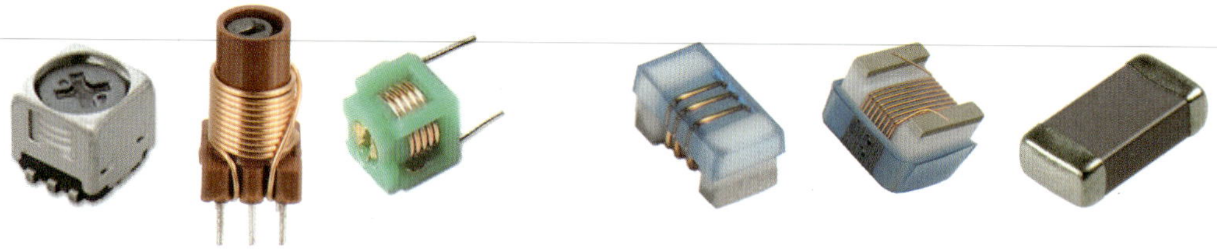

(a) 가변형 인덕터 (b) 칩 인덕터

[그림 14-5] 가변형 인덕터와 칩 인덕터

14.2.3 인덕턴스 값을 읽는 법

축 인덕터는 저항에 적용한 컬러코드[5]를 이용해 인덕턴스를 표시한다. 저항과 마찬가지로 앞의 2개의 컬러코드는 숫자 값을, 세 번째는 10의 승수, 네 번째는 오차를 나타낸다. 이때 단위는 [μH]이다.

(a) 축 인덕터 (b) 방사형 및 칩 인덕터

[그림 14-6] 인덕턴스 값을 읽는 법

[그림 14-6(a)]에 보인 축 인덕터의 컬러코드는 '등등갈은'이며, 이 규칙에 따라 인덕턴스 값을 읽으면 다음과 같다.

$$\text{등등갈은} : [33 \times 10^1] \pm 10[\%] = 330[\mu\text{H}] \pm 10[\%]$$

5 [표 1-1]을 참조하라.

[그림 14-6(b)]에 보인 방사형 및 칩 인덕터에 표시된 숫자코드는 앞의 두 자리는 숫자 값, 세 번째 자리는 10의 승수이다. 이 규칙에 따라 인덕턴스 값을 읽으면 다음과 같다. 마찬가지로 단위는 [μH]이다.

$$473 = [47 \times 10^3] = 47000\,[\mu\text{H}] = 47\,[\text{mH}]$$
$$101\,\text{K} = [10 \times 10^1] \pm 10\,[\%] = 100\,[\mu\text{H}] \pm 10\,[\%]$$
$$470 = [47 \times 10^0] = 47\,[\mu\text{H}]$$

'101K'에서 'K'는 오차 범위를 나타내며, [표 14-1]를 참조하면 'K'는 '±10[%]'이다.

[표 14-1] 오차 범위(인덕터)

문자	오차 범위	문자	오차 범위
B	±0.15[nH]	F	±1[%]
C	±0.2[nH]	J	±5[%]
S	±0.3[nH]	K	±10[%]
D	±0.5[nH]	M	±20[%]

인덕터의 회로 심벌

여기서 잠깐

[그림 14-7]은 인덕터의 회로 심벌이다. 왼쪽은 일반적인 인덕터의 회로 심벌이고, 오른쪽은 가변형 인덕터의 회로 심벌이다.

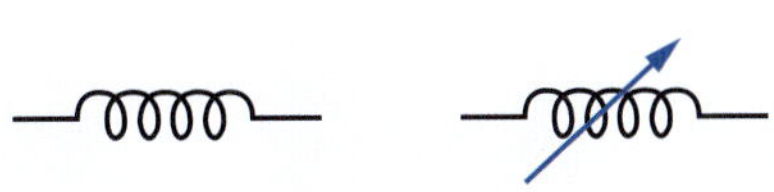

[그림 14-7] 인덕터의 회로 심벌

14.2.4 인덕터의 직렬연결

[그림 14-8]은 n개의 인덕터를 직렬로 연결하고 교류전원 v를 인가한 모습이다. 여기에서 전체 인덕턴스 L_T를 구해보자.

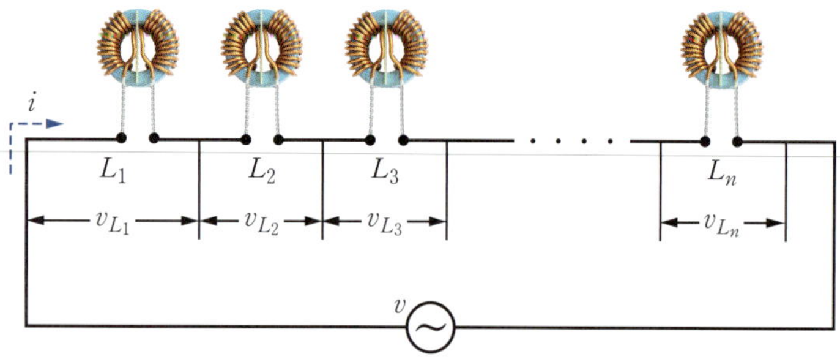

[그림 14-8] 인덕터의 직렬연결

[그림 14-8]에서 교류전원 v는 각 인덕터 전압의 합이다. 따라서 인가전압 v는 식 (14.3)과 같이 나타낼 수 있다.

$$v = v_{L_1} + v_{L_2} + v_{L_3} + \cdots + v_{L_n} \tag{14.3}$$

식 (14.2)에서 $v_L = L\dfrac{di}{dt}$이고, 인덕터들이 직렬로 연결되어 같은 전류 i가 흐르므로 식 (14.3)을 식 (14.4)로 바꿀 수 있다.

$$\begin{aligned} v &= L_1\frac{di}{dt} + L_2\frac{di}{dt} + L_3\frac{di}{dt} + \cdots + L_n\frac{di}{dt} \\ &= (L_1 + L_2 + L_3 + \cdots + L_n)\frac{di}{dt} \end{aligned} \tag{14.4}$$

식 (14.2)와 식 (14.4)를 비교해보면, 식 (14.5)와 같이 L_T를 구할 수 있다. 이 식은 여러 개의 인덕터를 직렬로 연결할수록 L_T가 증가함을 보여준다.

$$L_T = L_1 + L_2 + L_3 + \cdots + L_n \tag{14.5}$$

14.2.5 인덕터의 병렬연결

[그림 14-9]는 n개의 인덕터를 병렬로 연결하고 교류전원 v를 인가한 모습이다. 여기에서 전체 인덕턴스 L_T를 구해보자.

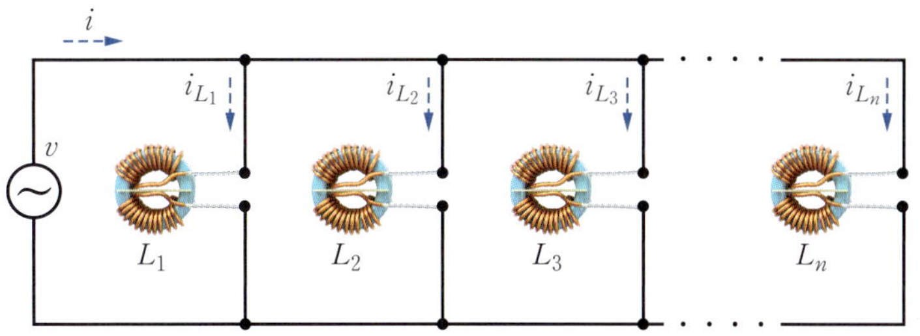

[그림 14-9] 인덕터의 병렬연결

인덕터를 병렬로 연결했으므로 전체 전류 i는 각 인덕터 전류의 합이다. 따라서 식 (14.6)과 같이 나타낼 수 있다.

$$i = i_{L_1} + i_{L_2} + i_{L_3} + \cdots + i_{L_n} \tag{14.6}$$

식 (14.6)의 양변을 시간 t에 대해 미분하면 식 (14.7)이 된다.

$$\frac{di}{dt} = \frac{di_{L_1}}{dt} + \frac{di_{L_2}}{dt} + \frac{di_{L_3}}{dt} + \cdots + \frac{di_{L_n}}{dt} \tag{14.7}$$

인덕터들이 병렬로 연결되어 있으므로 인덕터 전압 $v_L = v$이고, 식 (14.2)에서 $\frac{di}{dt} = \frac{v_L}{L}$이므로 식 (14.7)을 식 (14.8)과 같이 바꿀 수 있다.

$$\begin{aligned} \frac{di}{dt} &= \frac{v}{L_1} + \frac{v}{L_2} + \frac{v}{L_3} + \cdots + \frac{v}{L_n} \\ &= \left(\frac{1}{L_1} + \frac{1}{L_2} + \frac{1}{L_3} + \cdots + \frac{1}{L_n}\right)v \end{aligned} \tag{14.8}$$

식 (14.2)와 식 (14.8)을 비교해보면, 전체 인덕턴스 L_T는 식 (14.9)로 나타낼 수 있다.

$$L_T = \frac{1}{\frac{1}{L_1} + \frac{1}{L_2} + \frac{1}{L_3} + \cdots + \frac{1}{L_n}} \tag{14.9}$$

식 (14.9)에 의하면 L_T는 각 인덕턴스 역수를 더한 다음, 다시 역수를 취해야 한다. 이는 인덕터를 병렬로 연결할수록 L_T가 감소함을 보여준다.

14.2.6 인덕터의 교류 특성

인덕터는 [실험 13]에서 다룬 커패시터와 마찬가지로, 직류신호와 교류신호에 대해 다른 특성을 나타낸다. 인덕터의 특성은 대부분 커패시터와 반대라고 생각하면 기억하기 쉽다.

인덕터에 직류전압을 인가하는 경우를 생각해보자. 직류는 시간에 따라 전류가 변하지 않으므로 식 (14.2)를 참고하면, $V_L=0$이 된다. 즉 인덕터에 직류전압을 인가하면, 인덕터는 도선과 같은 상태가 되어 전압이 걸리지 않는다. 이는 직류는 인덕터에 의해 아무런 방해도 받지 않음을 뜻한다. 인덕터에 교류전압을 인가하면, 전류가 시간에 따라 변하므로 식 (14.2)에 나타낸 유도전압 v_L이 생긴다.

전류-전압 위상차

[그림 14-10]은 인덕터에 교류전압을 인가할 때 인덕터 전압 v_L과 인덕터 전류 i_L의 파형으로, i_L이 v_L보다 위상이 90° 늦다.[6]

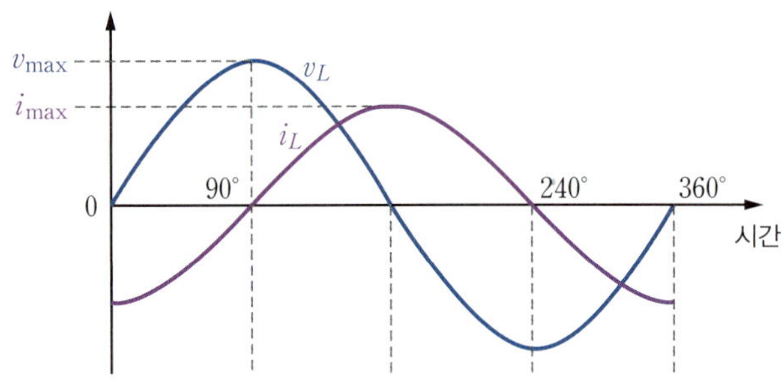

[그림 14-10] 인덕터의 전류-전압 위상차

[그림 14-10]을 페이저도로 나타내면 [그림 14-11]과 같다. 위상이 90° 빠른 v_L을 세로축에 표시했다.

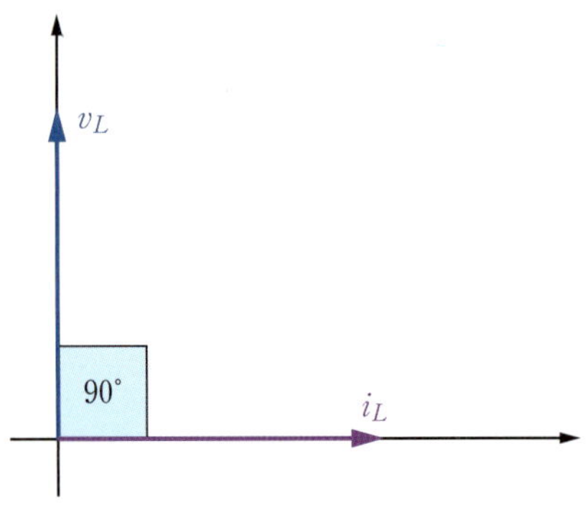

[그림 14-11] 인덕터의 전류-전압 페이저도

---

6 커패시터의 경우는 i_C가 v_C보다 위상이 90° 빠르다.

유도성 리액턴스

인덕터는 '**전류의 급격한 변화를 억제**'하는 저항성을 가지고 있다. 이를 유도성 리액턴스(Inductive Reactance)라 한다. 유도성 리액턴스는 X_L로 표시하며, 커패시터의 용량성 리액턴스와 마찬가지로 단위는 [Ω]이다. 이러한 인덕터의 리액턴스 X_L 때문에 인덕터에 유도전압 v_L이 생긴다.

X_L은 식 (14.10)으로 주어지며, 식에서 ω는 각속도, f는 주파수이다.

$$X_L = \omega L = 2\pi f L \tag{14.10}$$

식 (14.10)을 이용해 직류와 교류에 대한 X_L의 변화를 살펴보자.

■ 직류의 경우

직류는 주파수 $f=0$이므로 $X_L = 0$[Ω]이 된다. 즉 인덕터는 직류에 대해 저항이 0인 도선이 된다.

■ 교류의 경우

교류의 경우 주파수 $f \neq 0$이므로 X_L은 f에 비례하여 증가한다.

[그림 14-12]는 f에 따른 X_L과 인덕터 전류 i_L의 변화이다. f가 증가함에 따라 X_L도 증가하며, i_L은 반대로 감소한다. 이러한 특성은 [그림 13-12]에 보인 커패시터의 경우와는 반대이다.

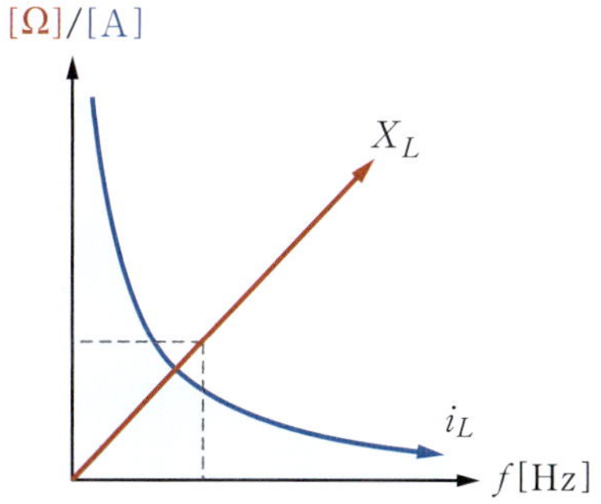

[그림 14-12] 주파수 f에 따른 X_L과 i_L의 변화

인덕터의 시정수

인덕터 전류 i_L은 역방향 유도전압 때문에 그 흐름이 방해를 받는다.[7] 이 때문에 인덕터의 시정수는 전류의 증가와 감소를 기준으로 정의한다. [그림 14-13]은 인덕터의 시정수를 보여준다.

인덕터의 시정수는 i_L이 최댓값의 63.2[%]까지 증가하는 데 걸리는 시간 또는 최댓값의 36.8[%]로 감소할 때까지의 시간으로 정의된다.

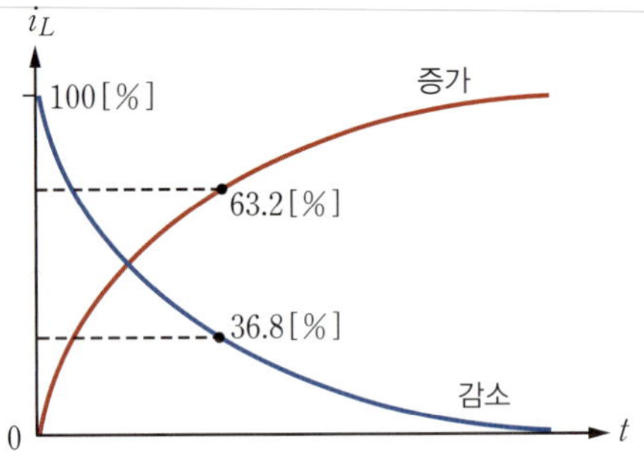

[그림 14-13] 시정수의 정의(인덕터)

인덕터의 시정수 τ는 식 (14.11)과 같이 인덕턴스 L에 비례하고, 저항 R에는 반비례한다.

$$\tau = \frac{L}{R} \tag{14.11}$$

τ가 크다는 것은 인덕터 전류 i_L이 최댓값에 이르는 데 걸리는 시간이 길다는 것으로, 이는 전류의 흐름을 방해하는 유도전압이 크다는 것을 나타낸다.[8] 한편, τ가 저항에 반비례하는 이유는 저항이 클수록 전류가 줄면서 전류의 시간당 변화율이 줄고, 그에 따라 유도전압이 감소하여 시정수가 작아지기 때문이다.

7 이 때문에 인덕터 전류 i_L은 느리게 증가하고, 느리게 감소한다.

8 유도전압은 인덕턴스 L에 비례한다.

14.3 실험

【실습 장비】

실험 기기	오실로스코프	1대	
	멀티미터	1대	
	파형발생기	1대	
	브레드보드	1개	
회로 부품	저항	100[Ω], 1.2[kΩ]	각 1개
	인덕터	2.2[mH], 4[mH], 20[mH]	각 1개
		10[mH]	4개

14.3.1 인덕터의 직렬 및 병렬연결

1 [그림 14-14]의 실험 회로를 구성하라. 저항 $R=100[\Omega]$, 인덕터 $L_1 \sim L_4$는 모두 10[mH]이다.

2 교류전원 v로 20[V_{PP}], 1[kHz]의 정현파를 인가하라.

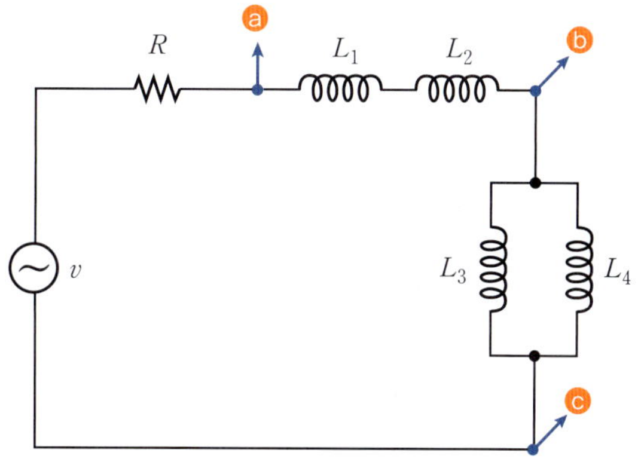

[그림 14-14] 실험 회로(인덕터의 직렬 및 병렬연결)

3 직렬로 연결된 L_1, L_2의 전체 인덕턴스 L_{T1}을 계산하여 [표 14-2]에 기록하라.

4 병렬로 연결된 L_3, L_4의 전체 인덕턴스 L_{T2}을 계산하여 [표 14-2]에 기록하라.

5 멀티미터로 ⓐ~ⓑ의 전압 v_{ab}를 측정하여 [표 14-2]에 기록하라. 이때 멀티미터는 교류전압 측정모드로 설정하라.

6 멀티미터로 ⓑ~ⓒ의 전압 v_{bc}를 측정하여 [표 14-2]에 기록하라.

[표 14-2] 인덕터의 직렬 및 병렬연결

실험 과정	계산/측정 항목	계산/측정값
3	L_{T1}	(계산값)
4	L_{T2}	(계산값)
5	v_{ab}	(측정값)
6	v_{bc}	(측정값)

Tip [표 14-2]에서는 인덕터의 직렬 및 병렬연결을 실험하기 위해 전압(v_{ab}, v_{bc})을 측정한다. 이는 전체 인덕턴스 값에 따라 X_L이 변하는 원리를 이용한 것이다. v_{ab} 및 v_{bc}는 저항성의 X_L에 비례하므로 전압 측정만으로 전체 인덕턴스의 변화를 간단히 실험할 수 있다.

14.3.2 주파수에 따른 X_L의 변화

1 [그림 14-15]의 실험 회로를 구성하라. 저항 $R = 1.2\,[\mathrm{k\Omega}]$, 인덕터 $L = 10\,[\mathrm{mH}]$이다.

2 교류전원 v로 $20\,[\mathrm{V_{PP}}]$, $1\,[\mathrm{kHz}]$의 정현파를 인가하라.

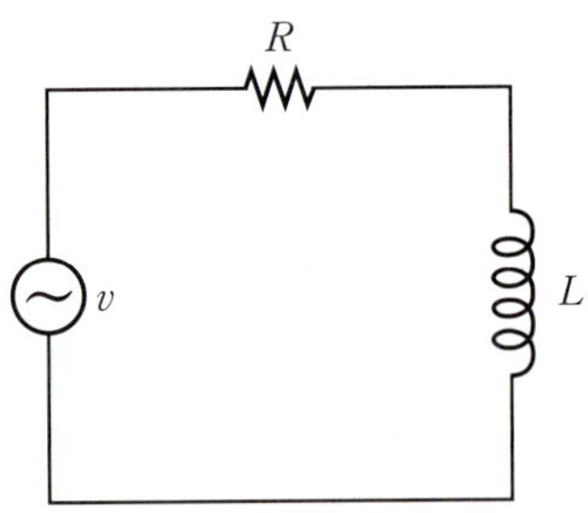

[그림 14-15] 실험 회로(리액턴스 X_L의 변화)

3 저항 전압 v_R과 인덕터 전압 v_L을 오실로스코프로 측정하여 [표 14-3]에 기록하라.

4 v의 주파수 f를 [표 14-3]과 같이 바꾸면서, v_R과 v_L을 측정하여 [표 14-3]에 기록하라.

5 [표 14-3]의 실험 결과를 이용하여 f에 따른 v_L의 변화를 [그림 14-16]에 그려라.

[표 14-3] 주파수에 따른 X_L의 변화

f	v_R	v_L
$1\,[\mathrm{kHz}]$		
$3\,[\mathrm{kHz}]$		
$5\,[\mathrm{kHz}]$		
$7\,[\mathrm{kHz}]$		
$9\,[\mathrm{kHz}]$		

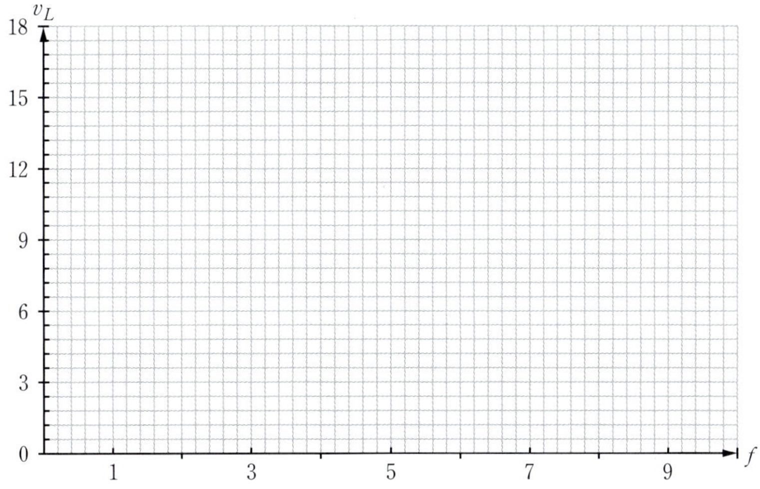

[그림 14-16] f에 따른 v_L의 변화

14.3.3 인덕턴스에 따른 X_L의 변화

1 [그림 14-15]의 실험 회로에서 L을 2.2[mH]로 바꾸어 연결하라.[9]

2 교류전원 v로 20[V_{PP}], 10[kHz]의 정현파를 인가하라.

3 저항 전압 v_R과 인덕터 전압 v_L을 오실로스코프로 측정하여 [표 14-4]에 기록하라.

4 인덕터를 [표 14-4]와 같이 바꾸면서, v_R과 v_L을 측정하여 [표 14-4]에 기록하라.

[표 14-4] 인덕턴스에 따른 X_L의 변화

L	v_R	v_L
2.2[mH]		
4[mH]		
10[mH]		
20[mH]		

Tip [표 14-3]과 [표 14-4]에서는 X_L의 변화를 실험하기 위해 인덕터 전압 v_L을 측정한다. 이는 v_L이 X_L에 비례한다는 점에 근거한 것이다.

9 R은 그대로 사용한다.

14.4 PSpice 시뮬레이션

14.3.2절의 '주파수에 따른 X_L의 변화'를 시뮬레이션해보자. 실험 회로는 [그림 14-15]이며, 주파수를 가변할 수 있는 교류전원 'VAC'와 'AC Sweep/Noise' 시뮬레이션 방법을 적용한다.

교류전원 VAC

다른 부품처럼 'Place Part' 도구모음을 이용하여 회로도면 편집기에 입력한다.[10] [그림 14-17]은 〈Place Part〉 설정창으로 ❶ 입력창에 'VAC'를 입력하고 ❷를 클릭하여 부품을 찾는다. 그러면 ❸과 같이 부품 목록에 'VAC'가 표시된다. ❹는 부품 기호이다.

[그림 14-17] 교류전원 'VAC' 입력하기

[그림 14-17]에서 'VAC'의 부품 기호(❹)에는 '1Vac'와 같은 파라미터가 표시되어 있다. 각 파라미터의 설정 내용은 다음과 같으며, 다른 부품과 마찬가지로 더블클릭한 다음 설정값을 입력한다.

- 1Vac : 교류전압의 크기 설정(기준값 1)
- 0Vdc : 교류에 더할 직류전압(DC Level) 설정(기준값 0)

10 [그림 3-11]을 참조하라.

시뮬레이션 설정

시뮬레이션 설정은 [표 14-5]와 같으며, 여기에 맞춰 시뮬레이션을 설정한다.

[표 14-5] 시뮬레이션 설정

시뮬레이션 목적		주파수(1[kHz] ~ 9[kHz])에 따른 인덕터 전압 v_L의 변화 확인하기
대상 회로		[그림 14-15]의 실험 회로
시뮬레이션 설정	Analysis type	AC Sweep/Noise
	Options	General Settings
	AC Sweep Type	Linear, Start Frequency(1[kHz]), End Frequency(9[kHz])
교류전원(VAC) 파라미터		20Vac, 0Vdc(직류 레벨 0인 20[V_{PP}] 정현파 생성, 주파수는 가변)

[그림 14-18]은 시뮬레이션 설정창이다. ❶ Analysis Type(해석 방법)으로 'AC Sweep/Noise'를 선택하고, ❷ Options(옵션)으로 'General Settings'를 선택한다. 이어서 ❸ AC Sweep Type에서는 주파수를 어떻게 바꿀지 설정한다. 이를 위해 'Linear'를 선택하고, 실험 조건에 맞춰 주파수의 가변 범위(Start Frequency, End Frequency)를 '1KHz'와 '9KHz'로 입력한다. 'Total Points'에는 시뮬레이션의 정밀도를 지정하며, '100'을 입력한다.

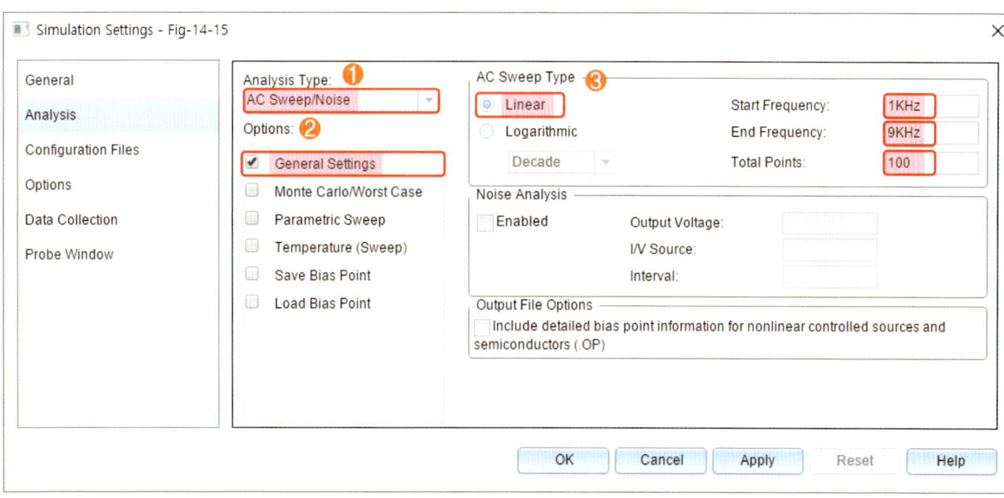

[그림 14-18] 시뮬레이션 설정

시뮬레이션 회로

[그림 14-19]는 시뮬레이션 회로이다. 실험 회로와 [표 14-5]의 설정에 맞춰 교류전원 VAC를 설정하였다. 또한 인덕터 전압 v_L의 변화를 살펴보기 위해 인덕터 L에 전압 측정 프로브를 붙였다.

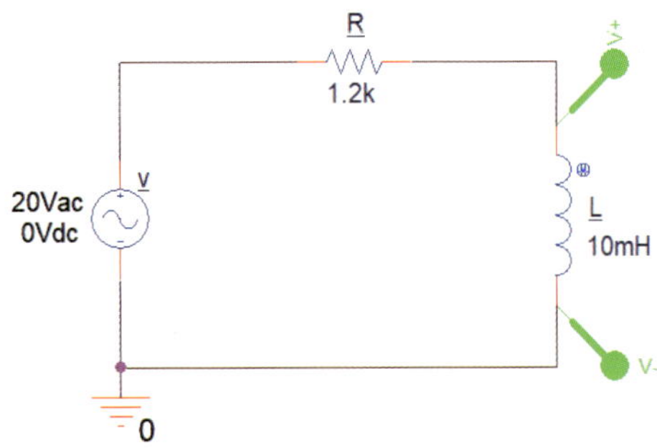

[그림 14-19] 시뮬레이션 회로

시뮬레이션 결과

[그림 14-20]은 시뮬레이션 결과로, 주파수(Frequency)가 1KHz로부터 9KHz까지 증가함에 따라 인덕터 전압 v_L이 비례하면서 증가하고 있다.[11]

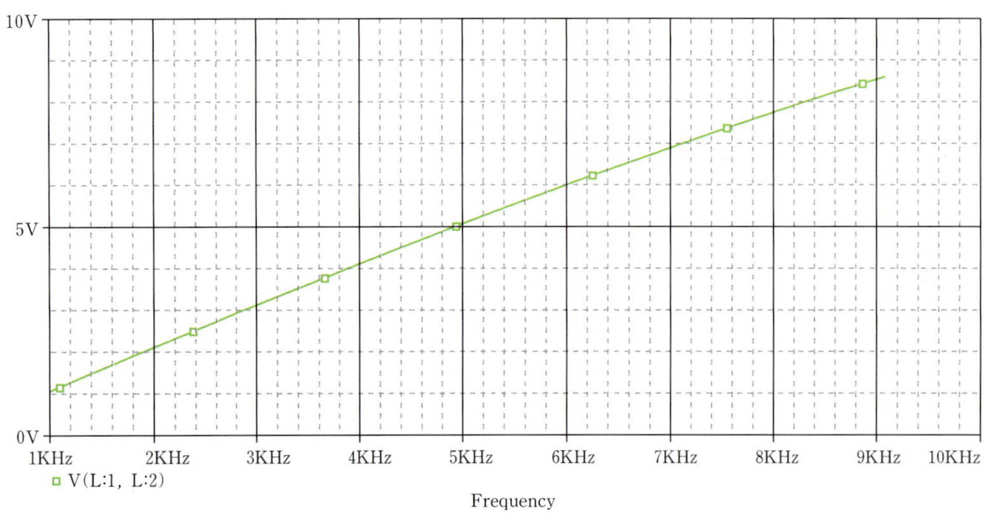

[그림 14-20] 시뮬레이션 결과

11 식 (14.10)을 참조하라.

14.5 결과 검토

■ 실험

(1) [표 14-6]에 주어진 숫자코드(컬러코드)에 따른 인덕턴스 값과 오차 범위를 표에 기록하라.

[표 14-6] 인덕턴스 값 읽기

숫자코드(컬러코드)	인덕턴스 값	오차 범위
222J		
402K		
갈흑등금		
330K		

(2) [표 14-2]에서 v_{ab}와 v_{bc}의 크기가 다르다면, 그 이유가 무엇인지 설명하라.

(3) [표 14-2]에서 $\frac{v_{ab}}{v_{bc}}$를 계산해보라. 그 값이 인덕턴스 비율 $\frac{L_{T1}}{L_{T2}}$의 값과 비슷하다면, 그 이유가 무엇인지 설명하라.

(4) [표 14-3]에서 주파수 f가 클수록 v_L이 증가(또는 감소)한다면, 그 이유가 무엇인지 설명하라.

(5) [표 14-4]에서 인덕턴스 L이 클수록 v_L이 증가(또는 감소)한다면, 그 이유가 무엇인지 설명하라.

■ PSpice 시뮬레이션

(1) [그림 14-15]의 실험 회로에서 인덕터를 2.2[mH], 4[mH], 10[mH], 20[mH]로 바꿀 때 v_L의 변화를 시뮬레이션하라.[12]

12 [실험 13]의 13.4절을 참조하라.

셀프 테스트

(1) 인덕터의 유도전압은 교류전류의 흐름을 (돕는다, 억제한다).

(2) 인덕터는 자계 및 유도전압의 형태로 에너지를 저장하는 소자이다. (○, ×)

(3) 다음 중에서 인덕턴스 L에 가장 큰 영향을 미치는 요소는 무엇인가?

① 코어의 단면적 A ② 코일의 권수 N ③ 코일의 길이 l ④ 투자율 μ

(4) 다음 중에서 가장 많이 사용되는 인덕터의 종류는 무엇인가?

① 공심 인덕터 ② 철심 인덕터 ③ 자심 인덕터

(5) 숫자코드로 인덕턴스 값을 읽을 때 기본 단위는 다음 중 무엇인가?

① [mH] ② [μH] ③ [nH] ④ [H]

(6) 인덕터를 직렬로 연결하면 전체 인덕턴스는 (커지고, 작아지고), 병렬로 연결하면 전체 인덕턴스는 (커진다, 작아진다).

(7) 인덕터는 직류신호를 차단하는 특징이 커패시터와 같다. (○, ×)

(8) 인덕터 전류 i_L은 인덕터 전압 v_L보다 위상이 90° (빠르다, 늦다).

(9) 인덕터의 시정수 τ는 인덕턴스 L에 (비례, 반비례)하고, 저항 R에 (비례, 반비례)한다.

(10) 인덕터가 나타내는 고유의 저항 특성을 (   ) 리액턴스라 하며, X_L로 표시한다.

예비학습

(1) 커패시터에 저장되는 전기 에너지에 대해 조사하라.

(2) 인덕터에 저장되는 전기 에너지에 대해 조사하라.

(3) 홀 센서에 대해 조사하라.

실험 15

커패시터와 인덕터의 전기 에너지 저장

15.1 실험 목표

- 커패시터에 저장되는 전기 에너지를 설명할 수 있다.
- 커패시턴스에 따른 전기 에너지의 변화를 실험할 수 있다.
- 인덕터에 저장되는 전기 에너지를 설명할 수 있다.
- 인덕턴스에 따른 전기 에너지의 변화를 실험할 수 있다.

15.2 기초 이론

커패시터와 인덕터는 전기 에너지를 저장하는 소자로서의 특성도 가지고 있다. 커패시터는 자신의 양쪽 전극에 (+)와 (−)의 전하를 대전시킴으로써 전기장(Electric Field, 전계)의 형태로 전기 에너지를 저장한다. 인덕터는 교류전류에 대응하여 생기는 자기장(Magnetic Field, 자계)의 형태로 전기 에너지를 저장한다. 이번 실험에서는 전기 에너지의 저장소자로서 커패시터와 인덕터의 특성을 알아본다.

15.2.1 커패시터의 에너지

커패시터에 전압을 인가하면 커패시터 전극으로 전하가 이동하여 충전되고, 그 결과 대전된 전하에 의해 전극 사이에 전계가 발생한다.

[그림 15−1]은 충전 전후의 커패시터이다. 충전 전의 커패시터 전극에는 전하가 없다. 스위치(S)를 닫아 커패시터에 직류전원을 공급하면, 전극에 (+)와 (−) 전하가 대전되면서 충전이 이루어진다. 직류전원일 때는 충전되는 잠깐 동안만 전류가 흐르고 충전이 끝나면 전류는 흐르지 않는다. 반면에 교류전원일 때는 충전과 방전이 반복되면서 교류전류가 계속 흐른다. 커패시터에 충전되는 전하량 $Q=CV$로 주어진다.[1]

1 식 (13.2)를 참고하라.

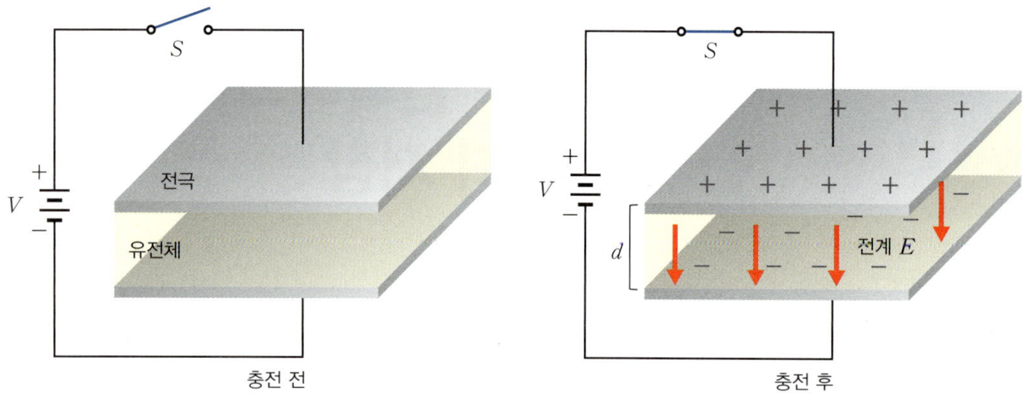

[그림 15-1] 커패시터의 충전과 전계의 발생

커패시터가 충전되면 [그림 15-1]에 나타낸 것처럼 대전된 전하에 의해 전계 E가 발생한다. 전계 E는 식 (15.1)로 주어지며, 식에서 $S[\mathrm{m}^2]$는 전극의 면적이고, ε은 유전체의 유전율이다.

$$E = \frac{Q}{\varepsilon S}\,[\mathrm{V/m}] \tag{15.1}$$

전압 V는 '1[C]의 전하를 이동시킬 때 필요한 에너지'로 정의된다. 따라서 전하량 Q[C]으로 충전된 커패시터에 저장된 전기 에너지 W는 식 (15.2)로 나타낼 수 있다.

$$W = QV \tag{15.2}$$

다음으로 커패시터가 충전될 때의 에너지를 살펴보자. 충전 중에는 전하량과 에너지가 변하므로 식 (15.2)를 식 (15.3)과 같이 미분으로 나타낼 수 있다.

$$dW = VdQ \tag{15.3}$$

커패시터가 충전될 때 에너지는 $0 \rightarrow W$로 증가하므로, 식 (15.3)의 양변을 적분하고 $V = \frac{Q}{C}$를 대입하면, 식 (15.4)와 같이 커패시터에 저장되는 전기 에너지 W[2]를 구할 수 있다.

$$\int_0^w dW = W, \quad \int VdQ = \int \frac{Q}{C}\,dQ = \frac{Q^2}{2C}$$

$$W = \frac{Q^2}{2C} \tag{15.4}$$

식 (15.4)에 $Q = CV$를 적용하면, 식 (15.5)와 같이 W를 여러 형태로 나타낼 수 있다. 이 식에서 커패시터에 저장되는 에너지 W는 커패시턴스 C 및 전압 V의 제곱에 비례함을 알 수 있다.

$$W = \frac{Q^2}{2C} = \frac{QV}{2} = \frac{CV^2}{2} \tag{15.5}$$

2 단위는 [J]이다.

15.2.2 인덕터의 에너지

인덕터는 전류의 흐름을 억제하는 방향으로 유도전압(역기전력)이 생기는 특성을 가진다. [그림 15-2]는 인덕터에 교류전류가 흐를 때 생기는 자계(Magnetic Field)와 그에 따른 유도전압이다. 유도전압의 방향은 전류와 반대이며, 이를 통해 전류의 흐름을 억제한다. 유도전압은 시간에 따른 전류의 변화가 급할수록(교류신호의 주파수가 높을수록) 커진다.[3]

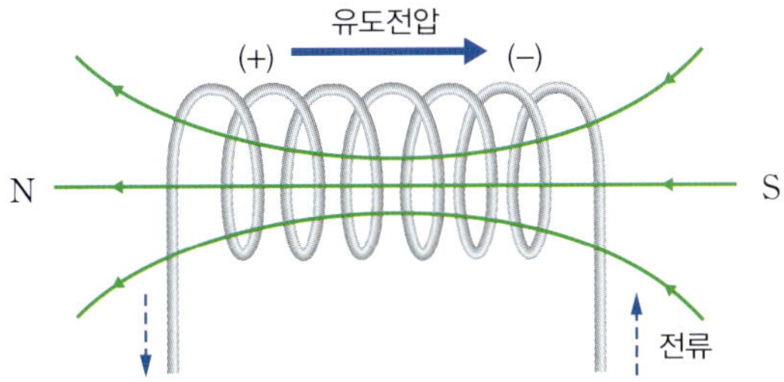

[그림 15-2] 인덕터에 생기는 자계와 역기전력

인덕터는 앞에서 설명한 것처럼 자기장(Magnetic Field)의 형태로 전기 에너지를 저장한다. 인덕터에 저장되는 전기 에너지 W를 구해보자.

먼저 인덕터에 교류전류 i가 흐를 때 생기는 유도전압을 v라 하면, 인덕터에서 소비되는 전력[4] P는 식 (15.6)과 같다.

$$P = vi \tag{15.6}$$

식 (15.6)에 유도전압의 식 (14.2)를 대입하면, 식 (15.7)을 얻는다.

$$P = Li\frac{di}{dt} \tag{15.7}$$

식 (15.7)의 양변을 각각 적분하면, 식 (15.8)과 같이 W[5]를 구할 수 있다.[6] 식 (15.8)에서 인덕터에 저장되는 전기 에너지 W는 인덕턴스 L 및 전류 i의 제곱에 비례함을 알 수 있다.

$$\int P\,dt = W, \quad \int\left(Li\frac{di}{dt}\right)dt = L\int i\,di = \frac{1}{2}Li^2$$

$$W = \frac{1}{2}Li^2 \tag{15.8}$$

3 식 (14.2)를 참고하라.

4 전원을 기준으로 하면 소비 전력이지만, 인덕터 기준으로는 저장되는 에너지이다.

5 커패시터의 에너지와 마찬가지로 단위는 [J]이다.

6 전력 P를 시간 t에 대해 적분하면 에너지 W가 된다.

15.2.3 홀 센서

홀 센서(Hall Sensor)는 [그림 15-3]과 같이 홀 효과를 이용하여 자계의 세기와 방향을 측정하는 소자이다. 그림을 보면 자계에 의해 도체 안쪽을 이동하는 (−)의 전자들이 힘[7]을 받아 한쪽으로 모이고, 반대쪽에는 (+)의 전하들이 남게 된다. 그 결과 전위차(전압)가 생기게 되며, 이를 홀 전압이라 한다.

홀 전압의 크기는 (같은 전류가 흐를 경우) 자계의 세기에 비례한다. 또한 홀 전압의 극성은 자계의 방향에 따라 바뀐다. 예를 들어, 그림에서는 자계가 아래쪽을 향하고 있으나 자계의 방향이 위쪽으로 바뀌면 전자가 받는 힘의 방향이 반대로 바뀌면서 홀 전압의 극성도 반대로 바뀐다. 이러한 홀 효과를 이용하여 자계의 세기와 방향을 측정하는 소자가 '홀 센서'이다.

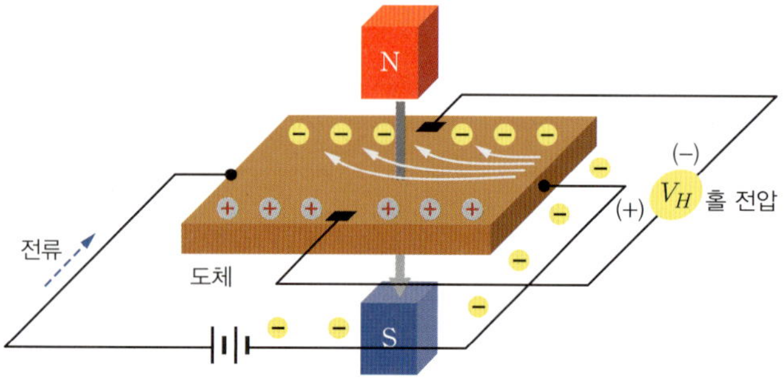

[그림 15-3] 홀 효과

홀 센서는 자계의 세기에 비례하는 전압신호를 출력하지만, 실험에 사용하는 인덕터는 자계가 약하므로 [그림 15-4]와 같은 홀 센서 모듈[8]을 사용하여 홀 전압의 변화를 측정한다.

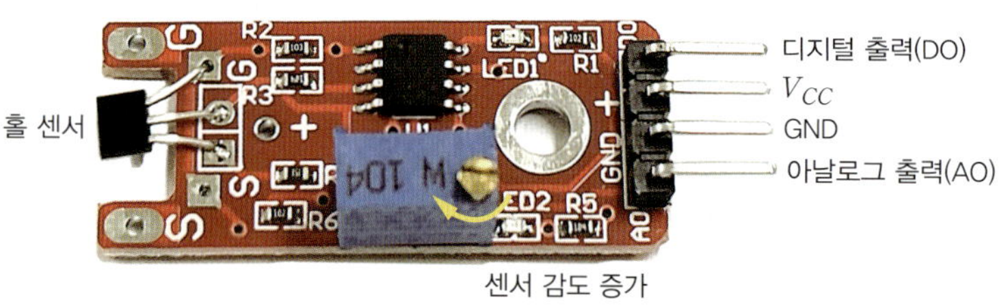

[그림 15-4] 홀 센서 모듈

[그림 15-4]의 홀 센서 모듈은 동작전압이 3.3~5[V]이고, '아날로그 출력' 및 '디지털 출력'을 가지고 있다. '아날로그 출력'은 기본적으로 $\frac{1}{2}V_{CC}$의 전압을 출력하며, 자계에 따라 전압이 증가하거나 감소한다.[9] 예를 들어, V_{CC}로 5[V]를 인가하고, 홀 센서에 자성체 'N극'을 가까이 하면 '아날로그 출력'은 2.5[V]로부터 (+)쪽으로 증가하고, 'S극'을 가까이 하면 (−)쪽으로 감소[10]한다. 한편, '디지털 출력'은 자계가 감지되면 5[V]를 출력하고, 감지되지 않으면 0[V]를 출력한다.

7 자계 속을 흐르는 전하(전자)가 받는 힘(자기력)의 크기와 방향은 플레밍의 왼손법칙으로 설명된다.
8 아두이노 코딩 실습에 사용되는 부품이다.
9 'https://www.electroschematics.com/linear-hall-sensor' 사이트를 참조하라.
10 강한 자계의 'S극'을 접촉시키면 0[V] 이하의 (−)전압을 나타낸다.

15.3 실험

【실습 장비】

실험 기기	직류전원 공급장치	1대	
	파형발생기	1대	
	멀티미터	1대	
	브레드보드	1개	
회로 부품	저항	1[kΩ]	1개
	LED	적색 또는 청색	1개
	커패시터	10[μF], 100[μF], 470[μF]	각 1개
	인덕터	1[mH], 4.5[mH], 10[mH]	각 1개
	홀 센서 모듈	센서 감도 조절 및 아날로그 출력이 가능한 것	1개

15.3.1 커패시터의 에너지

1 [그림 15-5]의 실험 회로를 구성하라. 저항 $R=1[\text{k}\Omega]$, 커패시터 $C=10[\mu\text{F}]$이다. D는 LED이다.

Tip C는 전해 커패시터이므로 연결할 때 극성에 유의하라.

2 직류전원 $V=10[\text{V}]$를 인가하라.

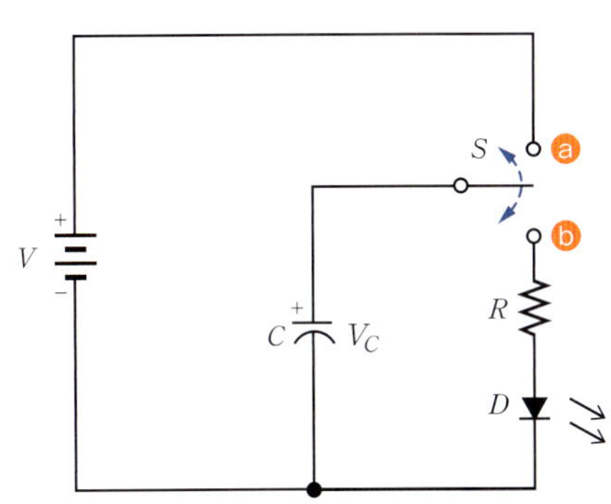

[그림 15-5] 실험 회로(커패시터의 에너지)

3 스위치(S)를 ⓐ로 설정하라(C 충전).

4 커패시터 C를 회로에서 떼어낸 다음 멀티미터로 커패시터 전압 V_C를 측정하여 [표 15-1]에 기록하라.

5 식 (15.5)로 C에 저장되는 에너지 W를 계산하여 [표 15-1]에 기록하라.

6 식 (13.10)으로 시정수 τ를 계산하여 [표 15-1]에 기록하라.

7 C를 회로에 연결하고, 스위치를 ⓐ로 설정하여 (다시) 충전하라.

8 스위치를 ⓑ로 설정하면서 LED의 점등 시간을 관찰하라.[11]

9 C를 100 [μF]으로 바꾼 후, 실험 과정 3 ~ 8 을 반복하라.

10 C를 470 [μF]으로 바꾼 후, 실험 과정 3 ~ 8 을 반복하라.

11 커패시터에 따른 LED 점등 시간을 비교하여 [표 15-1]에 표시하라.

[표 15-1] 커패시터의 에너지

C	V_C	W(계산값)	τ(계산값)	LED 점등 시간
10 [μF]				더 길다( ) 길다( ) 짧다( )
100 [μF]				더 길다( ) 길다( ) 짧다( )
470 [μF]				더 길다( ) 길다( ) 짧다( )

15.3.2 인덕터의 에너지

실험 동영상

1 [그림 15-6]의 실험 회로를 구성하라. 인덕터 $L = 1$[mH]이다.

2 교류전원 v로 20[V_{PP}], 1[kHz]의 정현파를 인가하라.

3 홀 센서 모듈의 V_{CC} 단자에 직류전원 $V = 5$[V]를 인가하라.

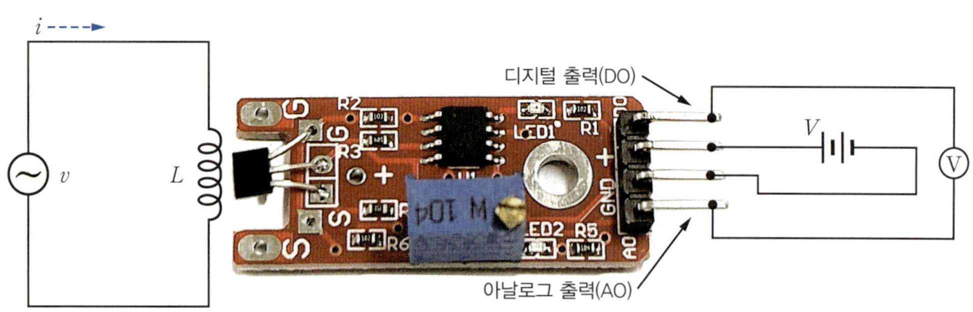

[그림 15-6] 실험 회로(인덕터의 에너지)

4 실험 회로의 전류 i를 멀티미터로 측정하여 [표 15-2]에 기록하라.

5 식 (15.8)로 인덕터 L에 저장되는 전기 에너지 W를 계산하여 [표 15-2]에 기록하라.

11 전하가 방전되는 동안 LED는 계속 점등되므로 점등 시간은 시정수보다 길다.

6 인덕터와 홀 센서가 떨어져 있는 상태에서 실험 회로의 전압 ⓥ를 측정하여 [표 15-2]에 기록하라.

7 인덕터 쪽으로 홀 센서를 움직이면서 전압 ⓥ의 변화를 관찰하라.

Tip 홀 센서와 인덕터가 가까워질수록 전압 ⓥ가 증가하는지 확인하면 된다.

8 홀 센서와 인덕터를 밀착시킨 상태에서 전압 ⓥ를 측정하여 [표 15-2]에 기록하라.

Tip 인덕터와 홀 센서의 근접도에 따라 측정값이 달라지므로, 인덕터를 바꾼 이후에도 가능한 한 같은 밀착 상태를 유지하라.

9 L을 4.5[mH]로 바꾼 후, 실험 과정 **4** ~ **8** 을 반복하라.

10 L을 10[mH]로 바꾼 후, 실험 과정 **4** ~ **8** 을 반복하라.

[표 15-2] 인덕터의 에너지

L	i	W (계산값)	ⓥ (L 밀착 전)	ⓥ (L 밀착 시)
1 [mH]				
4.5 [mH]				
10 [mH]				

전압 ⓥ의 측정

여기서 잠깐

실험에 사용한 홀 센서 모듈은 '아날로그 출력'으로 $\frac{1}{2}V_{CC}$ 의 전압을 출력하며, 자계에 따라 전압이 증가하거나 감소한다. 그런데 실험에서 다루는 인덕터는 영구자석 등에 비하면 자계가 매우 약하기 때문에 '아날로그 출력'의 전압 변화도 매우 작다. 예를 들어, V_{CC}로 5[V]를 인가하고 '아날로그 출력'의 전압을 측정해보면, 인덕턴스에 따라 수 [mV] 정도의 전압 변화만이 나타난다. 이것으로는 자계 에너지의 변화를 측정하기 어렵기 때문에, 실험에서는 '아날로그 출력(AO)'과 '디지털 출력(DO)' 사이의 전압 ⓥ를 측정했다. 이렇게 하면 인덕턴스에 따라 [V] 단위의 전압 변화가 관찰된다.

실험 따라하기

인덕터의 에너지([그림 15-6])

1 실험에 사용할 인덕터를 확인한다.

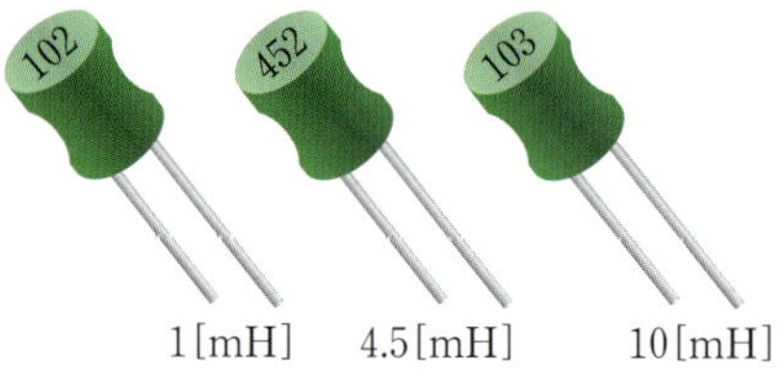

2 홀 센서 모듈을 움직여 인덕터와 밀착시키기 위해 다음과 같이 홀 센서 모듈의 단자에 연결선을 납땜한다.

3 다음과 같이 [그림 15-6]의 실험 회로를 구성한다. 인덕터(1 [mH])에는 파형발생기로 20 [V_{PP}], 1 [kHz]의 정현파를 인가한다. 홀 센서의 모듈 V_{CC} 단자와 GND 단자 사이에 직류전원 공급장치로 5 [V]를 인가한다.

멀티미터로 전류 i를 측정하여 [표 15-2]에 기록한다. 이어서 그림과 같이 홀 센서 모듈을 인덕터에 밀착시키고 아날로그 출력(AO)과 디지털 출력(DO) 사이의 전압 ⓥ를 측정한다.

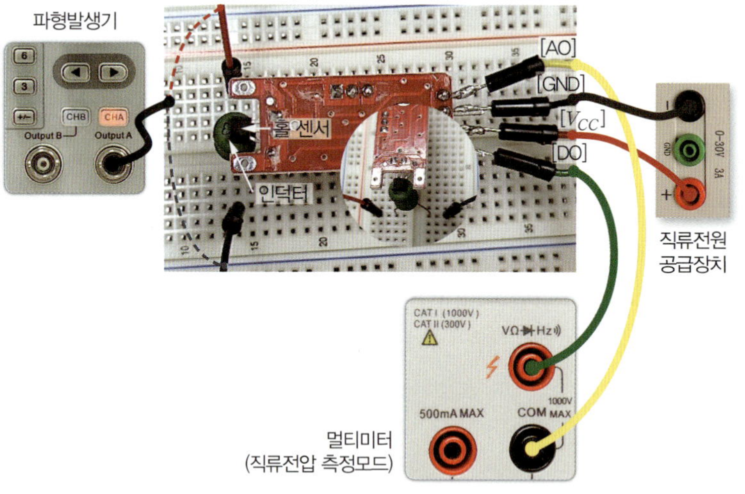

인덕터를 4.5 [mH], 10 [mH]로 바꾸면서 전류 i 및 홀 센서 모듈을 인덕터에 밀착시킬 때의 전압 ⓥ를 측정한다.

15.4 결과 검토

(1) [표 15-1]에서 V_C의 전압값을 확인하라. 만일 전압값이 일정하다면 그 이유를 설명하라.

(2) [표 15-1]에서 커패시터 C에 따라 커패시터의 에너지 W가 어떻게 변하는지 설명하라.

(3) [표 15-1]에서 LED의 점등 시간이 시정수와 어떤 관련이 있는지 설명하라.

(4) [표 15-1]에서 LED의 점등 시간이 커패시터의 전기 에너지 W와 어떤 관련이 있는지 설명하라.

(5) [표 15-2]에서 인덕터 L에 따라 전류 i의 값이 증가하거나 감소한다면, 그 이유가 무엇인지 설명하라.

(6) [표 15-2]에서 L에 따라 인덕터의 전기 에너지 W가 어떻게 변하는지 설명하라.

(7) [표 15-2]에서 L에 따라 'L 밀착 시'의 전압 ⓥ가 어떻게 변화하는지 설명하라.

셀프 테스트

(1) 커패시터는 (전기장, 자기장)의 형태로 에너지를 저장한다.

(2) 인덕터는 (전기장, 자기장)의 형태로 에너지를 저장한다.

(3) 커패시터에 직류전원을 연결하면 충전되는 잠깐 동안만 전류가 흐른다. (○, ×)

(4) 다음 중에서 커패시터의 에너지 W를 나타내는 식이 아닌 것은 무엇인가?

① $W = \dfrac{Q^2}{2C}$ ② $W = \dfrac{QV}{2}$ ③ $W = \dfrac{QV}{2C}$ ④ $W = \dfrac{CV^2}{2}$

(5) 인덕터에 교류전류가 흐를 때 생기는 유도전압에 대한 설명으로 틀린 것은 무엇인가?

① 전류의 변화를 억제한다. ② 전류와 방향이 반대이다.

③ 전류가 빠르게 변할수록 커진다. ④ 교류신호의 주파수가 높을수록 작아진다.

(6) 다음 중에서 인덕터의 에너지 W를 나타내는 식은 무엇인가?

① $W = \dfrac{1}{2}Li^2$ ② $W = \dfrac{1}{2}Li$ ③ $W = Li^2$ ④ $W = Li$

(7) 홀 센서를 이용하면 자계의 세기와 방향을 모두 알 수 있다. (○, ×)

예비학습

(1) 휘스톤 브리지에 대해 조사하라.

실험 16

휘스톤 브리지

16.1 실험 목표

- 휘스톤 브리지로 저항을 측정하는 원리를 설명하고, 실험할 수 있다.
- 휘스톤 브리지로 커패시터와 인덕터를 측정하는 원리를 설명하고, 실험할 수 있다.
- 휘스톤 브리지로 구성하는 센서를 설명하고, 실험할 수 있다.

16.2 기초 이론

휘스톤 브리지(Wheatstone Bridge)는 1843년에 찰스 휘스톤(Charles Wheatstone)이 새뮤얼 헌터 크리스티(Samuel Hunter Christie)가 고안한 저항 측정법[1]을 개선하여 만든 저항 측정 장치이다. 이 장치는 4개의 저항을 다리(Bridge) 모양으로 연결했기 때문에 이름에 '브리지'라는 단어가 붙었다. 휘스톤은 발표 당시 브리지 장치가 크리스티의 고안을 개선한 것임을 밝혔으나, 실용적인 장치를 만들어낸 휘스톤의 이름을 붙여 '휘스톤 브리지'라 부르고 있다. 휘스톤 브리지는 저항은 물론 커패시턴스와 인덕턴스도 정확하게 측정할 수 있다.

16.2.1 휘스톤 브리지의 원리

[그림 16-1]은 휘스톤 브리지의 원리를 보여준다. 그림에서 R_1과 R_2는 고정저항이고 R_3는 가변저항이다. R_X는 값을 측정할 미지의 저항이다. 단자 A-B 사이에는 미세 전류를 검출하는 검류계(G, Galvanometer)가 연결되어 있다.

휘스톤 브리지는 가변저항 R_3를 조절하여 단자 A-B 사이를 흐르는 전류, 즉 검류계의 전류가 0이 되는 평형 상태(Balanced Condition)를 만들어 미지의 저항을 측정한다.[2]

1 1883년에 발표된 두께가 다른 도선의 저항을 비교하는 방법으로, 당시에는 과학자들의 주목을 받지 못했다.

2 다른 방법으로, 단자 A-B 사이에 전압계를 연결하고 전압을 0으로 만들어도 된다.

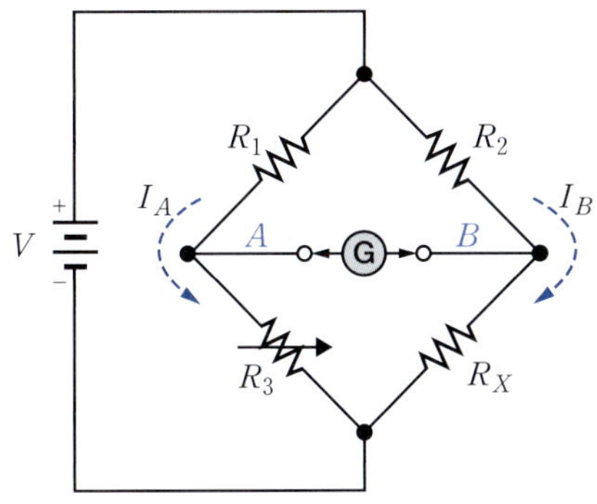

[그림 16-1] 휘스톤 브리지의 원리

휘스톤 브리지는 평형 상태를 만들어 저항을 측정하므로 일반적인 저항계보다 정밀하게 저항을 측정할 수 있다는 점이 특징이다.

평형 상태에서는 단자 A−B 사이에 전류가 흐르지 않으므로 R_1과 R_3에는 같은 전류가 흐르며, 이를 I_A로 표시했다. 마찬가지로 R_2와 R_X에도 같은 전류가 흐르며, 이는 I_B로 표시했다.

단자 A−B 사이에 전류가 흐르지 않는 것은 단자 A−B 사이에 전위차가 없기 때문이므로 R_1과 R_2에 걸리는 전압 V_{R_1}과 V_{R_2}는 서로 같다. 마찬가지로 R_3와 R_X에 걸리는 전압 V_{R_3}와 V_{R_X}도 서로 같다. 이를 식 (16.1)에 나타냈다.

$$V_{R_1} = V_{R_2},\quad V_{R_3} = V_{R_X} \tag{16.1}$$

식 (16.1)로부터 식 (16.2)가 성립한다.

$$\frac{V_{R_1}}{V_{R_3}} = \frac{V_{R_2}}{V_{R_X}} \tag{16.2}$$

식 (16.2)에 옴의 법칙을 적용하면 식 (16.3)으로 바꿀 수 있으며, 이 식을 정리하여 식 (16.4)와 같이 R_X를 구할 수 있다.

$$\frac{I_A R_1}{I_A R_3} = \frac{I_B R_2}{I_B R_X} \tag{16.3}$$

$$R_X = \left(\frac{R_2}{R_1}\right) R_3 \tag{16.4}$$

휘스톤 브리지를 평형 상태로 만들어준 가변저항 R_3의 값을 측정하면 식 (16.4)로부터 R_X의 값을 알아낼 수 있다.

[그림 16-2]는 계측기로 만들어진 휘스톤 브리지이다. 그림에서 ❶이 검류계이고, ❷는 미지의 저항 R_X를 연결하기 위한 단자이다. 나머지 다이얼들은 평형 상태를 만들기 위해 저항값을 세밀하게 조절하기 위한 저항 박스(Resistor Box)이다.[3] ❸은 배율기(Multiplier)로 R_X의 저항값이 아래쪽 4개의 다이얼($\times 1000\Omega \sim \times 1\Omega$)로 설정 가능한 저항값 범위를 벗어나는 경우에 사용한다. 이 휘스톤 브리지는 $10^{-3} \sim 10^3$ 범위로 배율을 설정할 수 있다.

예를 들어, '4개의 다이얼'로 설정한 R_3 저항값이 123[Ω]이고, 배율을 '10^{-1}'으로 할 때 평형 상태가 만들어졌다면 R_X는 '$123 \times 0.1 = 12.3\Omega$'이 된다. 이로부터 휘스톤 브리지를 사용하면 보다 세밀하게 저항값을 측정할 수 있음을 알 수 있다.

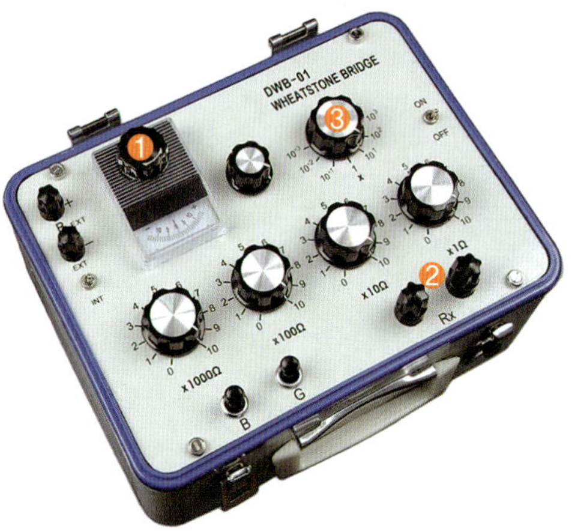

[그림 16-2] 휘스톤 브리지(계측기)

16.2.2 커패시턴스 측정

[그림 16-3]은 커패시턴스를 측정하기 위한 휘스톤 브리지이다. 저항 대신에 용량을 알고 있는 커패시터 C_1과 용량을 측정하려는 커패시터 C_X가 연결되어 있으며, 교류전원 v가 연결되어 있다. 이 경우에는 가변저항 R_2를 조절하여 평형 상태를 만든다.

[그림 16-3]의 휘스톤 브리지가 평형 상태가 되면, 식 (16.2)와 마찬가지로 식 (16.5)가 성립한다.

$$\frac{V_{R_1}}{V_{C_1}} = \frac{V_{R_2}}{V_{C_X}} \qquad (16.5)$$

3 [그림 16-1]의 가변저항 R_3에 해당된다.

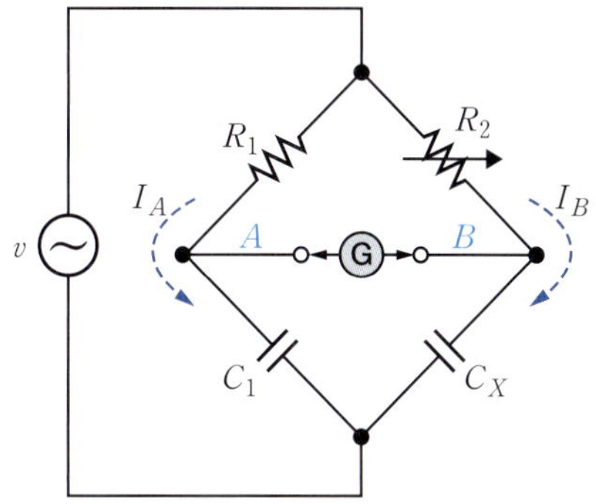

[그림 16-3] 커패시턴스 측정을 위한 휘스톤 브리지

커패시터의 용량성 리액턴스 $X_C = \dfrac{1}{\omega C}$과 옴의 법칙을 적용하면, 식 (16.5)를 식 (16.6)과 같이 나타낼 수 있다.

$$\frac{I_A R_1}{I_A \dfrac{1}{\omega C_1}} = \frac{I_B R_2}{I_B \dfrac{1}{\omega C_X}} \tag{16.6}$$

식 (16.6)을 정리하면 식 (16.7)이 되며, 이로부터 식 (16.8)과 같이 C_X를 구할 수 있다.

$$R_1 \omega C_1 = R_2 \omega C_X \tag{16.7}$$

$$C_X = \left(\frac{R_1}{R_2}\right) C_1 \tag{16.8}$$

16.2.3 인덕턴스 측정

[그림 16-4]는 인덕턴스를 측정하기 위한 휘스톤 브리지이다. 저항 대신에 용량을 알고 있는 인덕터 L_1과 용량을 측정하려는 인덕터 L_X가 연결되어 있다. 이 경우에도 가변저항 R_2를 조절하여 평형 상태를 만든다.

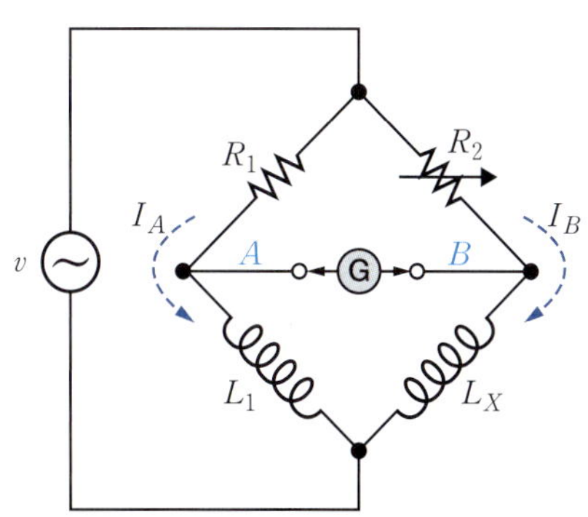

[그림 16-4] 인덕턴스 측정을 위한 휘스톤 브리지

[그림 16-4]의 휘스톤 브리지가 평형 상태가 되면, 식 (16.2)와 마찬가지로 식 (16.9)가 성립한다.

$$\frac{V_{R_1}}{V_{L_1}} = \frac{V_{R_2}}{V_{L_X}} \tag{16.9}$$

인덕터의 유도성 리액턴스 $X_L = \omega L$과 옴의 법칙을 적용하면, 식 (16.9)를 식 (16.10)과 같이 나타낼 수 있다.

$$\frac{I_A R_1}{I_A \omega L_1} = \frac{I_B R_2}{I_B \omega L_X} \tag{16.10}$$

식 (16.10)을 정리하여 식 (16.11)과 같이 L_X를 구할 수 있다.

$$L_X = \left(\frac{R_2}{R_1}\right) L_1 \tag{16.11}$$

16.2.4 휘스톤 브리지의 활용

휘스톤 브리지는 트랜스듀서(Transducer)[4]를 덧붙여 온도, 압력과 같은 물리량을 측정하는 센서로도 많이 활용된다. [그림 16-5]는 휘스톤 브리지의 활용 예로, 이 경우 단자 A-B에서는 전류 대신에 전압 V_o를 측정한다. 그림에서 R_T는 온도에 따라 저항값이 변하는 트랜스듀서[5]이다.

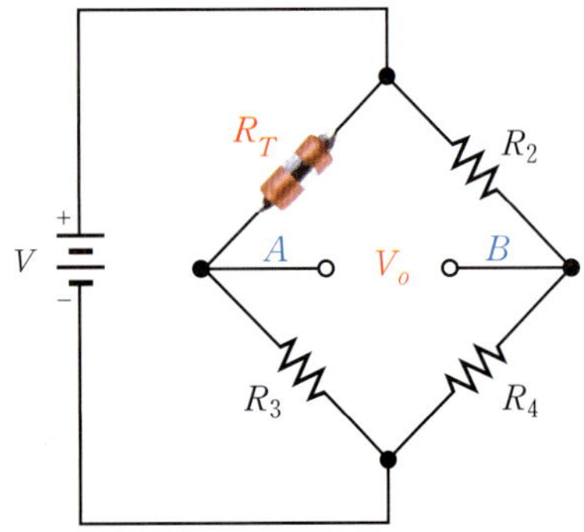

[그림 16-5] 휘스톤 브리지의 활용 예

상온인 25[°C]에서 R_T가 1[kΩ]의 저항값을 나타낸다고 가정해보자. 휘스톤 브리지의 저항 R_2, R_3, R_4를 모두 1[kΩ]으로 연결하면, 휘스톤 브리지는 평형 상태가 되어 V_o는 0이 된다.

온도가 바뀌어 R_T의 저항값이 변하면 휘스톤 브리지는 불평형 상태(Unbalanced Condition)가 되며, 전압 V_o는 온도에 비례하는 값을 나타내게 된다. 여기에 전압을 온도로 바꿔주는 회로 모듈을 추가하면 휘스톤 브리지 온도계가 된다.

4 물리량의 변화를 저항, 전류, 전압 등의 전기신호로 바꾸는 변환 장치이다.
5 서미스터(Thermistor)라고 한다.

16.3 실험

【실습 장비】

실험 기기	직류전원 공급장치	1대	
	멀티미터	1대	
	검류계	1대	
	파형발생기	1대	
	브레드보드	1개	
회로 부품	저항	300[Ω], 470[Ω], 680[Ω], 1.2[kΩ], 1.5[kΩ], 2[kΩ]	각 1개
		1[kΩ]	4개
	가변저항	1[kΩ], 5[kΩ]	각 1개
	커패시터	0.1[μF], 0.22[μF], 0.33[μF], 0.47[μF]	각 1개
	인덕터	2.2[mH], 4[mH], 10[mH], 20[mH]	각 1개

16.3.1 휘스톤 브리지의 원리

1 [그림 16-6]의 실험 회로를 구성하라. 저항 $R_1 = 1$[kΩ], $R_2 = 2$[kΩ]이다.

2 가변저항 $R_3 = 1$[kΩ], 미지의 저항 $R_X = 300$[Ω]을 각각 연결하라.

3 직류전원 $V = 5$[V]를 인가하라.

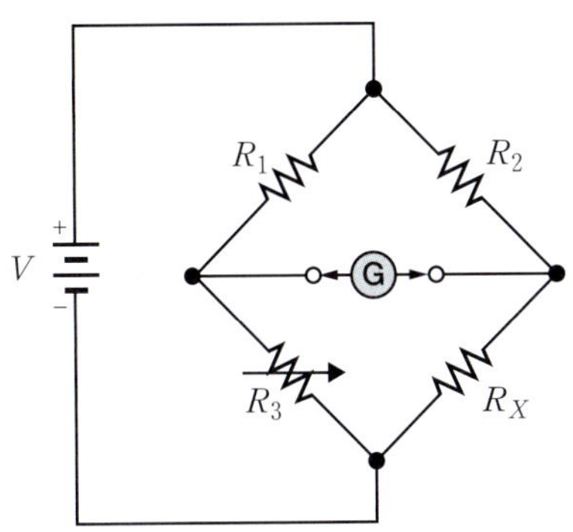

[그림 16-6] 실험 회로(휘스톤 브리지의 원리)

4 검류계(G)의 지침이 0을 가리키도록 가변저항 R_3를 조절하라.

Tip 실제 실험에서는 검류계 지침을 0으로 만들기 쉽지 않다. 가능한 한 0에 가깝도록 R_3를 조절하라. [그림 16-2]의 제품화된 휘스톤 브리지 계측기는 보다 세밀한 조절이 가능하다.

5 R_3를 회로에서 떼어낸 후 멀티미터로 저항값을 측정하여 [표 16-1]에 기록하라.

6 식 (16.4)로 R_X를 계산하여 [표 16-1]에 기록하라.

7 R_X를 [표 16-1]에 주어진 다른 저항으로 바꾸고, 실험 과정 **5** ~ **6** 을 반복하라.

[표 16-1] 휘스톤 브리지의 원리

R_X	300 [Ω]	470 [Ω]	1 [kΩ]	1.2 [kΩ]
R_3				
R_X(계산값)				

16.3.2 커패시턴스 측정

1 [그림 16-7]의 실험 회로를 구성하라. 저항 $R_1 = 1\,[\text{k}\Omega]$, 가변저항 $R_2 = 1\,[\text{k}\Omega]$이다.

2 커패시터 $C_1 = 0.1\,[\mu\text{F}]$, $C_X = 0.22\,[\mu\text{F}]$이다.

3 교류전원 v로 $15\,[\text{V}_{\text{PP}}]$, $1\,[\text{kHz}]$의 정현파를 인가하라.

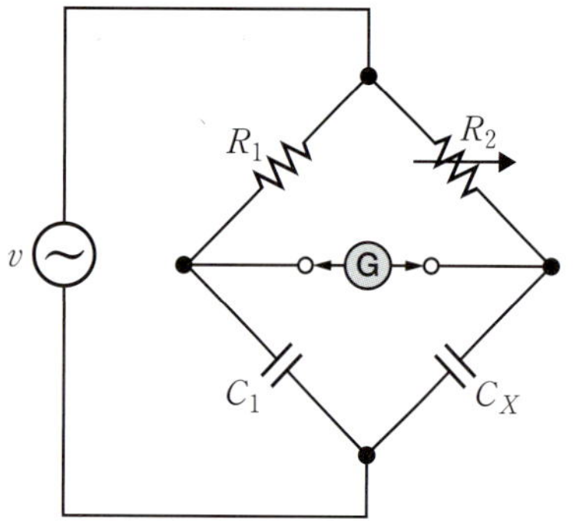

[그림 16-7] 실험 회로(커패시턴스 측정)

4 검류계(G)의 지침이 0을 가리키도록 가변저항 R_2를 조절하라.

5 R_2를 회로에서 떼어낸 후 멀티미터로 저항값을 측정하여 [표 16-2]에 기록하라.

6 식 (16.8)로 C_X를 계산하여 [표 16-2]에 기록하라.

7 C_X를 [표 16-2]에 주어진 다른 커패시터로 바꾸고, 실험 과정 **4** ~ **6** 을 반복하라.

[표 16-2] 커패시턴스 측정

C_X	0.22 [μF]	0.33 [μF]	0.47 [μF]
R_2			
C_X(계산값)			

16.3.3 인덕턴스 측정

1 [그림 16-8]의 실험 회로를 구성하라. 저항 $R_1 = 300[\Omega]$, 가변저항 $R_2 = 5[k\Omega]$이다.

2 인덕터 $L_1 = 2.2[mH]$, $L_X = 4[mH]$이다.

3 교류전원 v로 $15[V_{PP}]$, $1[kHz]$의 정현파를 인가하라.

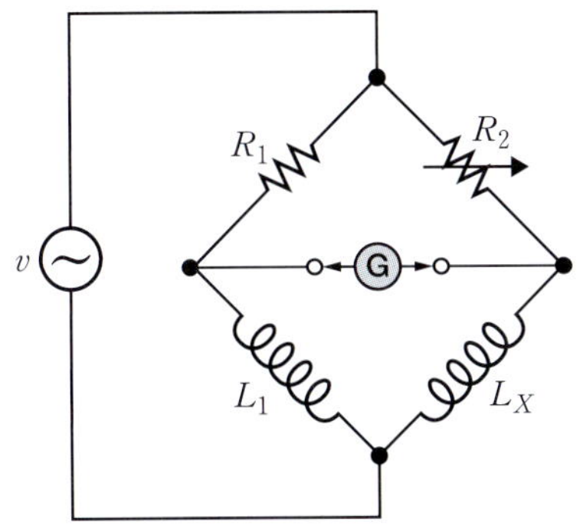

[그림 16-8] 실험 회로(인덕턴스 측정)

4 검류계(G)의 지침이 0을 가리키도록 가변저항 R_2를 조절하라.

5 R_2를 회로에서 떼어낸 후 멀티미터로 저항값을 측정하여 [표 16-3]에 기록하라.

6 식 (16.11)로 L_X를 계산하여 [표 16-3]에 기록하라.

7 L_X를 [표 16-3]에 주어진 다른 인덕터로 바꾸고, 실험 과정 **4** ~ **6** 을 반복하라.

[표 16-3] 인덕턴스 측정

L_X	4[mH]	10[mH]	20[mH]
R_2			
L_X(계산값)			

16.3.4 휘스톤 브리지 활용

1 [그림 16-9]의 실험 회로를 구성하라. 저항 R_2, R_3, R_4는 모두 1[kΩ]이다.

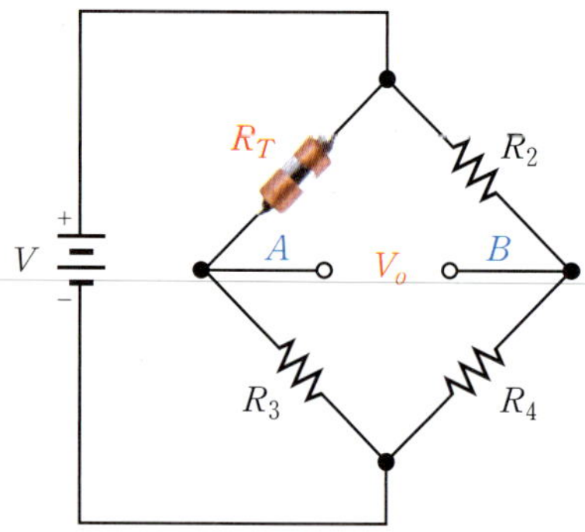

[그림 16-9] 실험 회로(휘스톤 브리지 활용)

2 실험 회로의 R_T는 온도에 따라 저항값이 변하는 서미스터로 가정한다. [표 16-4]는 서미스터의 온도에 따른 저항 변화이다(데이터 시트).

[표 16-4] 온도에 따른 서미스터의 저항 변화

온도	15 [°C]	20 [°C]	25 [°C]	30 [°C]	35 [°C]
R_T	1.5 [kΩ]	1.2 [kΩ]	1 [kΩ]	680 [Ω]	470 [Ω]

3 직류전원 $V=5$[V]를 인가하라.

4 $R_T=1$[kΩ][6]을 연결하고, V_o를 측정하여 [표 16-5]에 기록하라.[7]

5 R_T를 [표 16-5]에 주어진 다른 저항으로 바꾸고, 그때의 V_o를 측정하여 [표 16-5]에 기록하라.

[표 16-5] 휘스톤 브리지 활용

R_T	470 [Ω]	680 [Ω]	1 [kΩ]	1.2 [kΩ]	1.5 [kΩ]
V_o					

6 상온인 25[°C]에서 서미스터가 나타내는 저항값이다. [표 16-4]를 참조하라.

7 모든 저항이 1[kΩ]이므로 휘스톤 브리지는 평형 상태가 된다. 따라서 검류계 지침은 0(또는 유사 값)을 가리킨다.

16.4 PSpice 시뮬레이션

[그림 16-9]의 실험 회로를 시뮬레이션해보자. 이 실험은 R_T를 [표 16-5]에 주어진 값으로 바꿔야 하므로 [실험 11]에서 사용한 'DC Sweep' 해석 방법을 적용한다.

[그림 16-10]은 시뮬레이션 회로이다.[8] R_T를 변수로 만들기 위해 부품값을 {Rvar}로 변경하고, 변수 설정용 소자 'PARAM'을 입력한 다음 {Rvar}을 변수로 설정했다.[9] 직류전원 V는 'VDC' 부품을 사용한다.

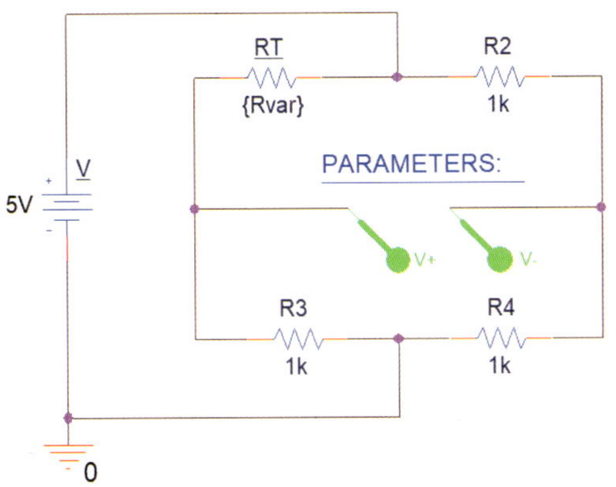

[그림 16-10] 시뮬레이션 회로

시뮬레이션 설정

시뮬레이션 설정은 [표 16-6]과 같으며, 여기에 맞춰 시뮬레이션을 설정한다.

[표 16-6] 시뮬레이션 설정

시뮬레이션 목적		휘스톤 브리지의 활용(R_T에 따른 V_o의 변화) 확인하기
대상 회로		[그림 16-9]의 실험 회로, R_T의 저항값을 변수로 설정
시뮬레이션 설정	Analysis type	DC Sweep
	Options	Primary Sweep
	Sweep Variable	Global parameter
	Sweep Type	Value List
	기타	R_T의 저항값을 변수 {Rvar}로 설정하고, [표 16-4]에 주어진 R_T의 저항값을 순서대로 입력한다.[10]

8 OrCAD Capture는 부품을 45°로 회전할 수 없기 때문에 실험 회로와는 달리 저항을 수평으로 배치했다.
9 'PARAM'의 입력 및 설정 방법은 '11.4절'을 참조하라.
10 크기 순서로 입력해야 실행 시 오류가 생기지 않는다.

[그림 16-11]은 시뮬레이션 설정창으로, ❶ Analysis Type(해석 방법)을 'DC Sweep'으로 선택한다. ❷ Options(옵션)으로 'Primary Sweep'을 선택한다. ❸ Sweep Variable(바꿀 변수)로 'Global parameter'를 선택하고, 'Parameter name'에 변수 'Rvar'을 입력한다. ❹ Sweep Type으로 'Value List'를 선택한 다음 [표 16-4]에 주어진 R_T의 값을 차례로 입력한다. 이렇게 하면 'Value List'에 입력된 저항값에 따른 V_o의 변화를 시뮬레이션할 수 있다.

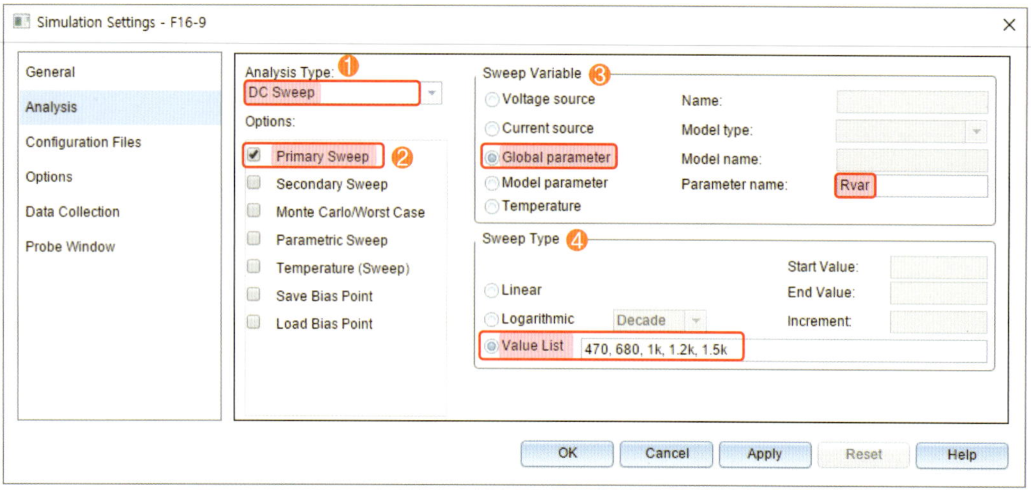

[그림 16-11] 시뮬레이션 설정

시뮬레이션 결과

[그림 16-12]는 시뮬레이션 결과로, R_T의 저항값을 나타내는 변수인 'Rvar'의 저항값이 증가함에 따라 전압값(V_o)이 변화(감소)함을 확인할 수 있다. 다만, 이 결과 그래프로는 시뮬레이션 결과를 정확히 살펴보기 어렵다. 정확한 확인을 위해 결과 그래프의 'X축' 설정을 변경해보자.

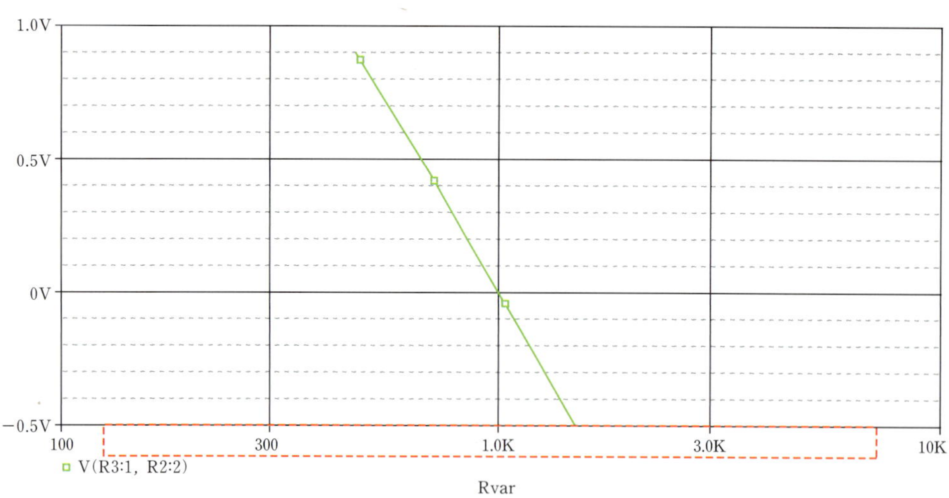

[그림 16-12] 시뮬레이션 결과(1)

'X축' 설정을 변경하려면, [그림 16-12]에 붉은 점선으로 표시한 영역을 더블 클릭하면 된다.[11] 그러면 [그림 16-13]과 같은 〈Axis Settings〉 설정창이 나타난다. 설정창에서 ❶ 'X Axis' 탭을 선택한 다음 ❷ Data Range에서 'User Defined'를 선택하고 R_T의 저항값에 맞춰 데이터 범위로 '400'과 '1.6k'를 입력한다. ❸ Scale에서 'Linear'를 선택한다.

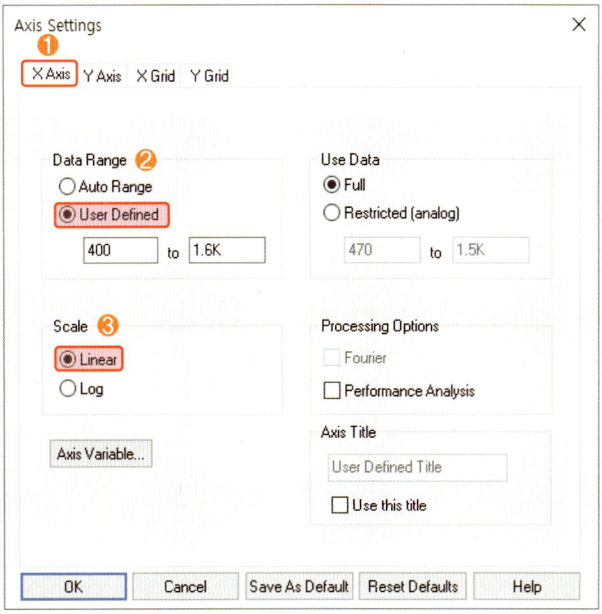

[그림 16-13] 'X축' 설정 변경

[그림 16-14]는 'X축' 설정을 변경한 후의 시뮬레이션 결과이다. 그림에는 시뮬레이션을 시작할 때 'Value List'에 입력한 R_T값을 표시해 두었다.[12]

11 PSpice A/D 프로그램의 메뉴에서 [Plot] – [Axis Settings...]를 선택해도 된다.

12 PSpice A/D 프로그램의 도구모음 중에서 'Mark Data Points( )'를 선택하면, 시뮬레이션 설정에서 입력한 R_T 값이 그래프에 작은 점으로 표시된다.

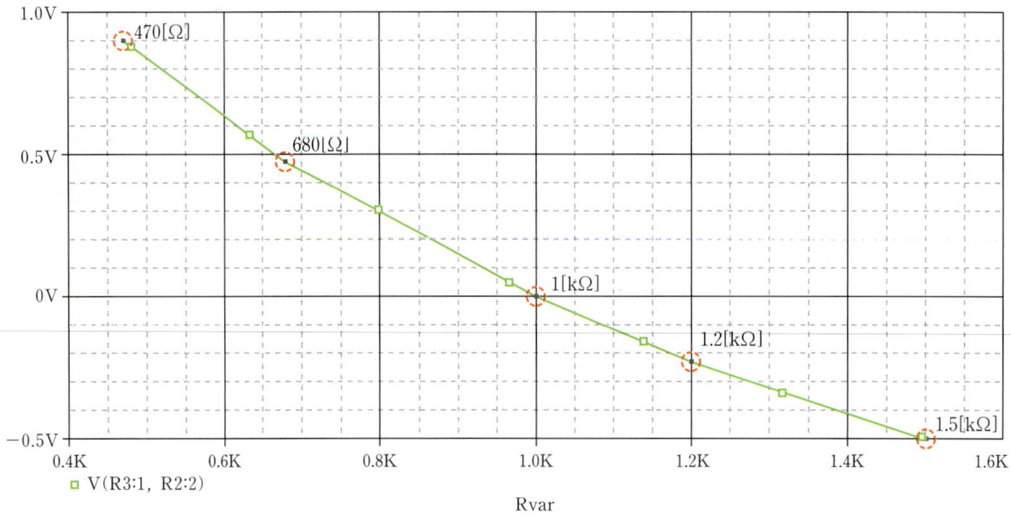

[그림 16-14] 시뮬레이션 결과(2)

[그림 16-14]를 살펴보면, R_T의 저항값에 따라 V_o의 전압값이 바뀌는 것을 확인할 수 있다. 특히 휘스톤 브리지가 평형 상태가 되는 $R_T = 1$[kΩ]일 때 V_o가 0[V]임을 확인할 수 있다. 이러한 결과는 휘스톤 브리지로 물리량(온도)을 전압으로 바꾸는 온도계(센서)를 만들 수 있음을 보여준다.

16.5 결과 검토

■ 실험

(1) [표 16-1]에서 주어진 R_X값과 계산한 R_X값을 비교해보라.

(2) [표 16-2]에서 주어진 C_X값과 계산한 C_X값을 비교해보라.

(3) [표 16-3]에서 주어진 L_X값과 계산한 L_X값을 비교해보라.

(4) [표 16-5]에서 R_T에 따라 V_o가 어떻게 변하는지 설명하라.

(5) [표 16-5]의 실험 결과를 바탕으로 휘스톤 브리지를 어떻게 센서로 활용할 수 있는지 설명하라.

■ PSpice 시뮬레이션

(1) [그림 16-6]의 실험 회로에서 $R_X = 470$[Ω]일 때, 검류계(G)의 전류가 0이 되는 가변저항 R_3의 값을 시뮬레이션하여 구하라.

(2) [표 16-1]에 기록한 R_3의 실험 결과와 시뮬레이션 결과를 비교해보라.

셀프 테스트

(1) 휘스톤 브리지를 최초로 고안한 사람은 (찰스 휘스톤, 새뮤얼 헌터 크리스티)이다.

(2) 다음 중에서 휘스톤 브리지로 직접 측정할 수 없는 것은 무엇인가?

① 저항 ② 리액턴스 ③ 커패시턴스 ④ 인덕턴스

(3) 휘스톤 브리지의 평형 상태에 대한 설명 중에서 틀린 것은 무엇인가?

① 검류계에 전류가 흐르지 않는다.

② 가변저항을 이용하여 평형 상태를 만든다.

③ 전압계로는 평형 상태를 검출할 수 없다.

④ 평형 상태를 이용하므로 정밀한 측정이 가능하다.

(4) 휘스톤 브리지로 커패시턴스를 측정할 때는 회로에 (직류전원, 교류전원)을 인가한다.

(5) 휘스톤 브리지로 구성한 센서는 주로 휘스톤 브리지의 (평형 상태, 불평형 상태)를 활용한다.

예비학습

(1) 미분회로에 대해 조사하라.

(2) 적분회로에 대해 조사하라.

실험 17

미분회로와 적분회로

17.1 실험 목표

- 커패시터와 인덕터를 이용한 미분회로를 설명할 수 있다.
- 미분회로를 구성하여 실험할 수 있다.
- 커패시터와 인덕터를 이용한 적분회로를 설명할 수 있다.
- 적분회로를 구성하여 실험할 수 있다.

17.2 기초 이론

미분회로(Differential Circuit)와 **적분회로**(Integration Circuit)는 입력된 신호를 미분하거나 적분하는 회로로, *RC* 회로 또는 *RL* 회로로 구성한다.[1] [그림 17-1]은 구형파(Square Wave)의 미분과 적분 파형으로, 미분 파형은 그림과 같이 피크를 가진 파형이고, 적분 파형은 **삼각파**(Triangular Wave)이다.

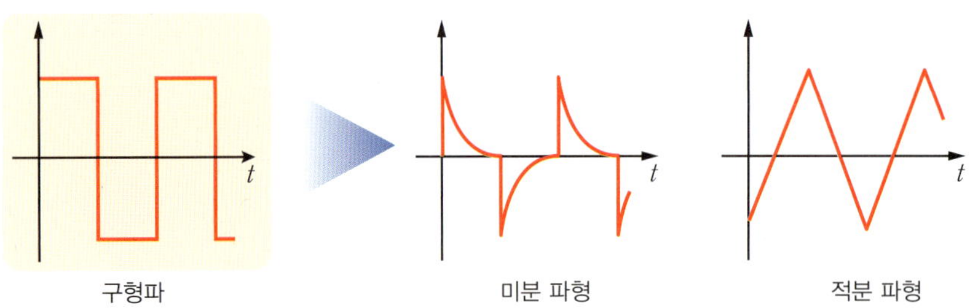

[그림 17-1] 구형파의 미분과 적분 파형

1 연산증폭기(Operational Amplifier)로 구성하는 미분 및 적분회로도 많이 사용된다.

[그림 17-2]는 정현파인 사인파(Sine Wave)의 미분과 적분 파형으로, 미분 파형은 코사인파(Cosine Wave)가 되고, 적분 파형은 (-)코사인파가 된다.[2]

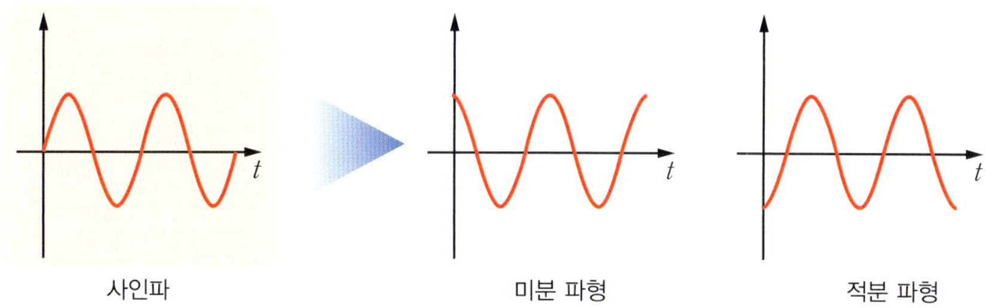

[그림 17-2] 사인파의 미분과 적분 파형

17.2.1 미분회로

RC 미분회로

[그림 17-3]은 커패시터 C와 저항 R을 직렬로 연결하여 구성한 미분회로이다. 회로에서 전류 i는 식 (17.1)로 나타낼 수 있다.[3]

$$i = C\frac{dv_C}{dt} \tag{17.1}$$

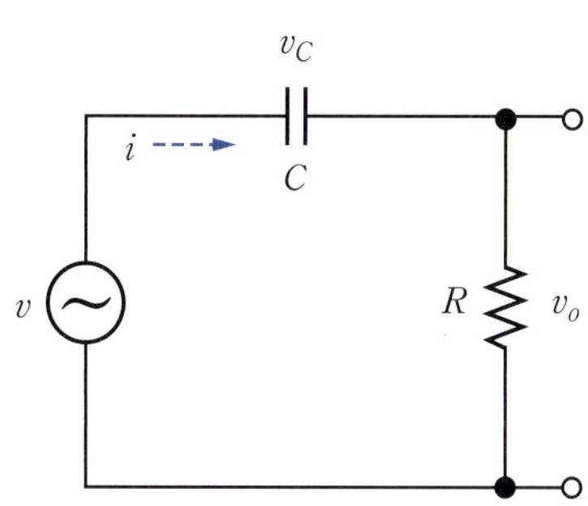

[그림 17-3] *RC* 미분회로

커패시터의 리액턴스 $X_C \gg R$의 조건을 만들면[4], 입력신호 $v \simeq v_C$가 된다.[5] 그러면 전류 i를 식 (17.2)와 같이 바꿀 수 있다.

$$i \simeq C\frac{dv}{dt} \tag{17.2}$$

2 사인 함수의 미분과 적분을 생각하면 된다.

3 식 (13.10)을 참고하라.

4 $X_C = \dfrac{1}{2\pi fC}$ 이므로 용량이 작은 커패시터를 사용하고, 입력신호 v의 주파수를 낮춘다.

5 [그림 17-3]에서 $X_C \gg R$의 조건을 만들면, $v_C \gg v_o$가 되므로 $v \simeq v_C$로 나타낼 수 있다.

한편, 회로에서 $v_o = iR$이므로, 이를 식 (17.2)에 대입하여 식 (17.3)을 구할 수 있다. 식 (17.3)에서 미분회로의 출력 v_o는 입력신호 v의 미분임을 알 수 있다.

$$v_o \simeq RC\frac{dv}{dt} \tag{17.3}$$

RL 미분회로

[그림 17-4]는 인덕터 L과 저항 R을 직렬로 연결하여 구성한 미분회로이다. 회로에서 출력 v_o는 식 (17.4)로 나타낼 수 있다.[6]

$$v_o = L\frac{di}{dt} \tag{17.4}$$

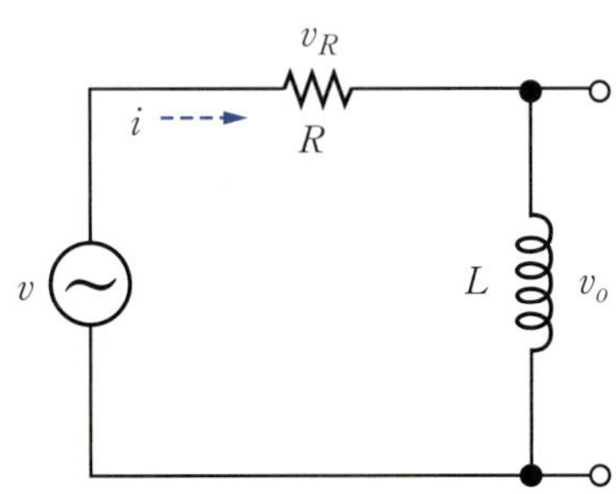

[그림 17-4] RL 미분회로

인덕터의 리액턴스 $X_L \ll R$의 조건을 만들면[7], 입력신호 $v \simeq v_R$이 된다.[8] 그에 따라 전류 i는 식 (17.5)와 같이 나타낼 수 있다.

$$i = \frac{v_R}{R} \simeq \frac{v}{R} \tag{17.5}$$

식 (17.5)를 식 (17.4)에 대입하면, 식 (17.6)을 구할 수 있다. 식 (17.6)에서 출력 v_o는 입력신호 v의 미분임을 알 수 있다.

$$v_o \simeq \frac{L}{R}\frac{dv}{dt} \tag{17.6}$$

6 식 (14.2)를 참고하라.

7 $X_L = 2\pi fL$ 이므로 용량이 작은 인덕터를 사용하고, 입력신호 v의 주파수를 낮춘다.

8 [그림 17-4]에서 $X_L \ll R$의 조건을 만들면, $v_o \ll v_R$이 되므로 $v \simeq v_R$로 나타낼 수 있다.

17.2.2 적분회로

RC 적분회로

[그림 17-5]는 RC 적분회로이다. 커패시터의 리액턴스 $X_C \ll R$의 조건을 만들면[9], 입력신호 $v \simeq v_R$이 된다.[10] 그러면 전류 i를 식 (17.7)로 나타낼 수 있다.

$$i = \frac{v_R}{R} \simeq \frac{v}{R} \tag{17.7}$$

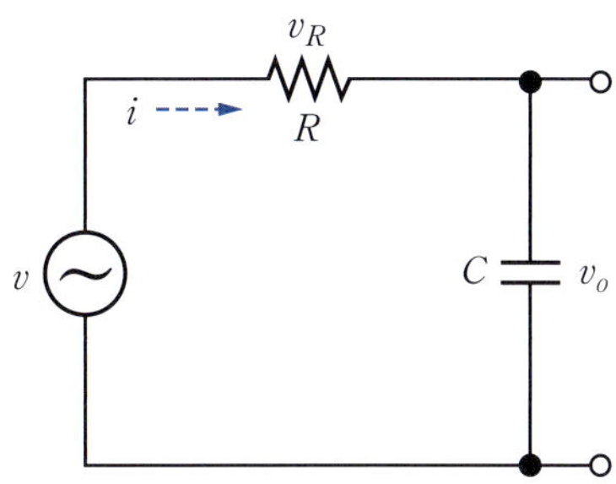

[그림 17-5] RC 적분회로

한편, [그림 17-5]에서 커패시터에 충전되는 전하량 q는 식 (17.8)로 주어진다.[11]

$$q = \int i\, dt \tag{17.8}$$

식 (17.8)에 식 (17.7)를 대입하면, 식 (17.9)를 얻는다.

$$q \simeq \int \frac{v}{R} dt \tag{17.9}$$

식 (13.2)를 [그림 17-5]에 적용하면 $q = Cv_o$[12]가 된다. 이 식을 v_o에 대해 쓰고, 식 (17.9)를 대입하면 식 (17.10)을 구할 수 있다. 식 (17.10)에서 출력 v_o는 입력신호 v의 적분임을 알 수 있다.

$$v_o = \frac{q}{C} \simeq \frac{1}{RC}\int v\, dt \tag{17.10}$$

9 용량이 큰 커패시터를 사용하고, 입력신호 v의 주파수를 높인다.

10 [그림 17-5]에서 $X_C \ll R$의 조건을 만들면, $v_R \gg v_o$가 되므로 $v \simeq v_R$로 나타낼 수 있다.

11 전류 $i = \frac{dq}{dt}$ 이므로 $dq = i\,dt$ 가 되고, 이 식의 양변을 적분하여 식 (17.8)을 얻는다.

12 교류이므로 전하량과 전압을 소문자로 표시했다.

RL 적분회로

[그림 17-6]은 RL 적분회로이다. 인덕터의 리액턴스 $X_L \gg R$의 조건을 만들면[13], 입력신호 $v \simeq v_L$이 된다.[14] 그러면 인덕터 전압 v_L을 식 (17.11)로 나타낼 수 있다.[15]

$$v_L \simeq v \simeq L\frac{di}{dt} \tag{17.11}$$

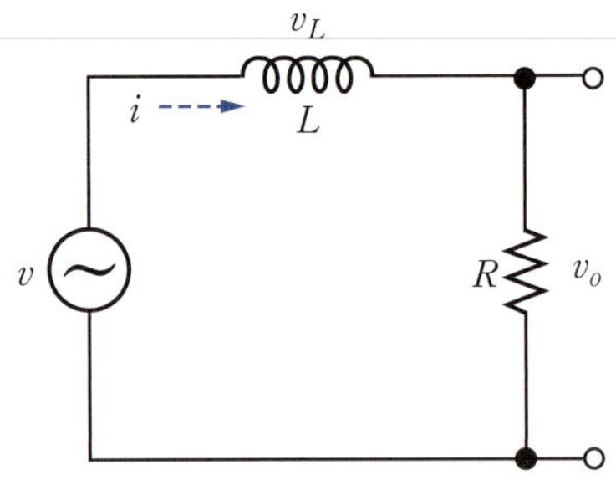

[그림 17-6] RL 적분회로

[그림 17-6]에서 전류 i는 식 (17.12)로 나타낼 수 있다.

$$i = \frac{v_o}{R} \tag{17.12}$$

식 (17.11)에 식 (17.12)를 대입하면, 식 (17.13)을 얻을 수 있다.

$$v \simeq \frac{L}{R}\frac{dv_o}{dt} \tag{17.13}$$

식 (17.13)을 dv_o에 대해 쓰고 양변을 적분하면, 식 (17.14)를 얻는다. 식 (17.14)에서 출력 v_o는 입력신호 v의 적분임을 알 수 있다.

$$dv_o \simeq \frac{R}{L}v\,dt$$

$$v_o \simeq \frac{R}{L}\int v\,dt \tag{17.14}$$

13 용량이 큰 인덕터를 사용하고, 입력신호 v의 주파수를 높인다.

14 [그림 17-6]에서 $X_L \gg R$의 조건을 만들면, $v_L \gg v_o$가 되므로 $v \simeq v_L$로 나타낼 수 있다.

15 식 (14.2)를 참고하라.

17.3 실험

【실습 장비】

실험 기기	오실로스코프	1대	
	파형발생기	1대	
	브레드보드	1개	
회로 부품	저항	$330[\Omega]$, $470[\Omega]$, $1[\text{k}\Omega]$	각 1개
	커패시터	$0.33[\mu\text{F}]$, $0.47[\mu\text{F}]$	각 1개
	인덕터	$4[\text{mH}]$, $10[\text{mH}]$	각 1개

17.3.1 *RC* 미분회로

1 [그림 17-7]의 실험 회로를 구성하라. 저항 $R=330[\Omega]$, 커패시터 $C=0.33[\mu\text{F}]$이다.

2 교류전원 v로 $10[\text{V}_{\text{PP}}]$, $300[\text{Hz}]$의 구형파를 인가하라.

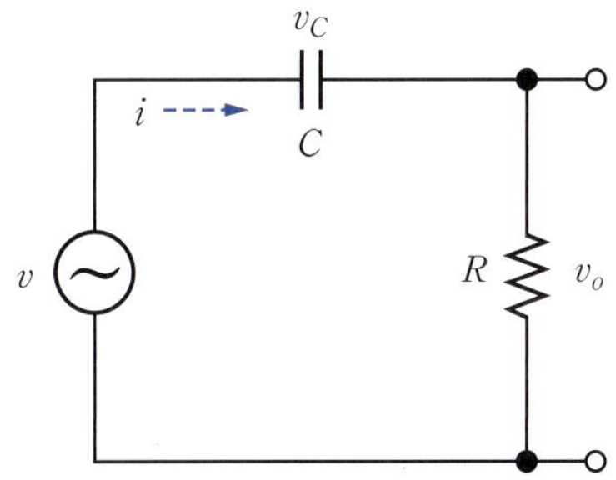

[그림 17-7] 실험 회로(*RC* 미분회로)

3 오실로스코프 화면에 v와 v_o가 동시에 표시되도록 조절하고, 화면을 촬영하라.

4 오실로스코프로 v의 첨두치와 주파수 및 v_o의 첨두치를 측정하여 [표 17-1]에 기록하라.

Tip 구형파에 대한 미분은 [그림 17-1]과 같이 피크를 가지고 있어 주파수를 측정하기 어려우므로 측정하지 않는다.

5 교류전원 v를 $10[\text{V}_{\text{PP}}]$, $300[\text{Hz}]$의 정현파로 바꾸고, 실험 과정 3 ~ 4 를 반복하라.

[표 17-1] *RC* 미분회로

파형	v		v_o	
	첨두치	주파수	첨두치	주파수
구형파				╳
정현파				

17.3.2 RL 미분회로

1. [그림 17-8]의 실험 회로를 구성하라. 저항 $R=1[\text{k}\Omega]$, 인덕터 $L=4[\text{mH}]$이다.

2. 교류전원 v로 $10[\text{V}_{\text{PP}}]$, $10[\text{kHz}]$의 구형파를 인가하라.

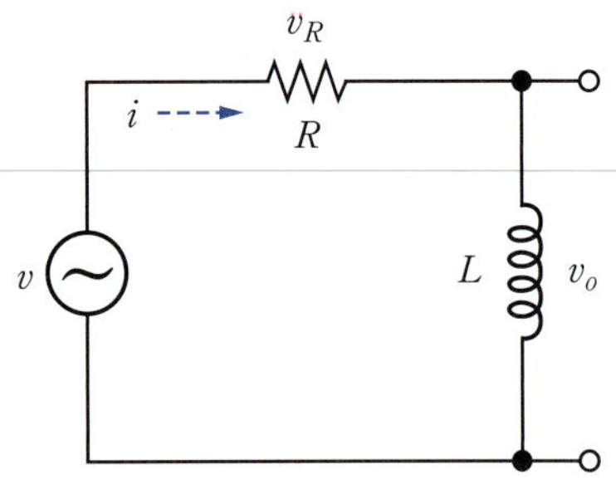

[그림 17-8] 실험 회로(RL 미분회로)

3. 오실로스코프 화면에 v와 v_o가 동시에 표시되도록 조절하고, 화면을 촬영하라.

4. 오실로스코프로 v의 첨두치와 주파수 및 v_o의 첨두치를 측정하여 [표 17-2]에 기록하라.

5. 교류전원 v를 $10[\text{V}_{\text{PP}}]$, $10[\text{kHz}]$의 정현파로 바꾸고, 실험 과정 3 ~ 4 를 반복하라.

[표 17-2] RL 미분회로

파형	v		v_o	
	첨두치	주파수	첨두치	주파수
구형파				╳
정현파				

17.3.3 RC 적분회로

1 [그림 17-9]의 실험 회로를 구성하라. 저항 $R=1$[kΩ], 커패시터 $C=0.47$[μF]이다.

2 교류전원 v로 10[$\mathrm{V_{PP}}$], 1[kHz]의 구형파를 인가하라.

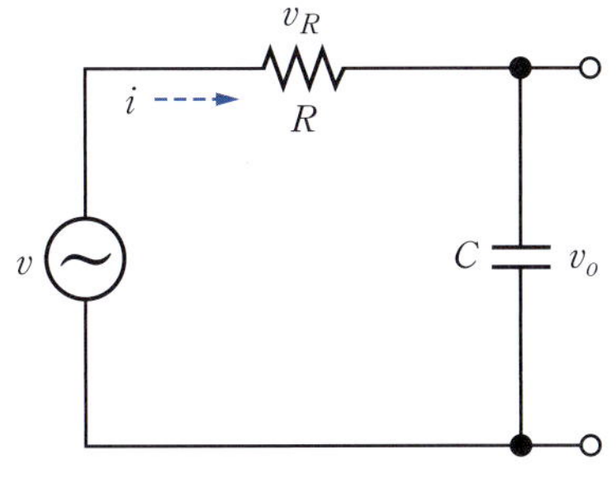

[그림 17-9] 실험 회로(RC 적분회로)

3 오실로스코프 화면에 v와 v_o가 동시에 표시되도록 조절하고, 화면을 촬영하라.

4 오실로스코프로 v와 v_o의 첨두치와 주파수를 측정하여 [표 17-3]에 기록하라.

5 교류전원 v를 10[$\mathrm{V_{PP}}$], 1[kHz]의 정현파로 바꾸고, 실험 과정 **3** ~ **4** 를 반복하라.

[표 17-3] RC 적분회로

파형	v		v_o	
	첨두치	주파수	첨두치	주파수
구형파				
정현파				

17.3.4 RL 적분회로

1 [그림 17-10]의 실험 회로를 구성하라. 저항 $R = 470[\Omega]$, 인덕터 $L = 10[\text{mH}]$이다.

2 교류전원 v로 $10[V_{PP}]$, 50[kHz]의 구형파를 인가하라.

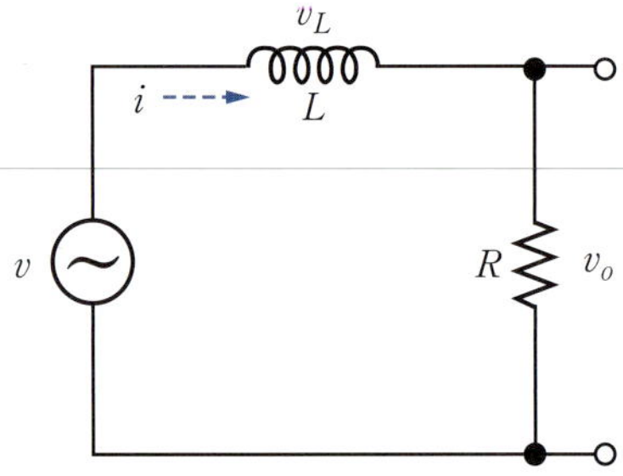

[그림 17-10] 실험 회로(RL 적분회로)

3 오실로스코프 화면에 v와 v_o가 동시에 표시되도록 조절하고, 화면을 촬영하라.

4 오실로스코프로 v와 v_o의 첨두치와 주파수를 측정하여 [표 17-4]에 기록하라.

5 교류전원 v를 $10[V_{PP}]$, 50[kHz]의 정현파로 바꾸고, 실험 과정 3 ~ 4 를 반복하라.

[표 17-4] RL 적분회로

파형	v		v_o	
	첨두치	주파수	첨두치	주파수
구형파				
정현파				

17.4 PSpice 시뮬레이션

[그림 17-7]의 실험 회로(RC 미분회로)를 시뮬레이션해보자. [그림 17-7]의 실험 회로는 교류전원 v로 10[V_{PP}], 300[Hz]의 구형파를 인가한다.[16] PSpice에서는 [그림 17-11]에 보인 'VPULSE' 부품으로 교류전원 v의 역할을 하는 구형파를 만든다.

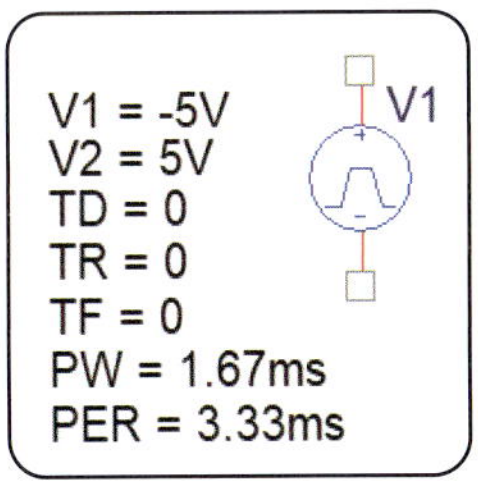

[그림 17-11] VPULSE

'VPULSE'의 각 파라미터는 다음과 같이 설정한다.

- V1 : 구형파의 첫 번째 첨두치, (−)값을 설정
- V2 : 구형파의 두 번째 첨두치, (+)값을 설정
- TD : 지연시간(Delay Time), V1이 시작되기까지의 지연시간, 0으로 설정
- TR : 상승시간(Rising Time), 0으로 설정
- TF : 하강시간(Falling Time), 0으로 설정
- PW : 구형파의 폭(Pulse Width), 주기의 1/2을 설정
- PER : 구형파의 주기(Period)를 설정

[그림 17-11]에는 10[V_{PP}], 300[Hz]의 구형파를 만들기 위한 파라미터를 설정했으며, 그 결과로 [그림 17-12]와 같은 구형파가 만들어진다.[17] 이 구형파는 파라미터 설정에 따라 V1은 −5[V]이고, V2는 5[V]이며, 주기(PER)와 폭(PW)은 각각 3.33[ms]와 1.67[ms]이다.

16 주파수가 300[Hz]이므로 주기는 3.33[ms]이고, 구형파의 폭은 그 절반인 1.67[ms]이다.
17 파라미터 TR과 TF를 0으로 설정했음에도 파형의 상승과 하강 시 약간의 지연(기울어짐)이 나타난다.

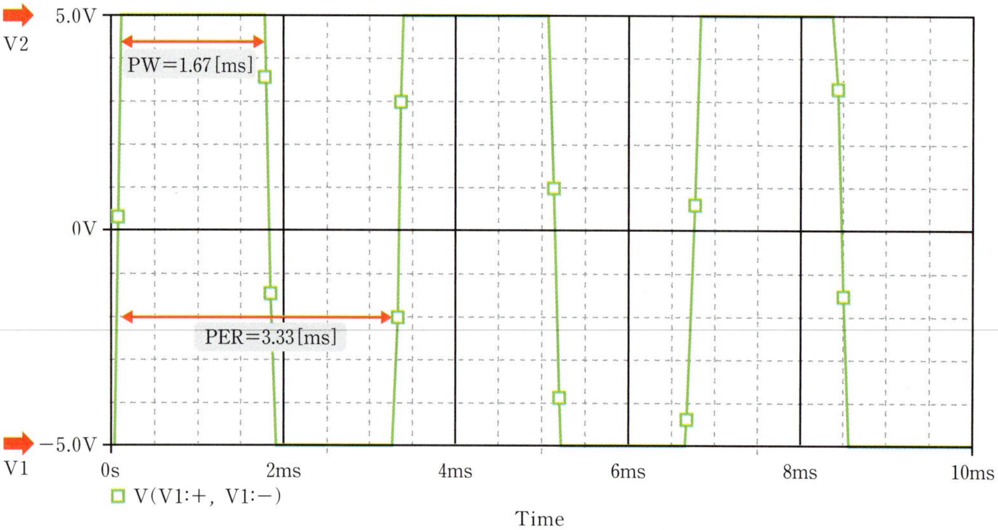

[그림 17-12] VPULSE로 만든 구형파

[그림 17-13]은 시뮬레이션 회로이다. 'VPULSE'는 'Place Part' 메뉴에 부품명을 입력하여 찾는다.[18] 그림의 'VPULSE'에는 [그림 17-11]에서 설명한 파라미터 값이 설정되어 있다.

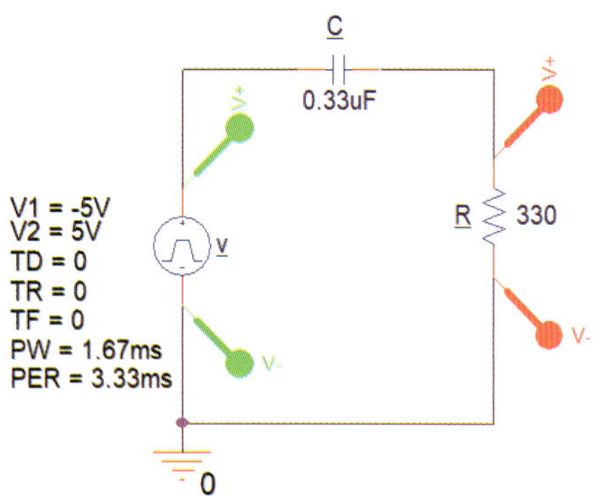

[그림 17-13] 시뮬레이션 회로

[그림 17-13]에는 미분회로의 입력신호 v에 해당하는 구형파를 측정하기 위한 프로브(연두색)와 미분회로의 출력 v_o에 해당하는 저항 양단의 전압을 측정하기 위한 프로브(주홍색)가 부착되어 있다.

18 [그림 3-11]과 [그림 3-12]를 참고하라.

시뮬레이션 설정

시뮬레이션 설정은 [표 17-5]와 같으며, 여기에 맞춰 시뮬레이션을 설정한다.

[표 17-5] 시뮬레이션 설정

시뮬레이션 목적		RC 미분회로의 동작(v와 v_o 비교) 확인하기
대상 회로		[그림 17-7]의 실험 회로, VPULSE로 구형파를 만들어 사용
시뮬레이션 설정	Analysis type	Time Domain(Transient)
	Options	General Settings
	Run to time	14[ms]

시뮬레이션 결과

[그림 17-14]는 시뮬레이션 결과이다. 입력신호인 구형파(연두색)와 [그림 17-1]과 동일한 파형을 가진 미분 파형(주홍색)을 확인할 수 있다.

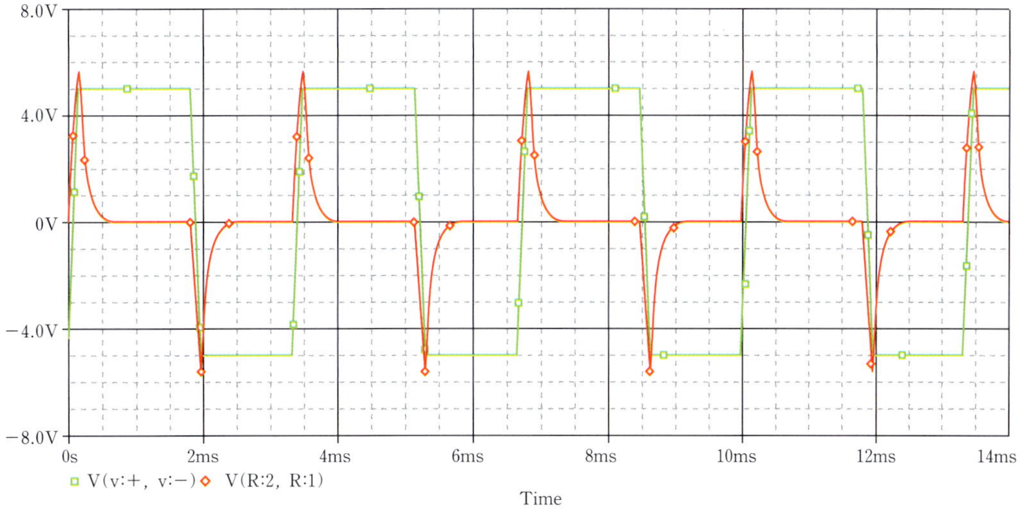

[그림 17-14] 시뮬레이션 결과

17.5 결과 검토

▪ 실험

(1) [그림 17-7]의 실험 회로에서 교류전원 v가 구형파 및 정현파일 때 촬영한 사진을 각각 보이고, 출력 v_o가 미분 파형인지 확인하라.

(2) [그림 17-8]의 실험 회로에서 교류전원 v가 구형파 및 정현파일 때 촬영한 사진을 각각 보이고, 출력 v_o가 미분 파형인지 확인하라.

(3) [그림 17-9]의 실험 회로에서 교류전원 v가 구형파 및 정현파일 때 촬영한 사진을 각각 보이고, 출력 v_o가 적분 파형인지 확인하라.

(4) [그림 17-10]의 실험 회로에서 교류전원 v가 구형파 및 정현파일 때 촬영한 사진을 각각 보이고, 출력 v_o가 적분 파형인지 확인하라.

▪ PSpice 시뮬레이션

[그림 17-9]의 실험 회로를 시뮬레이션하여 출력 v_o를 구하라. 교류전원 v는 'VPULSE'를 이용하여 10[V_{PP}], 1[kHz]의 구형파로 설정하라.

(1) 시뮬레이션 결과에서 출력 v_o의 파형이 [표 17-3]에서 구형파일 때의 실험 결과와 같은지 확인하라.

(2) [표 17-3]에서 구형파일 때의 출력 v_o의 첨두치와 시뮬레이션에 따른 v_o의 첨두치를 비교하라.

셀프 테스트

(1) 다음 중에서 미분회로 및 적분회로를 구성할 수 없는 회로는 무엇인가?

① RC 회로 ② RL 회로 ③ 저항회로 ④ 연산증폭기 회로

(2) 다음 중에서 구형파를 미분할 때 나타나는 파형은 무엇인가?

① 삼각파 ② 사인파 ③ 코사인파 ④ 피크를 가진 파형

(3) 다음 중에서 구형파를 적분할 때 나타나는 파형은 무엇인가?

① 삼각파 ② 사인파 ③ 코사인파 ④ 임펄스 형태의 파형

(4) 다음 중에서 사인파를 미분할 때 나타나는 파형은 무엇인가?

① 구형파 ② (−)코사인파 ③ 코사인파 ④ 삼각파

(5) RC 미분회로에서 저항과 커패시터의 부품값을 바꾸지 않고 $X_C \gg R$의 조건을 만들려면 회로에 인가하는 신호의 주파수를 (높여야, 낮춰야) 한다.

(6) RL 미분회로에서 저항과 인덕터의 부품값을 바꾸지 않고 $X_L \ll R$의 조건을 만들려면 회로에 인가하는 신호의 주파수를 (높여야, 낮춰야) 한다.

예비학습

(1) RC 직렬회로의 특징이 무엇인지 조사하라.

(2) RL 직렬회로의 특징이 무엇인지 조사하라.

실험 18

RC 및 RL 직렬회로

18.1 실험 목표

- RC 직렬회로의 특성을 설명하고, 실험할 수 있다.
- RL 직렬회로의 특성을 설명하고, 실험할 수 있다.

18.2 기초 이론

지금까지는 주로 저항, 커패시터, 인덕터 등 개별 소자의 특성을 알아보았다. 이번 실험에서는 저항과 커패시터 또는 인덕터를 직렬로 연결한 RC 및 RL 직렬회로의 특성을 살펴본다.

18.2.1 RC 직렬회로

[그림 18-1]은 저항 R과 커패시터 C를 직렬로 연결하고, 교류전원 v를 인가한 RC 직렬회로이다. v_R은 저항에 걸린 전압이고, v_C는 커패시터에 걸린 전압이다.

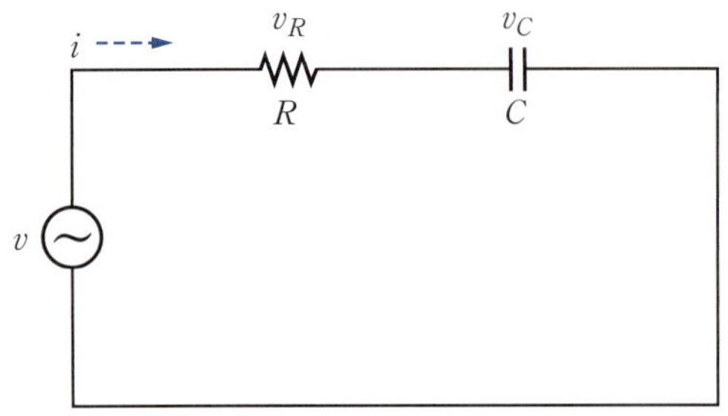

[그림 18-1] RC 직렬회로

커패시터에서는 전류의 위상이 전압보다 90° 빠르고,[1] 저항에서는 전류와 전압의 위상이 같다. 직렬회로는 같은 전류가 흐르므로 결국 v_R과 v_C 사이에 90°의 위상차가 생긴다. 이를 나타낸 것이

1 [실험 13]의 [그림 13-10]을 참조하라.

[그림 18-2]이며, v_C의 위상이 v_R보다 90° 늦다.

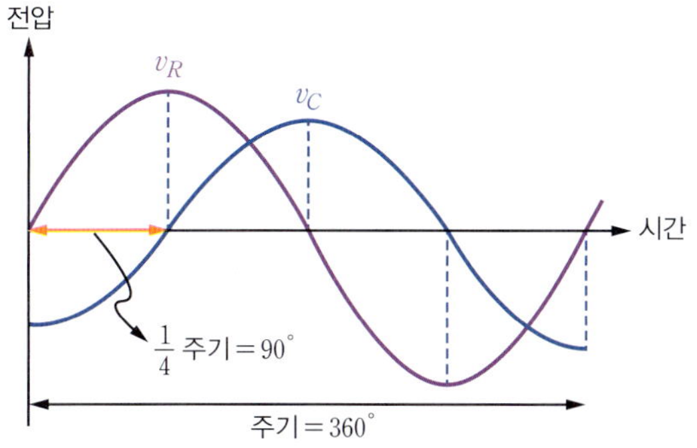

[그림 18-2] ***RC*** **직렬회로의 위상차**

[그림 18-3]은 RC 직렬회로의 페이저도로, X축의 v_R을 기준으로 위상이 90° 늦는 v_C를 −Y축으로 그린다. 그림에서 θ는 위상각이며, v_R과 v_C의 크기에 따라 달라진다.

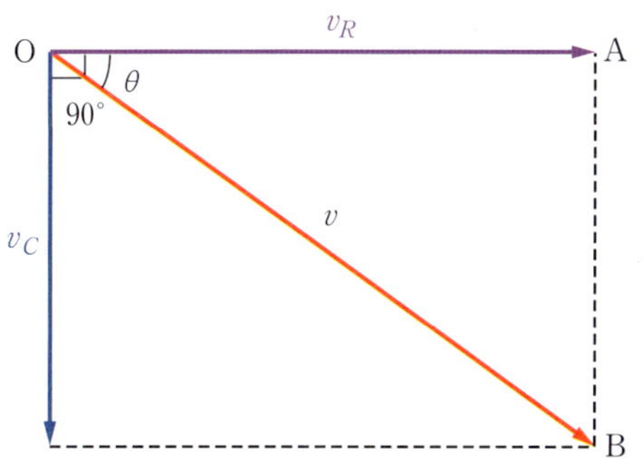

[그림 18-3] ***RC*** **직렬회로의 페이저도**

[그림 18-3]에서 교류전원 v는 v_R과 v_C의 벡터합이며, 그림과 같이 원점 'O'에서 'B'로 향하는 대각선이 된다. [그림 18-3]의 삼각형 OAB에 피타고라스 정리를 적용하면 $v^2 = {v_R}^2 + {v_C}^2$이 되며, 이로부터 교류전원 v는 식 (18.1)이 된다.

$$v = \sqrt{{v_R}^2 + {v_C}^2} \tag{18.1}$$

[그림 18-3]에서 $\tan\theta = \frac{v_C}{v_R}$이므로, 식 (18.2)와 같이 위상각 θ를 구할 수 있다. 위상각 θ를 알면 RC 직렬회로의 페이저도를 보다 정확하게 그릴 수 있다.

$$\theta = \tan^{-1}\left(\frac{v_C}{v_R}\right) \tag{18.2}$$

한편, [그림 18-1]에서 v_R과 v_C는 식 (18.3)과 같이 나타낼 수 있다. 식에서 X_C는 커패시터의 용량성 리액턴스이다.

$$v_R = iR, \quad v_C = iX_C \tag{18.3}$$

식 (18.3)을 식 (18.1)에 대입하면 식 (18.4)를 얻을 수 있으며, 이를 정리하여 식 (18.5)와 같이 전류 i를 구할 수 있다.

$$v = \sqrt{(iR)^2 + (iX_C)^2} \tag{18.4}$$

$$i = \frac{v}{\sqrt{R^2 + X_C^2}} \tag{18.5}$$

옴의 법칙($I = V/R$)에 따르면 식 (18.5)의 분모는 RC 직렬회로의 전체 저항에 해당된다. 이와 같이 저항 외에 커패시터나 인덕터를 포함한 회로의 총 저항을 **임피던스**(Impedance)라 하며, Z로 표시한다. 단위는 [Ω]이다. 따라서 RC 직렬회로의 임피던스 Z는 식 (18.6)이 된다.

$$Z = \sqrt{R^2 + X_C^2} \tag{18.6}$$

18.2.2 *RL* 직렬회로

[그림 18-4]는 저항 R과 인덕터 L을 직렬로 연결하고, 교류전원 v를 인가한 RL 직렬회로이다. v_R은 저항에 걸린 전압이고, v_L는 인덕터에 걸린 전압이다.

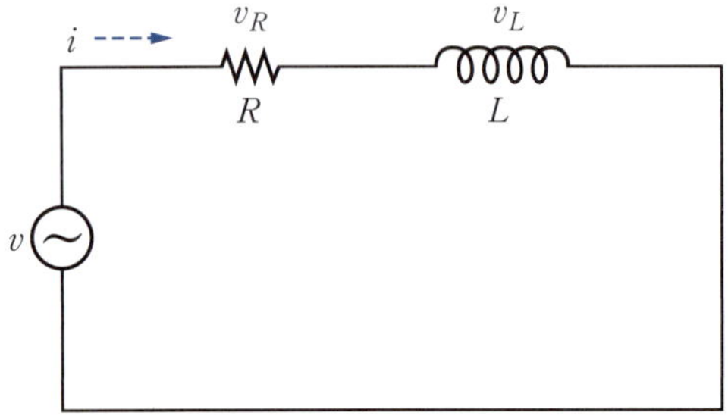

[그림 18-4] *RL* 직렬회로

인덕터에서는 전압의 위상이 전류보다 90° 빠르고,[2] 저항에서는 전류와 전압의 위상이 같다. 직렬회로는 같은 전류가 흐르므로 결국 v_R과 v_L 사이에 90°의 위상차가 생긴다. 이를 나타낸 것이 [그림 18-5]이며, v_L의 위상이 v_R보다 90° 빠르다.

[그림 18-6]은 RL 직렬회로의 페이저도로, X축의 v_R을 기준으로 위상이 90° 빠른 v_L을 Y축으로 그린다. 위상각 θ는 v_R과 v_L의 크기에 따라 달라진다.

2 [그림 14-10]을 참조하라.

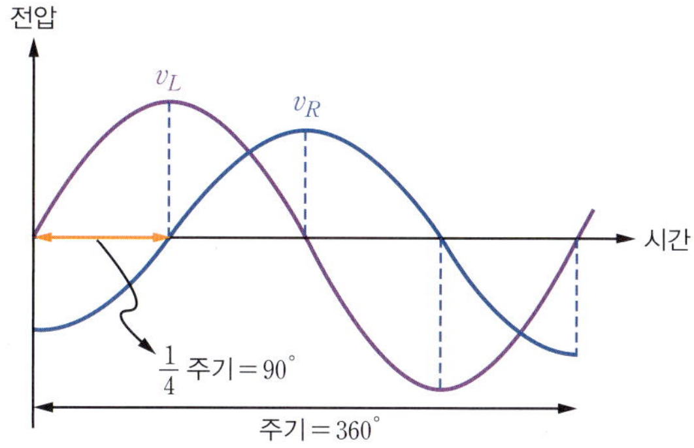

[그림 18-5] ***RL*** **직렬회로의 위상차**

[그림 18-6]에서 교류전원 v는 v_R과 v_L의 벡터합이며, 그림과 같이 원점 'O'에서 'B'로 향하는 대각선이 된다. [그림 18-6]의 삼각형 OAB에 피타고라스 정리를 적용하면, $v^2 = {v_R}^2 + {v_L}^2$이 되며, 이로부터 교류전원 v는 식 (18.7)이 된다.

$$v = \sqrt{{v_R}^2 + {v_L}^2} \tag{18.7}$$

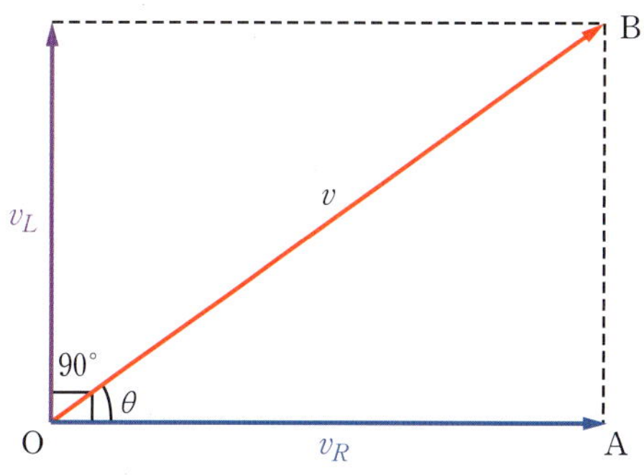

[그림 18-6] ***RL*** **직렬회로의 페이저도**

[그림 18-6]에서 $\tan\theta = \frac{v_L}{v_R}$ 이므로, 식 (18.8)과 같이 위상각 θ를 구할 수 있다. 위상각 θ를 알면 RL 직렬회로의 페이저도를 보다 정확하게 그릴 수 있다.

$$\theta = \tan^{-1}\left(\frac{v_L}{v_R}\right) \tag{18.8}$$

한편, [그림 18-4]에서 v_R과 v_L은 식 (18.9)와 같이 나타낼 수 있다. 식에서 X_L은 인덕터의 유도성 리액턴스이다.

$$v_R = iR, \quad v_L = iX_L \tag{18.9}$$

식 (18.9)를 식 (18.7)에 대입하면 식 (18.10)을 얻을 수 있으며, 이를 정리하여 식 (18.11)과 같이 전류 i를 구할 수 있다.

$$v = \sqrt{(iR)^2 + (iX_L)^2} \tag{18.10}$$

$$i = \frac{v}{\sqrt{R^2 + X_L^2}} \tag{18.11}$$

따라서 RL 직렬회로의 임피던스 Z는 식 (18.12)가 된다.

$$Z = \sqrt{R^2 + X_L^2} \tag{18.12}$$

18.2.3 교류신호의 실효치

[그림 18-7]은 교류신호의 파형이다. 파형에서 시간 축의 위쪽 및 아래쪽의 변화폭이 진폭이고, 전체 진동폭이 첨두치(Peak to Peak Value, V_{PP})이다. 그림에는 실효치(Effective Value)도 표시해 두었으며, 진폭의 0.707배이다.

실효치는 '교류전원이 부하에 공급하는 평균 전력을 공급하는 데 필요한 직류전원의 크기'로 정의한다. 예를 들어, 어떤 교류전압의 실효치가 10[V]라는 것은 이 교류전압이 직류전압 10[V]가 공급하는 전력을 공급하고 있음을 의미한다.[3]

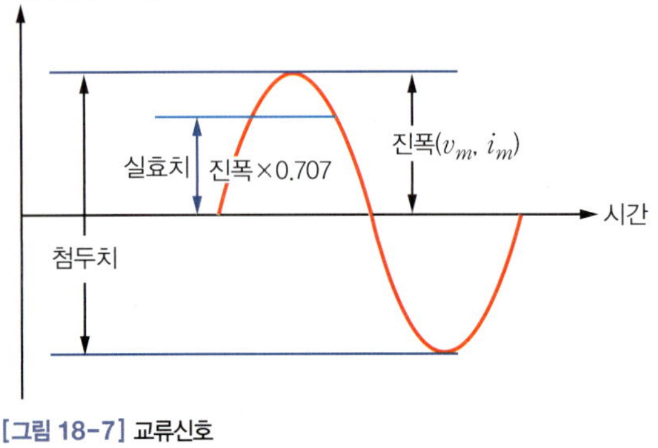

[그림 18-7] 교류신호

교류전압 v의 진폭을 v_m이라 하면, 실효치 $v_{rms} = \frac{1}{\sqrt{2}} v_m$으로 주어진다. $\frac{1}{\sqrt{2}}$은 0.707이므로 $v_{rms} = v_m \times 0.707$이 된다.[4] 예를 들어, 첨두치가 20[V]인 교류전압의 진폭은 10[V]이므로 $v_{rms} = 10[V] \times 0.707 = 7.07[V]$이다.

3 교류전압 $v(t)$의 실효치는 $\sqrt{\frac{1}{T}\int_0^T v^2(t)\,dt}$의 식으로 구하며, 양의 값을 얻기 위해 제곱과 루트를 사용하므로 rms(root mean square)로도 표시한다.

4 마찬가지로 교류전류 i의 진폭을 i_m이라 하면, 교류전류의 실효치 $i_{rms} = \frac{1}{\sqrt{2}} i_m = v_m \times 0.707$이 된다.

18.2.4 위상차 측정

[그림 18-8]은 RC 직렬회로에서 측정한 파형으로, 파형 ❶은 v_R이고, 파형 ❷는 v_C이다.[5] 각 파형은 오실로스코프의 채널 1과 채널 2를 이용하여 측정했다.

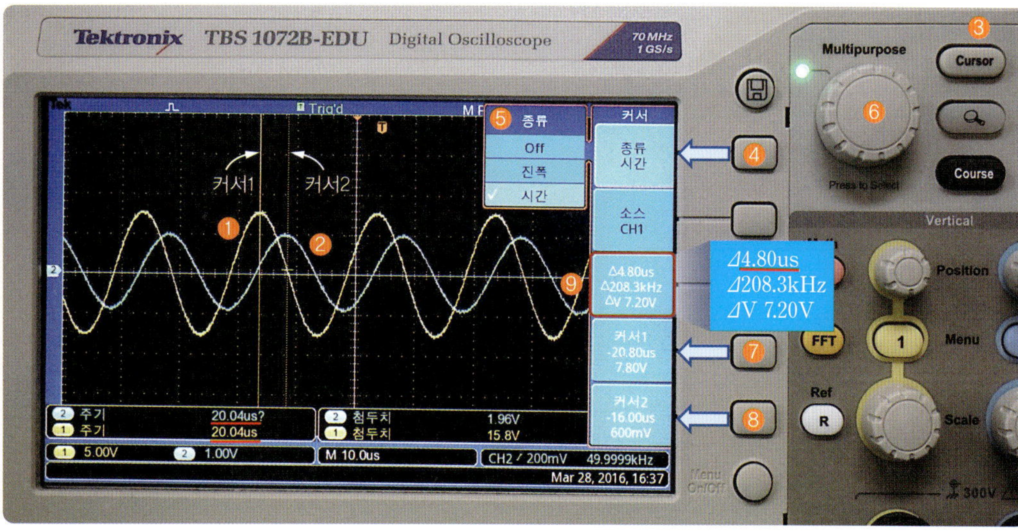

[그림 18-8] 위상차 측정

위상차를 측정하려면 먼저 파형의 주기를 알아야 한다. 주기는 오실로스코프의 측정(Measure) 버튼을 누른 다음, 측정 항목으로 '주기'를 추가하여 측정할 수 있다.[6] 채널별로 측정 항목에 '주기'를 추가하면 [그림 18-8]과 같이 화면에 주기가 표시되며, 2개의 파형 모두 20[μs]의 주기가 측정되었다. 같은 교류전원을 저항과 커패시터에 인가했기 때문에 주기는 같다. 위상차는 [그림 18-8]에 ❸으로 표시한 커서(Cursor) 버튼을 사용하여 측정하며 측정 방법은 다음과 같다.

(1) ❸의 커서 버튼을 눌러 '커서' 메뉴를 표시한다.

(2) 연계 버튼 ❹를 눌러 ❺의 세부 메뉴를 표시한다.

(3) ❻의 범용 다이얼로 세부 메뉴 중에서 '시간'을 선택한다.

: 2개의 수직선(커서 1, 커서 2)이 표시됨

(4) '커서 1'은 연계 버튼 ❼을 누른 다음 ❻의 범용 다이얼을 돌려 이동한다.

(5) '커서 2'는 연계 버튼 ❽을 누른 다음 ❻의 범용 다이얼을 돌려 이동한다.

(6) '커서 1'과 '커서 2'를 그림과 같이 각 파형(v_R, v_C)의 피크 점으로 이동한다.

: 파형의 시간차(4.8[μs])가 자동으로 표시됨

(7) 주기와 파형의 시간차를 이용해 위상차를 계산한다.

---

5 v_R이 v_C 보다 위상이 빠르다.

6 상세한 측정 방법은 [그림 12-7]을 참조하라.

[그림 18-9]는 오실로스코프로 측정한 파형의 주기와 두 파형의 시간차를 나타낸 그림이다. 파형 ❶(v_R)이 파형 ❷(v_C)보다 4.8[μs]만큼 위상이 앞서 있고, 주기는 동일하게 20[μs]이다.

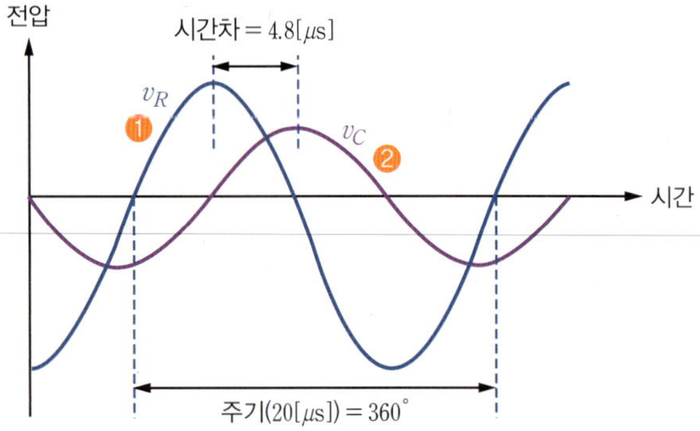

[그림 18-9] 주기와 위상차

시간차와 위상차 $X°$는 식 (18.13)과 같은 비례식으로 나타낼 수 있으며, 이를 이용해 위상차를 구할 수 있다. 식 (18.13)에 주기 20[μs]와 시간차 4.8[μs]를 적용하면 위상차 $X° = 86.4°$가 되며, 이는 이론값 90°와 유사하다.

$$\text{주기} : 360° = \text{시간차} : X° \tag{18.13}$$

18.3 실험

【실습 장비】

실험 기기	오실로스코프	1대	
	파형발생기	1대	
	멀티미터	1대	
	브레드보드	1개	
회로 부품	저항	1[kΩ], 4.7[kΩ]	각 1개
	커패시터	22[nF]	1개
	인덕터	10[mH]	1개

18.3.1 RC 직렬회로의 위상차

1 [그림 18-10]의 실험 회로를 구성하라. 저항 $R=1\,[\mathrm{k\Omega}]$, 커패시터 $C=22\,[\mathrm{nF}]$이다.

2 교류전원 v로 $20\,[\mathrm{V_{PP}}]$, $30\,[\mathrm{kHz}]$의 정현파를 인가하라.

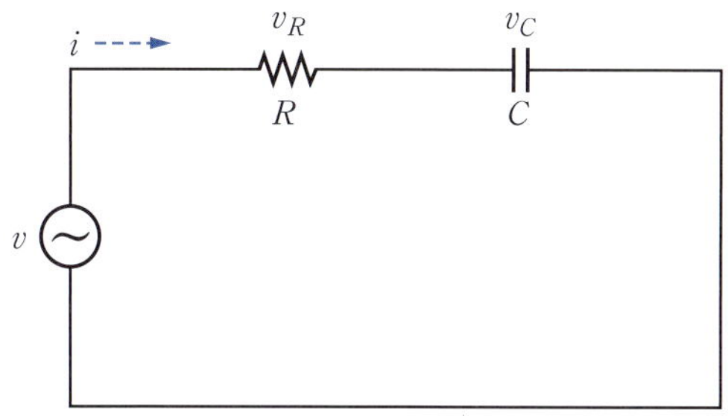

[그림 18-10] 실험 회로(RC 직렬회로)

실험 동영상

3 오실로스코프의 채널 1로 v_R을, 채널 2로 v_C를 동시에 측정하여 화면에 표시되도록 하라. 이때 채널 1에 연결한 프로브의 접지 단자는 회로에서 떼어낸다.

Tip 이렇게 해야 채널 2에 연결한 프로브의 메인 팁이 채널 1의 접지 단자를 통해 오실로스코프 본체의 접지와 연결되지 않아 채널 2의 파형이 표시된다.

4 오실로스코프로 v_R과 v_C의 주기를 측정하여 [표 18-1]에 기록하라.

5 v_R과 v_C의 시간차를 오실로스코프의 '커서' 기능으로 측정하여 [표 18-1]에 기록하라.

6 식 (18.13)으로 v_R과 v_C의 위상차를 계산하여 [표 18-1]에 기록하라.

[표 18-1] RC 직렬회로의 위상차 측정

v_R 의 주기	v_C 의 주기	시간차	위상차

18.3.2 *RL* 직렬회로의 위상차

1 [그림 18-11]의 실험 회로를 구성하라. 저항 $R=4.7[\text{k}\Omega]$, 인덕터 $L=10[\text{mH}]$이다.

2 교류전원 v로 $20[\text{V}_{\text{PP}}]$, $10[\text{kHz}]$의 정현파를 인가하라.

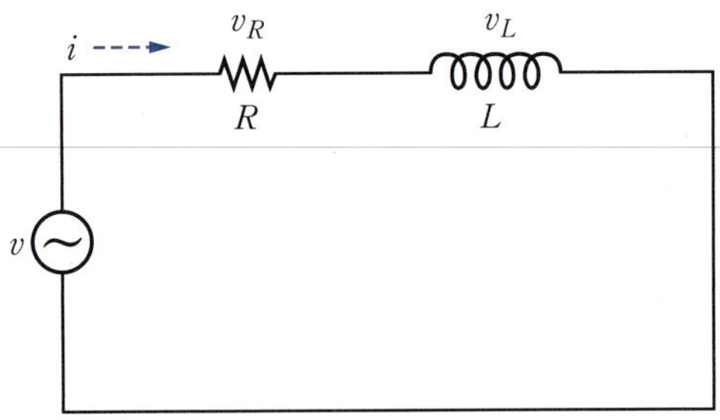

[그림 18-11] 실험 회로(*RL* 직렬회로)

3 오실로스코프의 채널 1로 v_R을, 채널 2로 v_L을 동시에 측정하여 화면에 표시되도록 하라. 18.3.1절과 마찬가지로 채널 1에 연결한 프로브의 접지 단자는 회로에서 떼어낸다.

4 오실로스코프로 v_R과 v_L의 주기를 측정하여 [표 18-2]에 기록하라.

5 v_R과 v_L의 시간차를 오실로스코프로 측정하여 [표 18-2]에 기록하라.

6 식 (18.13)으로 v_R과 v_L의 위상차를 계산하여 [표 18-2]에 기록하라.

[표 18-2] *RL* 직렬회로의 위상차 측정

v_L 의 주기	v_R 의 주기	시간차	위상차

18.3.3 RC 직렬회로의 특성

1. [그림 18-10]의 실험 회로를 구성하라. 저항 $R=1[\text{k}\Omega]$, 커패시터 $C=22[\text{nF}]$이다.

2. 교류전원 v로 $20[\text{V}_{\text{PP}}]$, $15[\text{kHz}]$의 정현파를 인가하라.

3. 오실로스코프로 v_R과 v_C를 측정하여 [표 18-3]에 기록하라.

4. $\sqrt{v_R^2+v_C^2}$을 계산하여 [표 18-3]에 기록하라.

5. [그림 18-10]의 실험 회로의 전류 i를 멀티미터로 측정하여 [표 18-3]에 기록하라.

   Tip 멀티미터는 교류전류 측정모드로 설정하라. 이때 측정되는 전류값은 실효치이다.

6. 멀티미터(교류전압 측정모드)의 프로브와 파형발생기의 출력 프로브를 직접 연결하면 교류전원 v의 실효치(v_{rms})를 측정할 수 있다. 측정된 v_{rms}값을 [표 18-3]에 기록하라.

7. 임피던스 Z(실험값)를 식 $Z=\dfrac{v_{rms}}{i}$로 구하여 [표 18-3]에 기록하라.[7]

[표 18-3] RC 직렬회로의 특성

v_R	v_C	$\sqrt{v_R^2+v_C^2}$	i	v_{rms}	Z (실험값)	Z (이론값)*
						$1110[\Omega]$

* 임피던스 Z의 이론값 구하기

$$X_C=\frac{1}{2\pi fC}=\frac{1}{2\pi\times(15\times10^3)\times(22\times10^{-9})}\simeq 482[\Omega]$$

$$Z=\sqrt{R^2+X_C^2}=\sqrt{1000^2+482^2}\simeq 1110[\Omega]$$

7 [표 18-3]에 Z의 이론값을 표시해 두었으니 참고하라.

18.3.4 RL 직렬회로의 특성

1 [그림 18-11]의 실험 회로를 구성하라. 저항 $R=4.7[\mathrm{k\Omega}]$, 인덕터 $L=10[\mathrm{mH}]$이다.

2 교류전원 v로 $20[\mathrm{V_{PP}}]$, $20[\mathrm{kHz}]$의 정현파를 인가하라.

3 오실로스코프로 v_R과 v_L을 측정하여 [표 18-4]에 기록하라.

4 $\sqrt{{v_R}^2+{v_L}^2}$을 계산하여 [표 18-4]에 기록하라.

5 [그림 18-11]의 실험 회로의 전류 i를 멀티미터로 측정하여 [표 18-4]에 기록하라.

6 멀티미터(교류전압 측정모드)의 프로브와 파형발생기의 출력 프로브를 직접 연결하여 교류전원 v의 실효치(v_{rms})를 측정하고, [표 18-4]에 기록하라.

7 임피던스 Z(실험값)를 식 $Z=\dfrac{v_{rms}}{i}$로 구하여 [표 18-4]에 기록하라.[8]

[표 18-4] RL 직렬회로의 특성

v_R	v_L	$\sqrt{{v_R}^2+{v_L}^2}$	i	v_{rms}	Z (실험값)	Z (이론값)*
						$4865\,[\Omega]$

* 임피던스 Z의 이론값 구하기

$$X_L=2\pi fL=2\pi\times(20\times10^3)\times(10\times10^{-3})\simeq1257\,[\Omega]$$

$$Z=\sqrt{R^2+X_L^2}=\sqrt{4700^2+1257^2}\simeq4865\,[\Omega]$$

8 [표 18-4]에도 Z의 이론값을 표시해 두었으니 참고하라.

18.4 PSpice 시뮬레이션

[그림 18-10]의 실험 회로를 시뮬레이션해보자. 이 실험에서는 교류전원 v로 [실험 13]에서 설명한 교류전원 'VSIN'을 사용한다. [그림 18-12]는 시뮬레이션 회로이다. 교류전원 'VSIN'의 파라미터 'VAMPL = 10V', 'FREQ = 30KHz'를 입력하여 20[V_{PP}], 30[kHz]의 정현파를 설정했다.

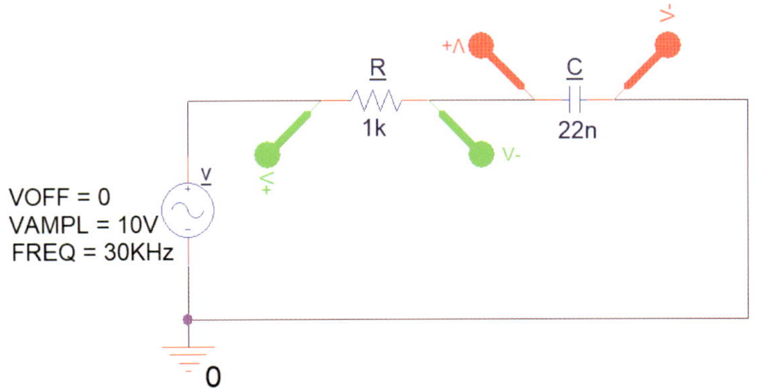

[그림 18-12] 시뮬레이션 회로

시뮬레이션 설정

시뮬레이션 설정은 [표 18-5]와 같으며, 여기에 맞춰 시뮬레이션을 설정한다.

[표 18-5] 시뮬레이션 설정

시뮬레이션 목적		RC 직렬회로의 전압 위상차 확인하기
대상 회로		[그림 18-10]의 실험 회로
시뮬레이션 설정	Analysis Type	Time Domain(Transient)
	Options	General Settings
	Run to time	120[μs]
	기타 설정	Start saving data after : 50[μs] Transient Options / Maximum Step Size : 0.1[μs]

[그림 18-13]은 시뮬레이션 설정창으로, ❶ Analysis Type에서 'Time Domain(Transient)'을 선택하고 ❷ Options으로 'General Settings'를 선택한다. ❸ Run to Time으로 '120us'를 입력한다. ❹ Start saving data after에 '50us'를 입력하여 50[μs] 이후의 시간에 대해 데이터가 표시되도록 설정한다.[9] ❺ Maximum Step Size에 0.1us를 입력하여 시뮬레이션 정밀도를 높인다.[10]

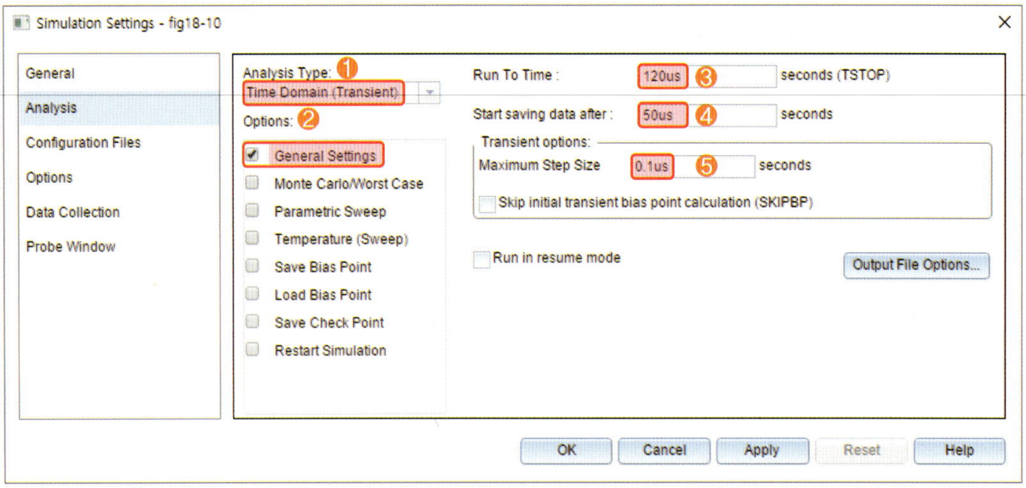

[그림 18-13] 시뮬레이션 설정

시뮬레이션 결과

[그림 18-14]는 시뮬레이션 결과로, v_R과 v_C 사이에 위상차가 생긴 것을 확인할 수 있다. 다만, 위상차의 크기는 알 수 없다.

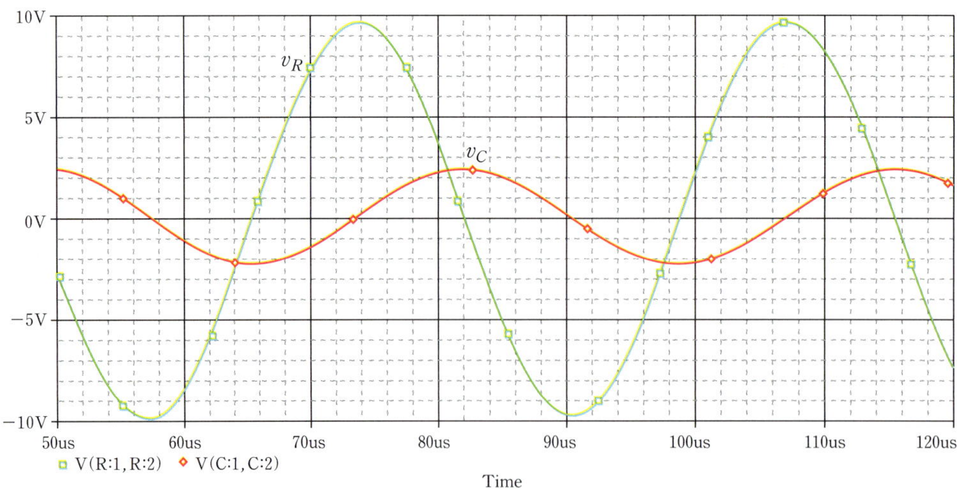

[그림 18-14] 시뮬레이션 결과

9 초기의 과도 상태를 피하기 위함이다.

10 0.1[μs]마다 데이터를 계산하므로 세밀한 시뮬레이션 결과를 얻을 수 있다.

■ **주기 확인**

위상차를 구하기 위해 먼저 주기(Period)를 확인한다. 이를 위해 [그림 18-15]와 같이 'PSpice A/D Lite'의 도구모음 중에서 'Evaluate Measurement'를 선택한다. 그러면 [그림 18-16]과 같은 입력창이 표시된다.

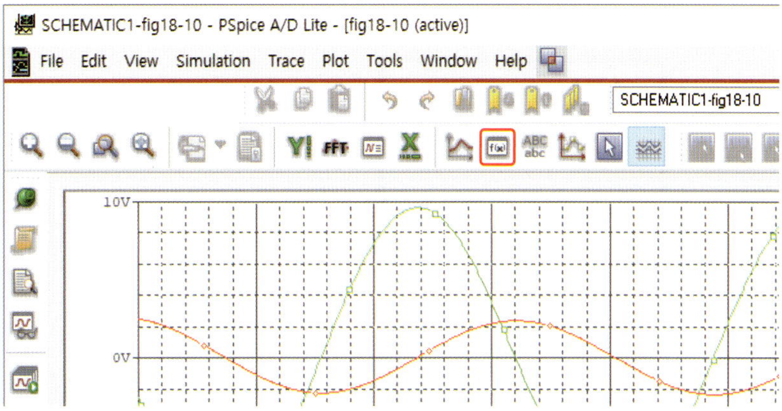

[그림 18-15] 'Evaluate Measurement' 도구의 선택

[그림 18-16]의 입력창에서 ❶ 'Period(1)'을 선택한 다음, ❷ 'V(R:1)'을 선택한다. 그러면 ❸의 표시창에 'Period(V(R:1))'이 표시된다. 'OK'를 누르면 ❹ 'Measurement Results'에 주기(33.33333u)가 표시된다. 이로부터 v_R의 주기가 '33.3[μs]'임을 알 수 있다.

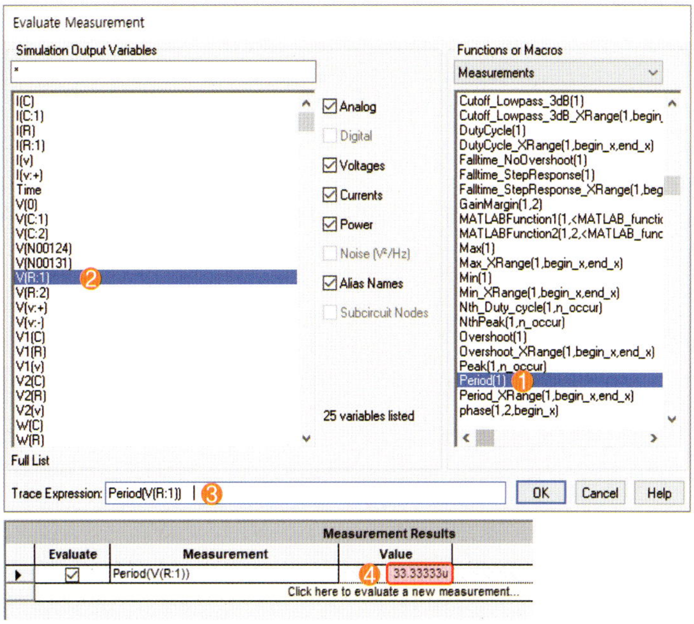

[그림 18-16] 'Evaluate Measurement' 입력창 설정 및 주기 확인

■ 위상차 확인

위상차를 확인하기 전에 먼저 [그림 18-17]과 같이 v_R의 파형을 선택[11]한 다음 마우스 오른쪽 버튼을 누르면 ❶과 같은 팝업 메뉴가 표시된다. 여기에서 ❷의 'Trace Property'를 선택하면, ❸과 같은 설정창이 나타난다. 설정창에서 ❹의 'Width'를 눌러 □ 표시한 두께를 선택하여 파형이 굵은 선으로 표시되도록 한다. v_C의 파형도 같은 방법으로 두께를 조절한다.[12]

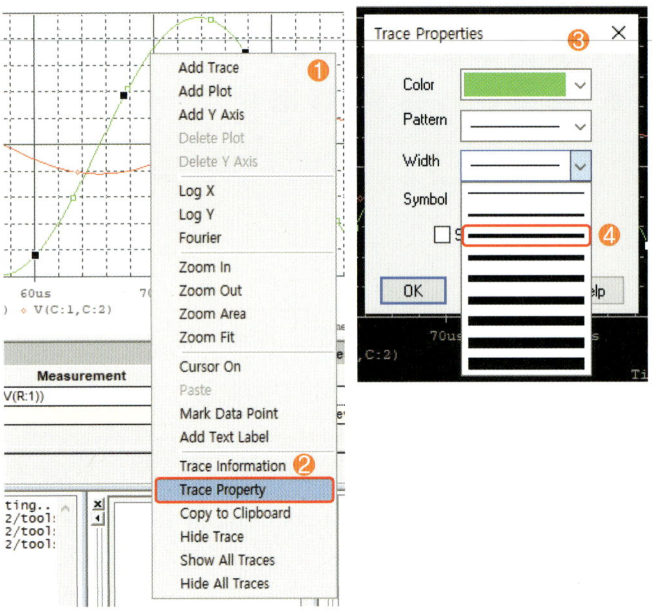

[그림 18-17] 파형의 선 두께 조절

11 선택된 파형에 흰색의 작은 사각형이 표시된다.

12 뒤에서 '커서' 기능을 사용할 때 파형과 커서를 구별하기 위한 작업이다.

[그림 18-18]은 선 굵기를 조절한 시뮬레이션 결과창이다. 여기에서 ❶의 'Toggle Cursor'를 눌러 커서 모드를 켜면, ❷와 같이 첫 번째 파형(v_R)이 선택된다. 이어서 ❸의 'Cursor Peak'를 누르면 커서(수직 및 수평의 붉은 선)의 교차점이 자동으로 v_R의 피크점[13]으로 이동한다. 이때 ❹의 'Mark Label'을 누르면, ❺와 같이 피크점의 좌표가 표시된다. 이를 더블 클릭하면 ❻과 같이 좌표값을 정확히 확인할 수 있다. ❻에 표시된 '(73.751u, 9.642)'는 v_R 피크점의 시간(Time)과 전압이 각각 73.8[μs]와 9.6[V]임을 나타낸다.

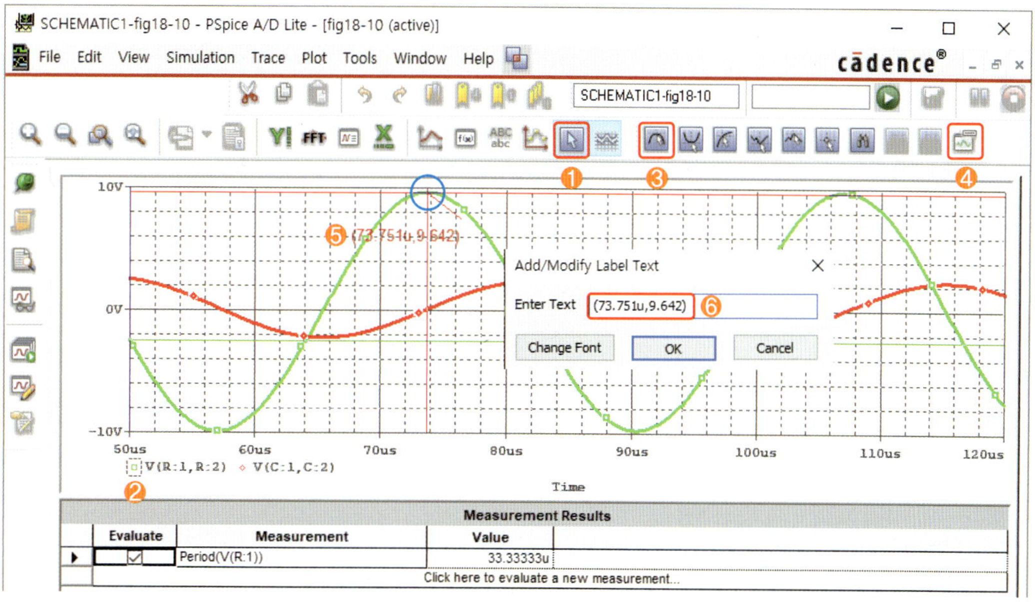

[그림 18-18] v_R의 피크점 측정

13 그림에 ○로 표시했다.

다음으로, 두 번째 파형(v_C)의 피크점을 확인한다. 이를 위해 [그림 18-19]의 ❶을 눌러 v_C를 선택한다.[14] 이어서 ❷를 누르면 커서가 v_C의 피크점[15]으로 자동으로 이동하며, ❸을 누르면 ❹와 같이 피크점의 좌표가 표시된다. 이를 더블 클릭하여 ❺에서 좌표값을 정확히 확인할 수 있다. v_C 피크점의 시간과 전압은 각각 82.1[μs]와 2.4[V]이다.

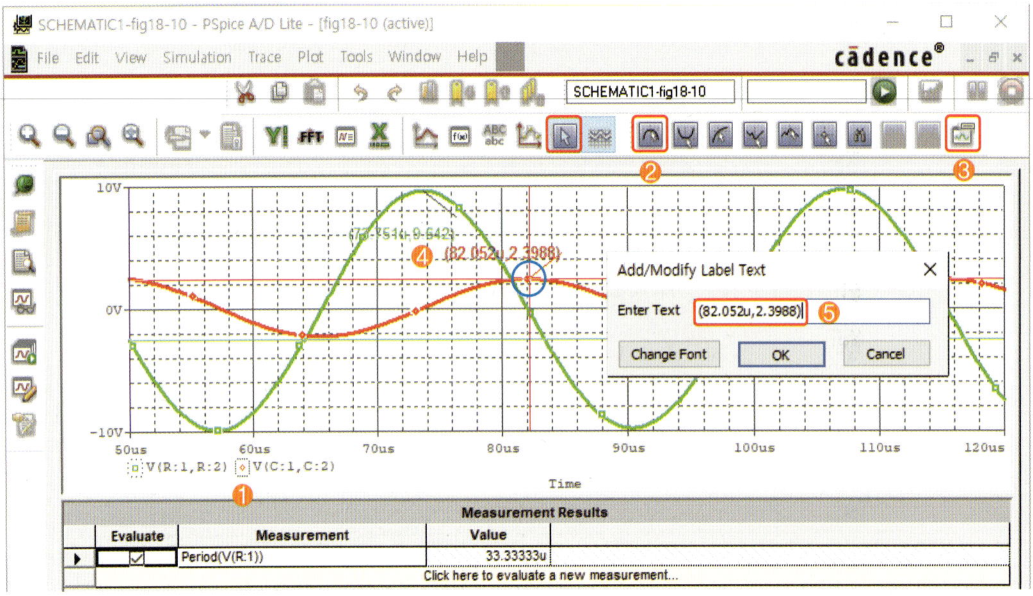

[그림 18-19] 커서를 이용한 v_C의 피크점 측정

피크점의 측정 결과를 정리해보면, v_R과 v_C의 피크점의 시간은 각각 73.8[μs]와 82.1[μs]이므로, 이들 사이의 시간차는 8.3[μs]가 된다. v_R의 주기는 33.3[μs]이므로 식 (18.13)을 이용하면 33.3[μs] : 360° = 8.3[μs] : X°로부터 위상차 $X° \simeq 90°$를 구할 수 있다. 이는 [그림 18-2]에서 살펴본 RC 직렬회로의 위상차와 같다.

14 흰색 점선 상자로 선택되었음이 표시된다.
15 그림에 ○로 표시했다.

18.5 결과 검토

■ 실험

(1) [표 18-1]에서 구한 RC 직렬회로의 위상차를 이론값 90°와 비교해보라.

(2) [표 18-2]에서 구한 RL 직렬회로의 위상차를 이론값 90°와 비교해보라.

(3) [표 18-3]에서 $\sqrt{v_R^2 + v_C^2}$ 의 값이 교류전원 v의 20[V_{PP}]와 같은지 비교해보라.

(4) [표 18-3]에서 임피던스 Z의 실험값과 이론값을 비교해보라.

(5) [표 18-4]에서 $\sqrt{v_R^2 + v_L^2}$ 의 값이 교류전원 v의 20[V_{PP}]와 같은지 비교해보라.

(6) [표 18-4]에서 임피던스 Z의 실험값과 이론값을 비교해보라.

■ PSpice 시뮬레이션

(1) [그림 18-11]의 실험 회로를 시뮬레이션하여 v_R과 v_L의 위상차를 구하라.

셀프 테스트

(1) RC 직렬회로는 v_R의 위상이 v_C 보다 90° (빠르다, 늦다)

(2) 교류신호의 주기는 위상 각도로 (180°, 360°)이다.

(3) 다음 중에서 RC 직렬회로의 위상각 θ를 나타내는 식은 무엇인가?

① $\theta = \tan^{-1}\left(\frac{v_C}{v_R}\right)$　　② $\theta = \tan^{-1}\left(\frac{v_R}{v_C}\right)$

③ $\theta = \cos^{-1}\left(\frac{v_C}{v_R}\right)$　　④ $\theta = \cos^{-1}\left(\frac{v_R}{v_C}\right)$

(4) 저항과 리액턴스를 포함한 회로 전체의 저항을 (　　　　)라 하며, Z로 표시한다.

(5) RL 직렬회로는 v_R의 위상이 v_L보다 90° (빠르다, 늦다)

(6) 다음은 교류전류의 실효치에 대한 설명이다. 옳지 않은 것은 무엇인가?

① 교류전원이 부하에 공급하는 평균 전력을 공급하는 데 필요한 직류전원의 크기로 정의한다.

② 교류전압 $v(t)$의 실효치는 $\sqrt{\frac{1}{T}\int_0^T v^2(t)\,dt}$ 의 식으로 구한다.

③ 교류전압 v의 실효치는 v_{rms}로 표시한다.

④ 교류전압의 진폭을 v_m이라 하면, 실효치는 $v_m \times 0.807$이다.

(7) 두 파형의 시간차가 $5[\mu s]$로 측정되었다. 주기가 $45[\mu s]$라면 두 파형의 위상차는 얼마인가?

① 30°　② 40°　③ 60°　④ 90°　⑤ 120°

예비학습

(1) RC 병렬회로의 특징이 무엇인지 조사하라.

(2) RL 병렬회로의 특징이 무엇인지 조사하라.

실험 19

RC 및 RL 병렬회로

19.1 실험 목표

- RC 병렬회로의 특성을 설명하고, 실험할 수 있다.
- RL 병렬회로의 특성을 설명하고, 실험할 수 있다.

19.2 기초 이론

이번 실험은 RC 및 RL 병렬회로를 다룬다. 병렬회로는 전류가 흐르는 경로가 2개 이상이므로 각 가지를 흐르는 전류는 연결된 소자에 따라 달라지지만, 가지에 걸리는 전압은 같다. 따라서 RC 및 RL 병렬회로는 전압에는 위상차가 생기지 않고 전류에만 위상차가 생긴다.

19.2.1 RC 병렬회로

[그림 19-1]은 저항 R과 커패시터 C를 병렬로 연결하고, 교류전원 v를 인가한 RC 병렬회로이다. 전체 전류 i는 2개의 가지 전류, 즉 저항 전류 i_R과 커패시터 전류 i_C로 나뉘어 흐른다.

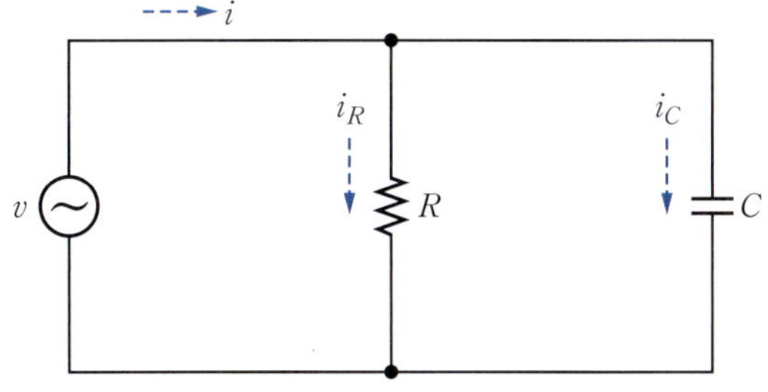

[그림 19-1] RC 병렬회로

[실험 13]에서 살펴본 것과 같이 커패시터에서는 전류의 위상이 전압보다 90° 빠르고[1], 저항에서는 전류와 전압의 위상이 같다. 병렬회로는 전압이 같으므로 결국 i_R과 i_C 사이에 90°의 위상차가 생긴다. 이를 나타낸 것이 [그림 19-2]이며, i_C의 위상이 i_R보다 90° 빠르다.

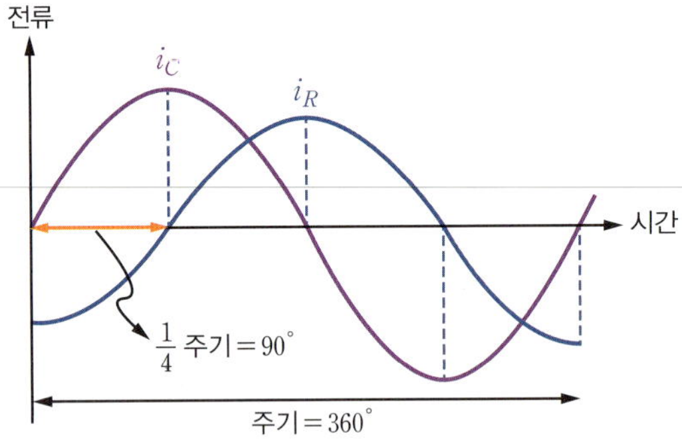

[그림 19-2] ***RC*** **병렬회로의 위상차**

[그림 19-3]은 RC 병렬회로의 페이저도로, X축의 i_R을 기준으로 위상이 90° 빠른 i_C를 Y축으로 그린다. 그림에서 θ는 위상각이며, i_R과 i_C의 크기에 따라 달라진다.

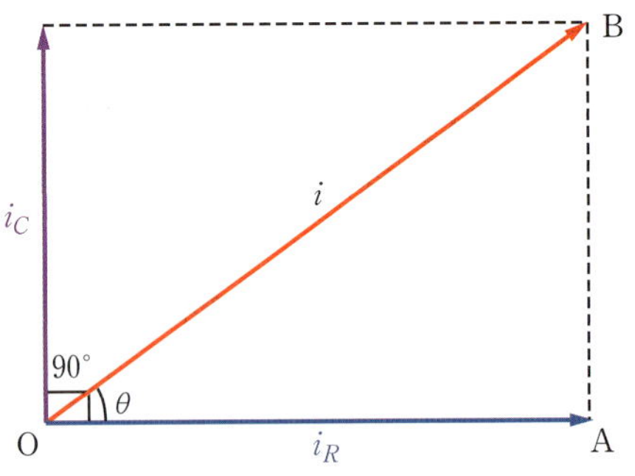

[그림 19-3] ***RC*** **병렬회로의 페이저도**

[그림 19-3]에서 전체 전류 i는 i_R과 i_C의 벡터합이며, 그림과 같이 원점 'O'에서 'B'로 향하는 대각선이 된다. [그림 19-3]의 삼각형 OAB에 피타고라스 정리를 적용하면 $i^2 = {i_R}^2 + {i_C}^2$이 된다. 이로부터 전체 전류 i는 식 (19.1)이 된다.

$$i = \sqrt{{i_R}^2 + {i_C}^2} \tag{19.1}$$

[그림 19-3]에서 $\tan\theta = \frac{i_C}{i_R}$이므로 식 (19.2)와 같이 위상각 θ를 구할 수 있다. 위상각 θ를 알면 RC 병렬회로의 페이저도를 보다 정확하게 그릴 수 있다.

$$\theta = \tan^{-1}\left(\frac{i_C}{i_R}\right) \tag{19.2}$$

1 [그림 13-10]을 참조하라.

[그림 19-1]에서 i_R과 i_C는 식 (19.3)과 같이 나타낼 수 있다. 식에서 X_C는 커패시터의 용량성 리액턴스이다.

$$i_R = \frac{v}{R}, \quad i_C = \frac{v}{X_C} \tag{19.3}$$

식 (19.3)을 식 (19.1)에 대입하여 정리하면, 식 (19.4)와 같이 전체 전류 i를 구할 수 있다.

$$\begin{aligned} i &= \sqrt{\left(\frac{v}{R}\right)^2 + \left(\frac{v}{X_C}\right)^2} \\ &= v\sqrt{\left(\frac{1}{R}\right)^2 + \left(\frac{1}{X_C}\right)^2} \end{aligned} \tag{19.4}$$

식 (19.4)로부터 RC 병렬회로의 임피던스 Z는 식 (19.5)가 된다.

$$Z = \frac{1}{\sqrt{\left(\frac{1}{R}\right)^2 + \left(\frac{1}{X_C}\right)^2}} \tag{19.5}$$

컨덕턴스, 어드미턴스, 서셉턴스

여기서 잠깐

식 (19.5)는 모든 항이 분수로 되어 있어 다소 복잡해 보인다. 이 경우 다음과 같이 어드미턴스(Admittance), 서셉턴스(Susceptance), 컨덕턴스(Conductance)를 이용하면 간단한 식으로 바꿀 수 있다.

- $\frac{1}{R}$ (저항의 역수) : 컨덕턴스, G로 표시
- $\frac{1}{Z}$ (임피던스의 역수) : 어드미턴스, Y로 표시
- $\frac{1}{X_C}$ (용량성 리액턴스의 역수) : 용량성 서셉턴스[2], B_C

컨덕턴스 G, 어드미턴스 Y 및 용량성 서셉턴스 B_C를 적용하면, 식 (19.5)는 식 (19.6)으로 간단하게 나타낼 수 있다.

$$Y = \sqrt{G^2 + B_C^2} \tag{19.6}$$

2 $\frac{1}{X_L}$은 유도성 리액턴스의 역수로, 유도성 서셉턴스라 하며, B_L로 표시한다.

19.2.2 RL 병렬회로

[그림 19-4]는 저항 R과 인덕터 L을 병렬로 연결하고, 교류전원 v를 인가한 RL 병렬회로이다. 전체 전류 i는 2개의 가지 전류, 즉 저항 전류 i_R과 인덕터 전류 i_L로 나뉘어 흐른다.

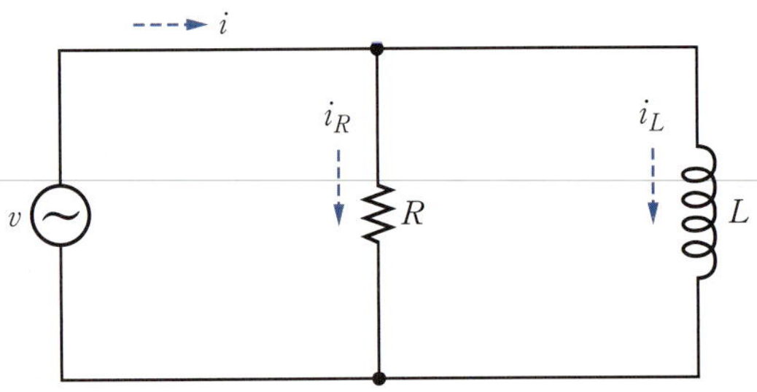

[그림 19-4] RL **병렬회로**

[실험 14]에서 살펴본 것과 같이 인덕터에서는 전압의 위상이 전류보다 90° 빠르고[3], 저항에서는 전류와 전압의 위상이 같다. 병렬회로는 전압이 같으므로 결국 i_R과 i_L 사이에는 위상차가 생긴다. 이를 나타낸 것이 [그림 19-5]이며, i_L의 위상이 i_R 보다 90° 늦다.

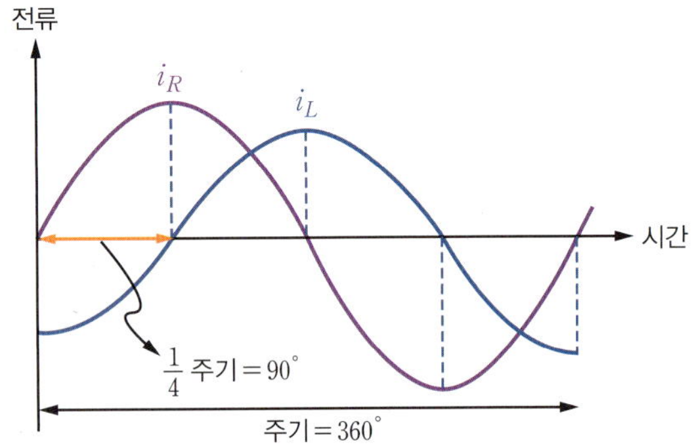

[그림 19-5] RL **병렬회로의 위상차**

[그림 19-6]은 RL 병렬회로의 페이저도로, X축의 i_R을 기준으로 위상이 90° 늦는 i_L을 −Y축으로 그린다. 그림에서 θ는 위상각이며, i_R과 i_L의 크기에 따라 달라진다.

[그림 19-6]에서 전체 전류 i는 i_R과 i_L의 벡터합이며, 그림과 같이 원점 'O'에서 'B'로 향하는 대각선이 된다. 삼각형 OAB에 피타고라스 정리를 적용하면 $i^2 = i_R^2 + i_L^2$이 된다. 이로부터 전체 전류 i는 식 (19.7)이 된다.

$$i = \sqrt{i_R^2 + i_L^2} \tag{19.7}$$

3 [그림 14-10]을 참조하라.

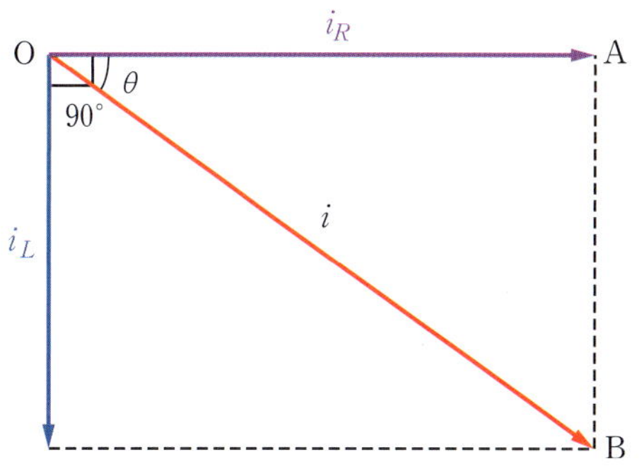

[그림 19-6] ***RL*** **병렬회로의 페이저도**

[그림 19-6]에서 $\tan\theta = \dfrac{i_L}{i_R}$ 이므로, 식 (19.8)과 같이 위상각 θ를 구할 수 있다. 위상각 θ를 알면 RL 병렬회로의 페이저도를 보다 정확하게 그릴 수 있다.

$$\theta = \tan^{-1}\left(\frac{i_L}{i_R}\right) \tag{19.8}$$

[그림 19-4]에서 i_R과 i_L은 식 (19.9)와 같이 나타낼 수 있다. 식에서 X_L은 인덕터의 유도성 리액턴스이다.

$$i_R = \frac{v}{R}, \quad i_L = \frac{v}{X_L} \tag{19.9}$$

식 (19.9)를 식 (19.7)에 대입하면 식 (19.10)과 같이 전체 전류 i를 구할 수 있다.

$$\begin{aligned} i &= \sqrt{\left(\frac{v}{R}\right)^2 + \left(\frac{v}{X_L}\right)^2} \\ &= v\sqrt{\left(\frac{1}{R}\right)^2 + \left(\frac{1}{X_L}\right)^2} \end{aligned} \tag{19.10}$$

식 (19.10)으로부터 RL 병렬회로의 임피던스 Z는 식 (19.11)이 된다.

$$Z = \frac{1}{\sqrt{\left(\frac{1}{R}\right)^2 + \left(\frac{1}{X_L}\right)^2}} \tag{19.11}$$

컨덕턴스 G, 어드미턴스 Y 및 유도성 서셉턴스 B_L을 적용하면 식 (19.11)을 식 (19.12)로 간단하게 나타낼 수 있다.

$$Y = \sqrt{G^2 + B_L^2} \tag{19.12}$$

19.3 실험

【실습 장비】

실험 기기	오실로스코프	1대	멀티미터	1대
	파형발생기	1대	브레드보드	1개
회로 부품	저항	1[kΩ]		1개
	커패시터	1[μF]		1개
	인덕터	5[mH]		1개

19.3.1 RC 병렬회로

1 [그림 19-7]의 실험 회로를 구성하라. 저항 $R=1\,[\mathrm{k\Omega}]$, 커패시터 $C=1\,[\mu\mathrm{F}]$이다.

2 교류전원 v로 $20\,[\mathrm{V_{PP}}]$, $1\,[\mathrm{kHz}]$의 정현파를 인가하라.

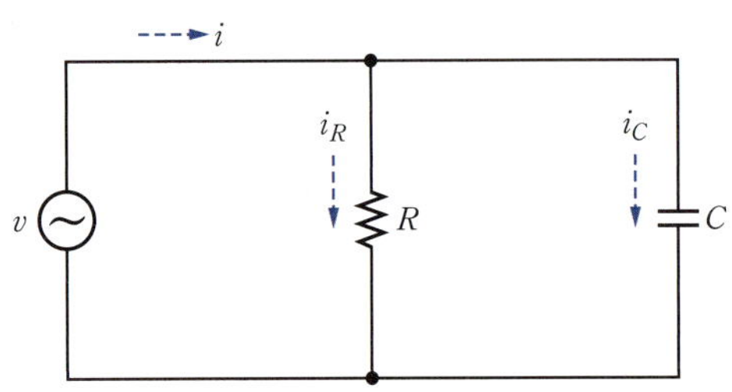

[그림 19-7] 실험 회로(RC 병렬회로)

3 멀티미터로 전체 전류 i와 i_R 및 i_C를 측정하여 [표 19-1]에 기록하라.

Tip 멀티미터는 교류전류 측정모드로 설정하라. 이때 측정되는 전류값은 실효치이다.

4 $\sqrt{i_R^2+i_C^2}$ 을 계산하여 [표 19-1]에 기록하라.

[표 19-1] RC 병렬회로의 특성

i	i_R	i_C	$\sqrt{i_R^2+i_C^2}$	v_{rms}	Z (실험값)	Z (이론값)*
						157 [Ω]

* 임피던스 Z의 이론값 구하기

$$\frac{1}{R}=\frac{1}{1\times 10^3}=10^{-3}=0.001\,[℧]$$ [4]

$$\frac{1}{X_C}=2\pi fC=2\pi\times(1\times 10^3)\times(1\times 10^{-6})\simeq 6.3\times 10^{-3}\,[℧]$$

$$Z=\frac{1}{\sqrt{\left(\frac{1}{R}\right)^2+\left(\frac{1}{X_C}\right)^2}}=\frac{1}{\sqrt{0.001^2+0.0063^2}}\simeq 157\,[\Omega]$$

4 저항의 역수이므로 계산 결과는 컨덕턴스(Conductance)이다. 컨덕턴스의 단위는 [℧](mho)이다.

5 멀티미터(교류전압 측정모드)의 프로브와 파형발생기의 출력 프로브를 직접 연결하여 교류전원 v의 실효치(v_{rms})를 측정하고, [표 19-1]에 기록하라.

6 임피던스 Z(실험값)를 식 $Z = \dfrac{v_{rms}}{i}$로 구하여 [표 19-1]에 기록하라.[5]

19.3.2 *RL* 병렬회로

1 [그림 19-8]의 실험 회로를 구성하라. 저항 $R = 1\,[\text{k}\Omega]$, 인덕터 $L = 5\,[\text{mH}]$이다.

2 교류전원 v로 $20\,[\text{V}_{\text{PP}}]$, $15\,[\text{kHz}]$의 정현파를 인가하라.

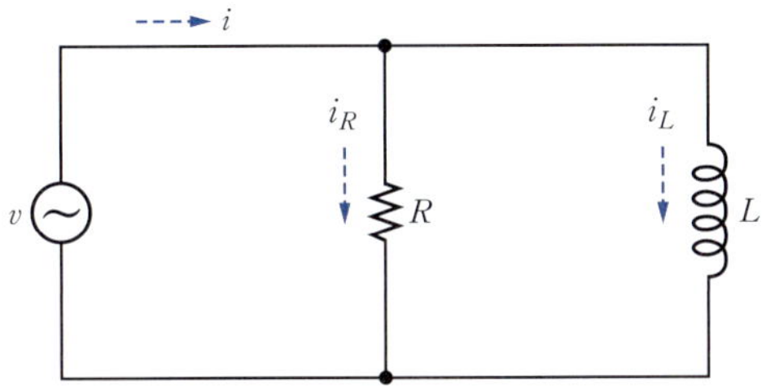

[그림 19-8] 실험 회로(*RL* 병렬회로)

3 멀티미터로 전체 전류 i와 전류 i_R 및 i_L을 측정하여 [표 19-2]에 기록하라.

4 $\sqrt{i_R^2 + i_L^2}$을 계산하여 [표 19-2]에 기록하라.

5 멀티미터(교류전압 측정모드)의 프로브와 파형발생기의 프로브를 직접 연결하여 교류전원 v의 실효치(v_{rms})를 측정하고, [표 19-2]에 기록하라.

6 임피던스 Z(실험값)를 식 $Z = \dfrac{v_{rms}}{i}$로 구하여 [표 19-2]에 기록하라.

[표 19-2] *RL* 병렬회로의 특성

i	i_R	i_L	$\sqrt{i_R^2 + i_L^2}$	v_{rms}	Z (실험값)	Z (이론값)*
						$430\,[\Omega]$

* 임피던스 Z의 이론값 구하기

$$\frac{1}{R} = \frac{1}{1 \times 10^3} = 10^{-3} = 0.001\,[\mho]$$

$$\frac{1}{X_L} = \frac{1}{2\pi f L} = \frac{1}{2\pi \times (15 \times 10^3) \times (5 \times 10^{-3})} \simeq 2.1 \times 10^{-3}\,[\mho]$$

$$Z = \frac{1}{\sqrt{\left(\frac{1}{R}\right)^2 + \left(\frac{1}{X_L}\right)^2}} = \frac{1}{\sqrt{0.001^2 + 0.0021^2}} \simeq 430\,[\Omega]$$

5 [표 19-1]에 Z의 이론값을 표시해 두었으니 참고하라.

19.4 PSpice 시뮬레이션

19.3.2절의 'RL 병렬회로' 실험에서는 전체 전류 i와 임피던스 Z의 실험값을 구하여 이론값과 비교했다. 다만, 전류 i_R과 i_L 사이의 위상차는 실험에서 관찰하지는 않았다.[6] 여기에서는 시뮬레이션으로 i_R과 i_L의 위상차를 확인해본다.

시뮬레이션 설정

시뮬레이션 설정은 [표 19-3]과 같으며, 여기에 맞춰 시뮬레이션을 설정한다.

[표 19-3] 시뮬레이션 설정

시뮬레이션 목적		RL 병렬회로의 전류 위상차 확인하기
대상 회로		[그림 19-8]의 실험 회로, $R = 330\,[\Omega]$으로 변경, $L = 5\,[\text{mH}]$, 교류전원 v는 $20\,[\text{V}_{\text{PP}}]$, $15\,[\text{kHz}]$ 정현파 설정
시뮬레이션 설정	Analysis type	Time Domain(Transient)
	Options	General Settings
	Run to time	$200\,[\mu\text{s}]$
	기타 설정	Transient Options / Maximum Step Size : $0.1\,[\mu\text{s}]$

[그림 19-9]는 시뮬레이션 회로이다. 교류전원 'VSIN'의 파라미터 'VAMPL = 10V', 'FREQ = 15KHz'를 입력하여 $20[\text{V}_{\text{PP}}]$, $15[\text{kHz}]$의 정현파를 설정했다. 또한 인덕터 L과 교류전원 v 사이에 저항 R_S를 추가했다.[7]

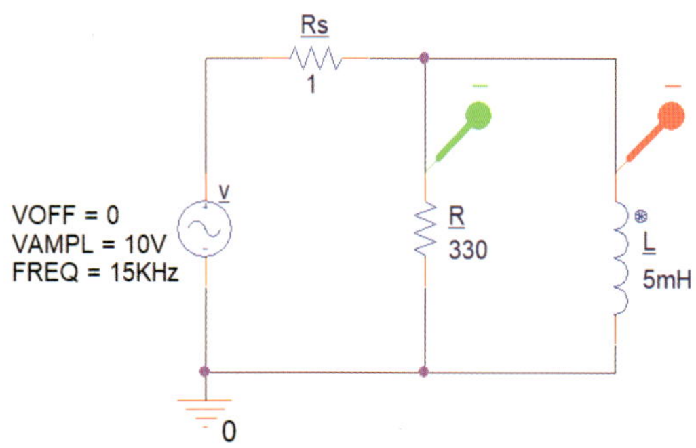

[그림 19-9] 시뮬레이션 회로

6 오실로스코프로 위상차를 관찰하려면 $1\,[\Omega]$ 정도의 션트(Shunt) 저항을 이용하거나 별도의 전류 프로브를 사용해야 한다.

7 PSpice 프로그램은 전원과 인덕터를 직접 연결하면, 이를 단락(Short) 에러로 인식한다. 이를 막기 위해 전류에 영향을 미치지 않는 $1\,[\Omega]$의 저항을 연결했다.

시뮬레이션 결과

[그림 19-10]은 시뮬레이션 결과로, i_R과 i_L 사이에 위상차가 있음을 확인할 수 있다. 위상차의 크기를 알아보기 위해 [실험 18]에서 설명한 방법으로 i_R과 i_L의 피크점 좌표 및 i_R의 주기를 확인했다.[8] [그림 19-10]에 표시된 피크점 좌표의 시간이 각각 16.7[μs]와 33.3[μs]이므로, 전류 i_R과 i_L의 시간차는 16.6[μs]이다. 또한 i_R의 주기는 [그림 19-10]에서 66.7 [μs]임을 알 수 있다. 식 (18.13)으로 위상차를 구해보면, 66.7 [μs] : 360° = 16.6 [μs] : X°이므로 위상차 $X° \simeq 90°$가 된다. 이는 [그림 19-5]에서 살펴본 RL 병렬회로의 위상차와 같다.

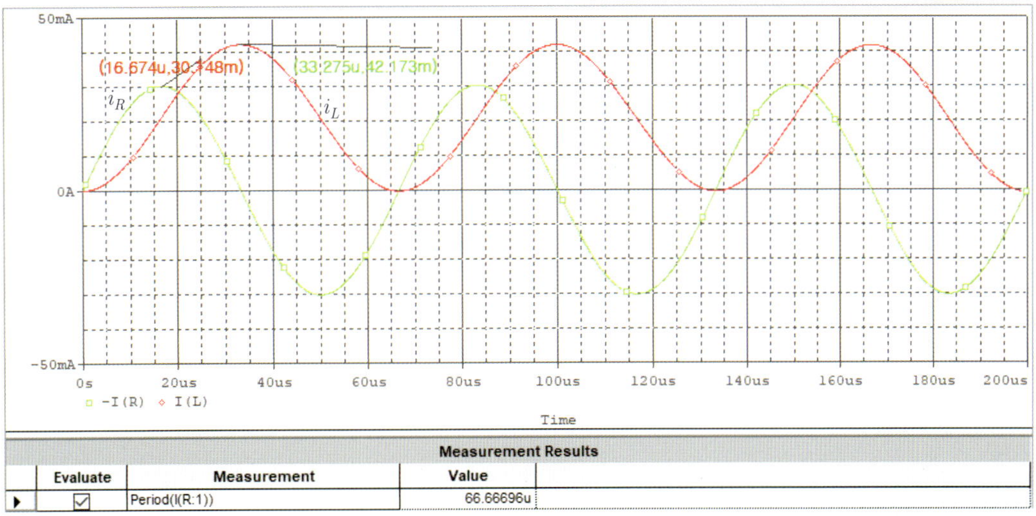

[그림 19-10] 시뮬레이션 결과

19.5 결과 검토

■ **실험**

(1) [표 19-1]에서 $\sqrt{i_R^2 + i_C^2}$ 의 값과 전체 전류 i를 비교해보라.

(2) [표 19-1]에서 임피던스 Z의 이론값과 실험값을 비교해보라.

(3) [표 19-2]에서 $\sqrt{i_R^2 + i_L^2}$ 의 값과 전체 전류 i를 비교해보라.

(4) [표 19-2]에서 임피던스 Z의 이론값과 실험값을 비교해보라.

■ **PSpice 시뮬레이션**

(1) [그림 19-9]에서 저항 R_S을 추가한 이유를 설명하라.

(2) [그림 19-7]의 RC 병렬회로를 시뮬레이션하여 i_R과 i_C의 위상차를 구하라.

8 [그림 18-15] ~ [그림 18-19]의 내용을 참고하라.

셀프 테스트

(1) RC 병렬회로는 i_R의 위상이 i_C 보다 $90°$ (빠르다, 늦다).

(2) RC 및 RL 병렬회로는 전압에서 위상차가 생기지 않는다. (○, ×)

(3) 다음 중에서 RC 병렬회로의 위상각 θ를 나타내는 식은 무엇인가?

① $\theta = \tan^{-1}\left(\frac{i_R}{i_C}\right)$　　② $\theta = \tan^{-1}\left(\frac{i_C}{i_R}\right)$

③ $\theta = \cos^{-1}\left(\frac{i_C}{i_R}\right)$　　④ $\theta = \cos^{-1}\left(\frac{i_R}{i_C}\right)$

(4) 저항의 역수인 $\frac{1}{R}$은 (어드미턴스, 컨덕턴스)라고 하며, G로 표시한다.

(5) 임피던스의 역수인 $\frac{1}{Z}$은 (어드미턴스, 컨덕턴스)라고 하며 Y로 표시한다.

(6) 용량성 리액턴스의 역수인 $\frac{1}{X_C}$을 용량성 (서셉턴스, 어드미턴스)라고 하며, B_C로 표시한다.

(7) 어드미턴스와 서셉턴스 및 컨덕턴스의 단위는 (　　　)이다.

(8) RL 병렬회로는 i_R의 위상이 i_L 보다 $90°$ (빠르다, 늦다).

예비학습

(1) RLC 회로의 공진(Resonance) 현상이 무엇인지 조사하라.

(2) RLC 회로가 공진일 때 나타나는 특징에 대해 조사하라.

실험 20

RLC 회로와 공진

20.1 실험 목표

- RLC 직렬회로의 특성을 설명하고, 실험할 수 있다.
- RLC 병렬회로의 특성을 설명하고, 실험할 수 있다.

20.2 기초 이론

RLC 회로는 전압 및 전류의 위상이 반대인 커패시터와 인덕터가 함께 연결되기 때문에 RC 또는 RL 회로와는 특성이 다르다. RLC 회로의 가장 큰 특징은 **공진**(Resonance)이며, 이는 특정 주파수에서 인덕터와 커패시터의 리액턴스가 상쇄되면서 저항만 남는 상태이다. 이번 실험에서는 RLC 직렬회로와 RLC 병렬회로의 일반적인 특성과 공진 특성을 살펴보고 실험한다.

20.2.1 RLC 직렬회로

[그림 20-1]은 저항 R, 인덕터 L, 커패시터 C를 직렬로 연결하고, 교류전원 v를 인가한 RLC 직렬회로이다. 모든 소자에는 같은 전류 i가 흐른다.

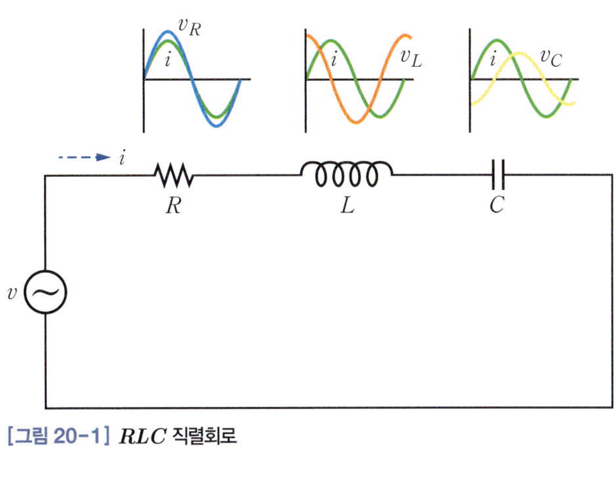

[그림 20-1] RLC 직렬회로

그림에 각 소자별로 전류와 전압의 파형을 표시했다. 저항은 전압 v_R과 전류 i의 위상이 같고, 인덕터는 전압 v_L의 위상이 전류 i보다 90° 빠르며, 커패시터는 전압 v_C의 위상이 전류보다 90° 늦다.

[그림 20-2]는 $v_L > v_C$일 때의 RLC 직렬회로 페이저도이다.[1] 위상이 같은 X축 v_R과 전류 i를 기준으로 위상이 90° 빠른 v_L은 Y축으로, 위상이 90° 늦는 v_C는 −Y축으로 그린다.

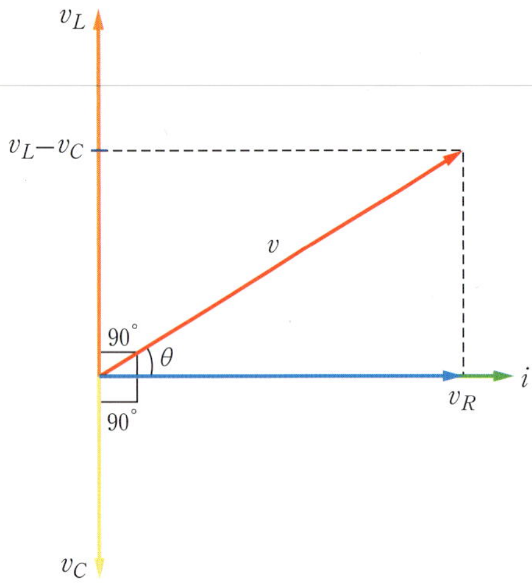

[그림 20-2] ***RLC*** **직렬회로의 페이저도($v_L > v_C$일 때)**

[그림 20-2]에서 피타고라스 정리에 따르면 $v^2 = {v_R}^2 + (v_L - v_C)^2$이다. 따라서 교류전원 v는 식 (20.1)이 된다.

$$v = \sqrt{{v_R}^2 + (v_L - v_C)^2} \tag{20.1}$$

[그림 20-1]에서 $v_R = iR$, $v_L = iX_L$, $v_C = iX_C$이므로 식 (20.1)을 식 (20.2)과 같이 바꿀 수 있다. X_L은 인덕터의 유도성 리액턴스이고, X_C는 커패시터의 용량성 리액턴스이다.

$$\begin{aligned} v &= \sqrt{(iR)^2 + (iX_L - iX_C)^2} \\ &= i\sqrt{R^2 + (X_L - X_C)^2} \end{aligned} \tag{20.2}$$

식 (20.2)로부터 RLC 직렬회로의 임피던스 Z는 식 (20.3)이 된다.

$$Z = \sqrt{R^2 + (X_L - X_C)^2} \tag{20.3}$$

[그림 20-2]에서 $\tan\theta = \dfrac{v_L - v_C}{v_R}$이므로 위상각 θ는 식 (20.4)와 같이 구할 수 있다.

$$\theta = \tan^{-1}\left(\frac{v_L - v_C}{v_R}\right) = \tan^{-1}\left(\frac{iX_L - iX_C}{iR}\right) = \tan^{-1}\left(\frac{X_L - X_C}{R}\right) \tag{20.4}$$

1 L과 C의 용량 및 주파수에 의해 v_L과 v_C의 크기가 결정된다.

$v_C > v_L$일 때의 RLC 직렬회로의 페이저도

여기서 잠깐

[그림 20-3]은 $v_C > v_L$일 때의 RLC 직렬회로의 페이저도이다. 이 페이저도에 따르면 식 (20.1)은 $v = \sqrt{{v_R}^2 + (v_C - v_L)^2}$이 되고[2], 식 (20.3)은 $Z = \sqrt{R^2 + (X_C - X_L)^2}$이 된다.

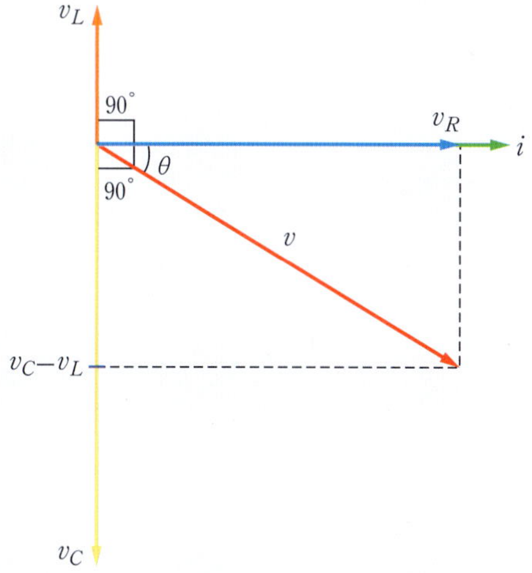

[그림 20-3] RLC 직렬회로의 페이저도($v_C > v_L$일 때)

[그림 20-4]는 주파수에 따른 X_C와 X_L의 변화로, X_C는 주파수 f에 반비례하고, X_L은 비례한다.[3] 그림에서 f_r은 $X_C = X_L$일 때의 주파수이다. 이 경우 식 (20.3)에서 $(X_L - X_C)$는 0이 되므로 RLC 직렬회로는 저항만 작용하게 된다. 이 상태를 RLC 직렬회로의 공진이라 하고, 그때의 주파수 f_r을 RLC 직렬회로의 공진주파수라 한다.

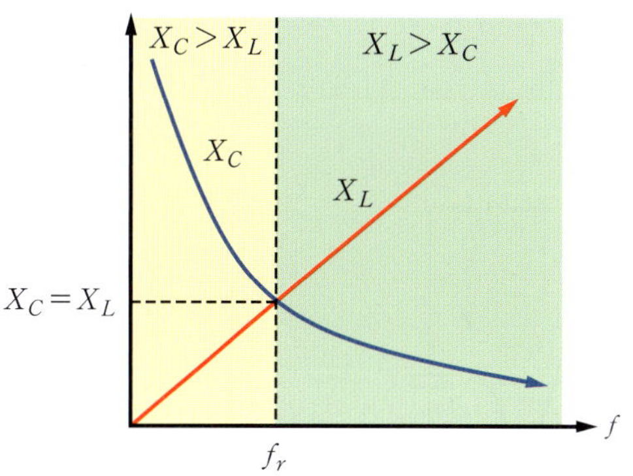

[그림 20-4] 주파수에 따른 리액턴스의 변화

2 수식은 달라지지만 v_L과 v_C의 크기 차를 제곱하므로 v의 계산 결과는 같다. 임피던스 Z도 마찬가지이다.

3 식 (13.11)과 식 (14.10)을 참조하라.

공진일 때, RLC 직렬회로의 리액턴스는 0이 되고 저항만 작용하므로 다음과 같은 특성을 나타낸다.

- 위상차가 생기지 않는다.
- 교류전원 v가 저항에만 걸리므로 v_R이 최대가 된다.
- 리액턴스가 0이므로 전류는 최대가 된다.
- 리액턴스가 0이므로 v_{LC}도 0이 된다.[4]
- v_L과 v_C는 크기는 같고 위상은 반대이므로 상쇄된다.

한편, [그림 20-4]에서 f_r보다 주파수가 작은 영역($X_C > X_L$)은 커패시턴스 성분이 우세하므로 RLC 직렬회로는 RC 직렬회로의 특성을 나타낸다. 그에 따라 v_R의 위상이 v_{LC} 보다 빨라진다. 반면에, [그림 20-4]에서 f_r보다 주파수가 큰 영역($X_L > X_C$)은 인덕턴스 성분이 우세하므로 RLC 직렬회로는 RL 직렬회로의 특성을 나타낸다. 그에 따라 v_{LC}의 위상이 v_R보다 빨라진다.

다음으로 공진주파수 f_r을 살펴보자. 공진일 때 $X_C = X_L$이므로 식 (20.5)와 같이 나타낼 수 있다. 식 (20.5)를 정리하면 식 (20.6)과 같이 f_r을 구할 수 있다.

$$2\pi f_r L - \frac{1}{2\pi f_r C} = 0 \tag{20.5}$$

$$f_r = \frac{1}{2\pi\sqrt{LC}} \tag{20.6}$$

20.2.2 *RLC* 병렬회로

[그림 20-5]는 저항 R, 인덕터 L, 커패시터 C를 병렬로 연결하고 교류전원 v를 인가한 RLC 병렬회로이다. 모든 소자에는 같은 교류전압 v가 걸린다. 그림에 각 소자별로 전류와 전압의 파형을 표시했다. 저항은 전류 i_R과 전압 v의 위상이 같고, 인덕터는 전류 i_L의 위상이 전압 v보다 90° 늦으며, 커패시터는 전류 i_C의 위상이 전압 v보다 90° 빠르다.

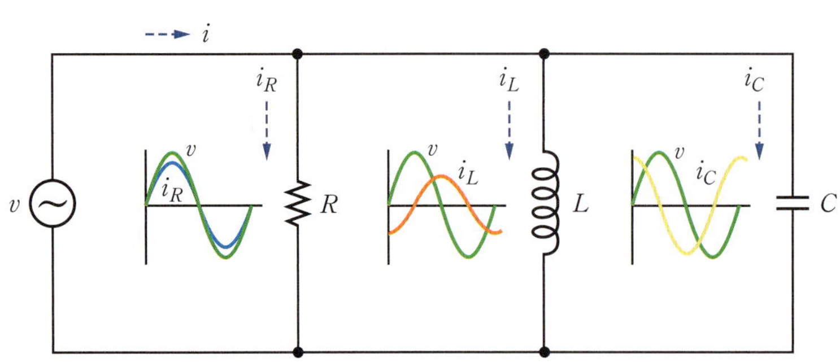

[그림 20-5] *RLC* 병렬회로

4 v_{LC}는 커패시터 및 인덕터에 걸리는 전압이다.

[그림 20-6]은 $i_L > i_C$일 때의 RLC 병렬회로 페이저도이다.[5] 위상이 같은 X축의 i_R과 전압 v를 기준으로 위상이 90° 빠른 i_C는 Y축으로, 위상이 90° 늦는 i_L은 −Y축으로 그린다.

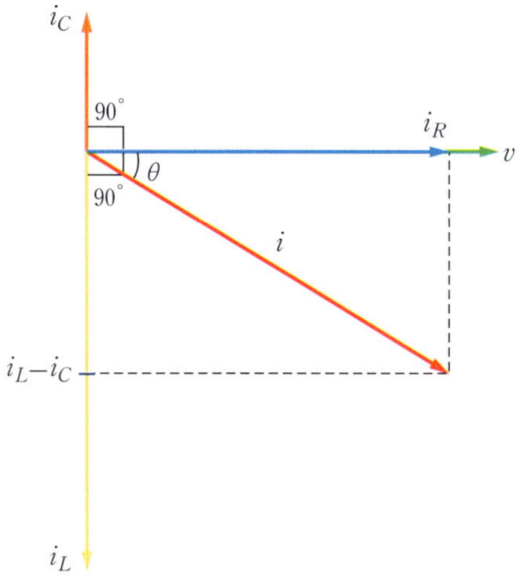

[그림 20-6] RLC **병렬회로의 페이저도($i_L > i_C$일 때)**

[그림 20-5]에서 피타고라스 정리에 따르면 $i^2 = {i_R}^2 + (i_L - i_C)^2$ 이다. 따라서 전류 i는 식 (20.7)이 된다.

$$i = \sqrt{{i_R}^2 + (i_L - i_C)^2} \tag{20.7}$$

[그림 20-5]에서 $i_R = \dfrac{v}{R}$, $i_L = \dfrac{v}{X_L}$, $i_C = \dfrac{v}{X_C}$ 이므로 식 (20.7)을 식 (20.8)과 같이 바꿀 수 있다.

$$i = \sqrt{\left(\frac{v}{R}\right)^2 + \left(\frac{v}{X_L} - \frac{v}{X_C}\right)^2} = v\sqrt{\left(\frac{1}{R}\right)^2 + \left(\frac{1}{X_L} - \frac{1}{X_C}\right)^2} \tag{20.8}$$

식 (20.8)로부터 RLC 병렬회로의 임피던스 Z는 식 (20.9)가 된다.

$$Z = \frac{1}{\sqrt{\left(\frac{1}{R}\right)^2 + \left(\frac{1}{X_L} - \frac{1}{X_C}\right)^2}} \tag{20.9}$$

식 (20.9)를 어드미턴스 Y, 컨덕턴스 G, 서셉턴스 B로 바꾸어 쓰면, 식 (20.10)이 된다.

$$Y = \sqrt{G^2 + (B_L - B_C)^2} \tag{20.10}$$

5 L과 C의 용량 및 주파수에 의해 i_L과 i_C의 크기가 결정된다.

$i_C > i_L$ 일 때의 RLC 병렬회로의 페이저도

여기서 잠깐

[그림 20-7]은 $i_C > i_L$ 일 때의 RLC 병렬회로의 페이저도이다. 이 페이저도에 따르면, 식 (20.7)은 $i = \sqrt{i_R^2 + (i_C - i_L)^2}$ 이 되고,[6] 식 (20.10)은 $Y = \sqrt{G^2 + (B_C - B_L)^2}$ 이 된다.

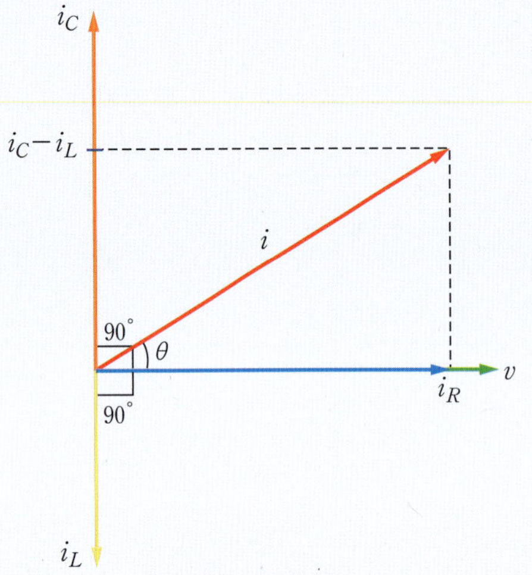

[그림 20-7] RLC 병렬회로의 페이저도($i_C > i_L$ 일 때)

[그림 20-6]에서 $\tan\theta = \dfrac{i_L - i_C}{i_R}$ 이므로 식 (20.11)과 같이 위상각 θ를 구할 수 있다.

$$\theta = \tan^{-1}\left(\frac{i_L - i_C}{i_R}\right) = \tan^{-1}\left(\frac{\dfrac{v}{X_L} - \dfrac{v}{X_C}}{\dfrac{v}{R}}\right) = \tan^{-1}\left(\frac{B_L - B_C}{G}\right) \tag{20.11}$$

어떤 주파수 f_r에서 $B_L = B_C$가 되면, 식 (20.10)의 $(B_L - B_C)^2$은 0이 되며,[7] RLC 병렬회로는 컨덕턴스 G만 작용하게 된다. 이 상태를 RLC 병렬회로의 공진이라 하고, 그때의 주파수 f_r을 공진 주파수라 한다.

6 수식은 달라지지만 i_C과 i_L의 크기 차를 제곱하므로 i의 계산 결과는 같다. 어드미턴스 Y도 마찬가지이다.

7 $\left(\frac{1}{X_L} - \frac{1}{X_C}\right)$이 0이 되는 것으로 생각해도 된다.

공진일 때, RLC 병렬회로의 서셉턴스는 0이 되고 컨덕턴스만 작용하므로 다음과 같은 특성을 나타낸다.

- 위상차가 생기지 않는다.
- 어드미턴스 Y는 최소가 된다(반대로 임피던스 Z는 최대이다).
- 임피던스가 최대이므로 전류는 최소가 된다.
- i_L과 i_C는 크기는 같고 위상은 반대이므로 상쇄된다.

다음으로 공진주파수 f_r을 살펴보자. 공진일 때 $B_L = B_C$이므로, 식 (20.12)와 같이 나타낼 수 있다. 식 (20.12)를 정리하면 식 (20.13)과 같이 공진주파수 f_r을 구할 수 있다.[8]

$$\frac{1}{2\pi f_r L} = 2\pi f_r C \tag{20.12}$$

$$f_r = \frac{1}{2\pi\sqrt{LC}} \tag{20.13}$$

기생 성분과 실험 오차

여기서 잠깐

이상적인 인덕터는 인덕턴스 값만 나타내야 한다. 그런데 실제 인덕터에는 기생적인 저항 및 커패시턴스 성분도 나타나는데, 이는 도선이 가진 저항 및 연속적으로 감긴 도선의 형상 때문이다. 커패시터의 경우에는 리드선 때문에 기생적인 저항 및 인덕턴스 성분이 나타나며, 저항도 리드선 때문에 기생적인 인덕턴스 및 커패시턴스 성분이 나타난다. 특히 인덕터는 기생 성분이 다른 부품보다 큰 영향을 미친다. 이 때문에 인덕터를 포함한 회로를 실험할 때 실험 오차가 큰 경우가 많다.

이번 실험에서 다루는 RLC 직렬 및 병렬회로는 인덕터와 커패시터를 포함하고 있어 이론값 대비 오차가 클 수 있다. 실험 결과를 검토할 때 이 점을 감안하기 바란다.

8 이 식은 RLC 직렬회로의 공진주파수의 식 (20.6)과 같다.

20.3 실험

【실습 장비】

실험 기기	오실로스코프	1대	
	파형발생기	1대	
	멀티미터	1대	
	브레드보드	1개	
회로 부품	저항	470 [Ω]	1개
	커패시터	0.1 [μF], 0.47 [μF]	각 1개
	인덕터	10 [mH]	1개

20.3.1 *RLC* 직렬회로

1 [그림 20-8]의 실험 회로를 구성하라. 저항 $R = 470\,[\Omega]$, 인덕터 $L = 10\,[\text{mH}]$, 커패시터 $C = 0.1\,[\mu\text{F}]$이다.

2 교류전원 v로 $2\,[\text{V}_{\text{PP}}]$, $1\,[\text{kHz}]$의 정현파를 인가하라.

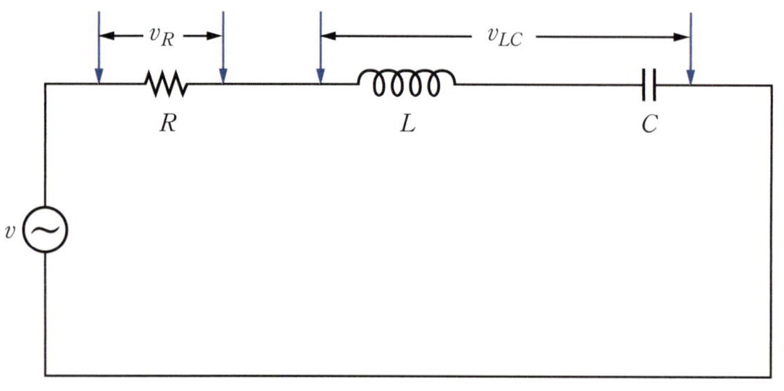

실험 동영상

[그림 20-8] 실험 회로(*RLC* 직렬회로)

3 식 (20.6)으로 공진주파수 f_r을 계산하여 [표 20-1]의 'f_r(이론값)'에 기록하라.

4 교류전원 v의 주파수를 $1 \sim 10\,[\text{kHz}]$로 바꾸면서 v_{LC}가 최소가 되는 주파수를 찾아서 [표 20-1]의 'f_r(실험값)'에 기록하라.

Tip 이론적으로는 v_{LC}로 $0\,[\text{V}]$가 측정되어야 하지만, 실제로는 $0\,[\text{V}]$에 가까운 미소전압($160 \sim 180\,[\text{mV}]$ 정도)이 측정된다.

5 실험 과정 4 에서 'f_r(실험값)'을 찾을 때 측정된 v_{LC}의 값을 [표 20-1]에 기록하라.

6 교류전원 v의 주파수를 $f_r - 2$[kHz]로 변경한 다음 v_R과 v_{LC}의 파형을 오실로스코프의 채널 1과 채널 2로 동시에 관찰하라.

7 v_R과 v_{LC}의 파형 중에서 위상이 빠른 파형의 이름을 [표 20-1]에 기록하라.

8 교류전원 v의 주파수를 $f_r + 2$[kHz]로 변경한 다음 v_R과 v_{LC}의 파형을 오실로스코프의 채널 1과 채널 2로 동시에 관찰하라.

9 v_R과 v_{LC}의 파형 중에서 위상이 빠른 파형의 이름을 [표 20-1]에 기록하라.

[표 20-1] RLC **직렬회로 실험**

f_r		v_{LC}	위상이 빠른 파형	
(이론값)	(실험값)		$f_r - 2$[kHz]일 때	$f_r + 2$[kHz]일 때

공진주파수의 실험값

여기서 잠깐

앞의 실험 과정 **4** 에서 주파수를 바꿀 때, 공진주파수에 가까워지면 v_{LC}의 값이 갑자기 작아진다. 그러면 주파수를 미세하게 조정하여 v_{LC}의 값이 최소가 되는 주파수를 찾아야 한다. 이것이 공진주파수 f_r이다.

실제로 실험을 해보면 이론값과 실험값 사이에 10[%] 정도의 오차가 발생한다. 이는 공진주파수의 이론값을 계산할 때 적용한 인덕터 및 커패시터의 명목 용량(10[mH], 0.1[μF])과 실제 용량 사이의 차이 때문이다. 실험에 사용한 10[mH]의 인덕터를 LCR미터로 측정해보니 9.6[mH]가 나왔다. 이 값을 적용하여 이론값을 구해보면, 실험값과의 오차가 줄어든다.[9]

9 명목 용량과 실제 용량 사이의 차이 이외에 커패시터와 인덕터의 기생 성분에 의한 오차도 영향을 미친다.

20.3.2 *RLC* 병렬회로

1 [그림 20-9]의 실험 회로를 구성하라. 저항 $R=470[\Omega]$, 인덕터 $L=10[\mathrm{mH}]$, 커패시터 $C=0.47[\mu\mathrm{F}]$이다.

2 교류전원 v로 $2[\mathrm{V_{PP}}]$, $1[\mathrm{kHz}]$의 정현파를 인가하라.

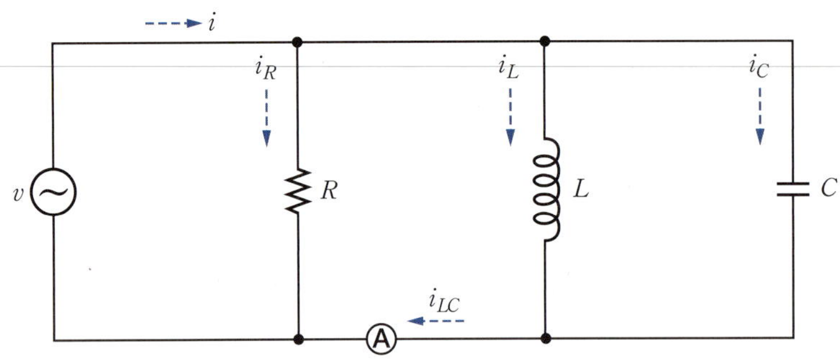

[그림 20-9] 실험 회로(*RLC* 병렬회로)

3 식 (20.13)으로 공진주파수 f_r을 계산하여 [표 20-2]의 'f_r(이론값)'에 기록하라.

4 교류전원 v의 주파수를 $1\sim5[\mathrm{kHz}]$로 바꾸면서 그림의 Ⓐ를 흐르는 전류 'i_{LC}'가 최소가 되는 주파수를 찾아서 [표 20-2]의 'f_r(실험값)'에 기록하라.

Tip 이론적으로는 i_{LC}로 $0[\mathrm{mA}]$가 측정되어야 하지만, 실제로는 매우 작은 전류($1[\mathrm{mA}]$ 정도)가 측정된다.

5 실험 과정 **4** 에서 f_r(실험값)을 찾을 때 측정된 i_{LC}의 값을 [표 20-2]에 기록하라.

6 실험 과정 **4** 에서 찾은 f_r을 유지하면서 i_L과 i_C를 각각 측정하여 [표 20-2]에 기록하라.

[표 20-2] *RLC* 병렬회로 실험

f_r			공진일 때	
(이론값)	(실험값)	i_{LC}	i_L	i_C

20.4 PSpice 시뮬레이션

RLC 직렬회로의 공진 특성을 시뮬레이션해보자. 공진주파수 및 공진일 때 회로의 특성 변화를 살펴보기 위해 주파수를 가변할 수 있는 교류전원 'VAC'를 사용하고, 'AC Sweep/Noise' 시뮬레이션 방법을 적용한다.[10]

시뮬레이션 설정

시뮬레이션 설정은 [표 20-3]과 같으며, 여기에 맞춰 시뮬레이션을 설정한다.

[표 20-3] 시뮬레이션 설정

시뮬레이션 목적		RLC 직렬회로의 공진 특성 확인하기
대상 회로		[그림 20-8]의 실험 회로
시뮬레이션 설정	Analysis type	AC Sweep/Noise
	Options	General Settings
	AC Sweep Type	Linear
	Start Frequency	1[kHz]
	End Frequency	10[kHz]

[그림 20-10]은 시뮬레이션 설정창이다. 먼저 ❶ Analysis Type(해석 방법)으로 'AC Sweep/Noise'를 선택한다. 이렇게 하면 교류전원의 주파수를 가변할 수 있다. 다음으로 ❷ Options(옵션)으로 'General Settings'를 선택하고, ❸ AC Sweep Type에서 'Linear'를 선택하여 주파수가 일정하게 증가하도록 설정한다. 실험 조건에 맞춰 Start Frequency에 '1KHz', End Frequency에 '10KHz'를 입력한다. 그리고 Total Points에 시뮬레이션의 정밀도(계산횟수)로 '100'을 입력한다.

10 14.4절을 참조하라.

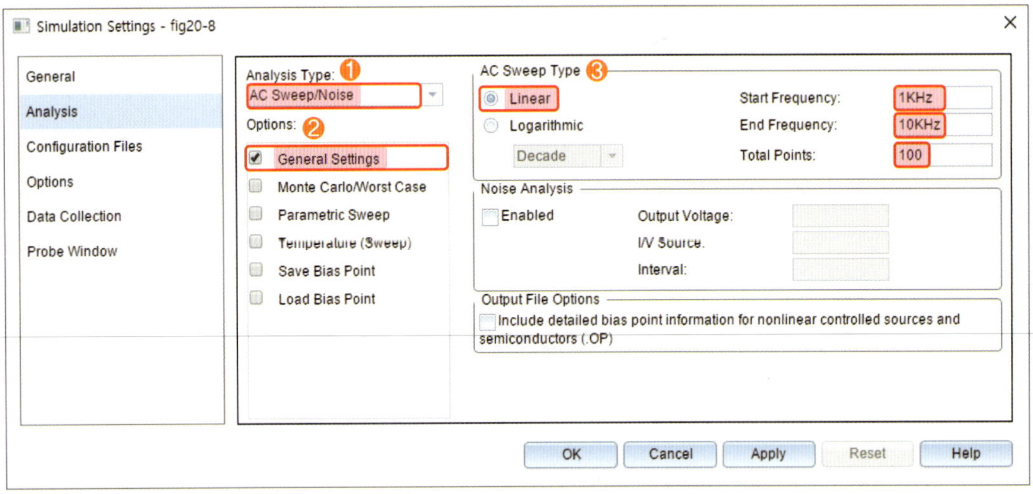

[그림 20-10] 시뮬레이션 설정

시뮬레이션 회로

[그림 20-11]은 시뮬레이션 회로이다. 교류전원 'VAC'의 파라미터로 '2Vac'와 '0Vdc'를 입력하여 직류성분이 없는 2[V_{PP}]의 교류전원을 설정했다. 시뮬레이션 회로에는 v_R과 v_{LC}를 측정하기 위한 전압 측정 프로브를 저항 R 및 L-C 연결의 양 끝에 붙였다. 또한 전류 측정 프로브를 R과 L 사이에 붙였다.

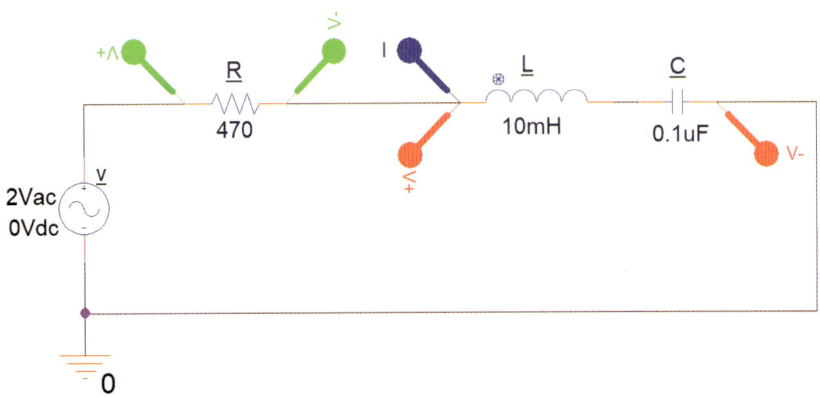

[그림 20-11] 시뮬레이션 회로

시뮬레이션 결과

[그림 20-12]는 시뮬레이션 결과로, 주파수에 따른 v_R과 v_{LC} 및 전류 i의 파형을 확인할 수 있다.

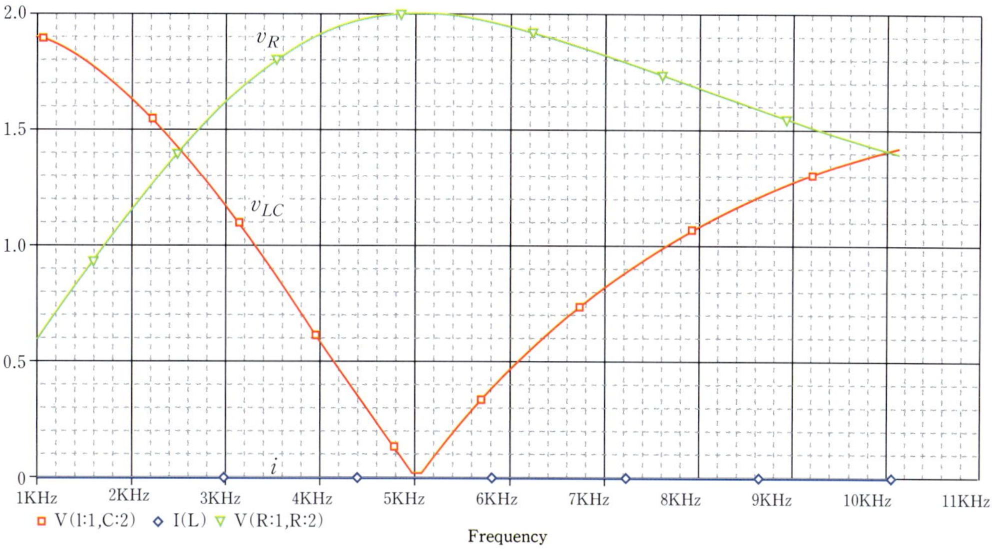

[그림 20-12] 시뮬레이션 결과

[그림 20-12]의 시뮬레이션 결과는 전압과 전류를 하나의 그래프에 표현하고 있어 특히 전류 i의 변화를 확인할 수 없다. 전류를 확인하려면 [실험 03]에서 설명한 방법을 따라 전압과 전류를 별도의 윈도우에 표시해야 한다.[11]

11 [그림 3-25]~[그림 3-29]의 내용을 참조하라.

[그림 20-13]은 전류를 별도의 윈도우에 표시한 시뮬레이션 결과이다. 위쪽의 윈도우에는 전류가 표시되어 있고, 아래쪽에는 전압이 표시되어 있다.

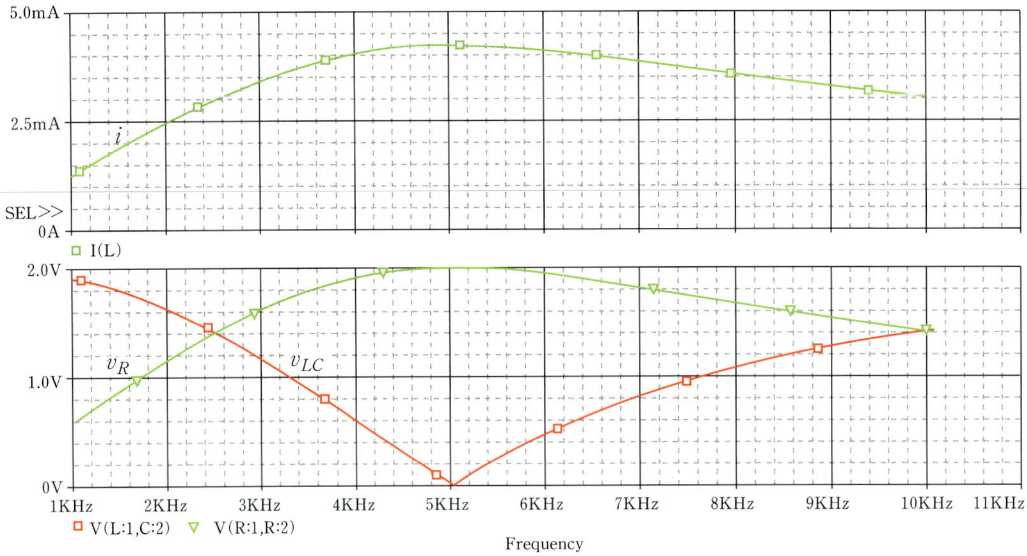

[그림 20-13] 시뮬레이션 결과(윈도우 분리)

다음으로 전압과 전류의 피크점의 값(좌표)을 구해보자. 이를 위해 [그림 20-14]에서 위쪽 윈도우를 선택한 다음, ❶의 'Toggle Cursor'를 눌러 '커서 모드'를 켠다. 그러면 ❷의 'I(L)'이 선택되며, 이어서 ❸의 'Cursor Peak'와 ❹의 'Mark Label'을 차례로 누르면, ❺와 같이 전류 i가 최대일 때의 좌표가 표시된다. 이로부터 주파수와 전류값이 5[kHz]와 4.3[mA]임을 알 수 있다.

다음으로 ❻을 눌러 'V[L:1,C:2]'를 선택하고, ❼의 'Cursor Trough'와 ❹의 'Mark Label'을 차례로 누르면, ❽과 같이 v_{LC}이 최소일 때의 좌표가 표시된다. 이로부터 주파수와 전압값이 5[kHz]와 17.7[mV]임을 알 수 있다.

다음으로 ❾를 눌러 'V[R:1,R:2]'를 선택하고, ❸의 'Cursor Peak'와 ❹의 'Mark Label'을 차례로 누르면, ❿과 같이 v_R이 최대일 때의 좌표가 표시된다. 이로부터 주파수와 전압값이 5[kHz]와 2[V]임을 알 수 있다.

[그림 20-14]의 시뮬레이션 결과는 [그림 20-8] 실험 회로의 공진주파수가 5[kHz]임을 알려준다. 또한 20.2.1절에서 설명한 것처럼 공진일 때, 전류 i와 v_R이 최대가 되고, v_{LC}는 0에 가까운 17.7[mV]임을 확인할 수 있다.

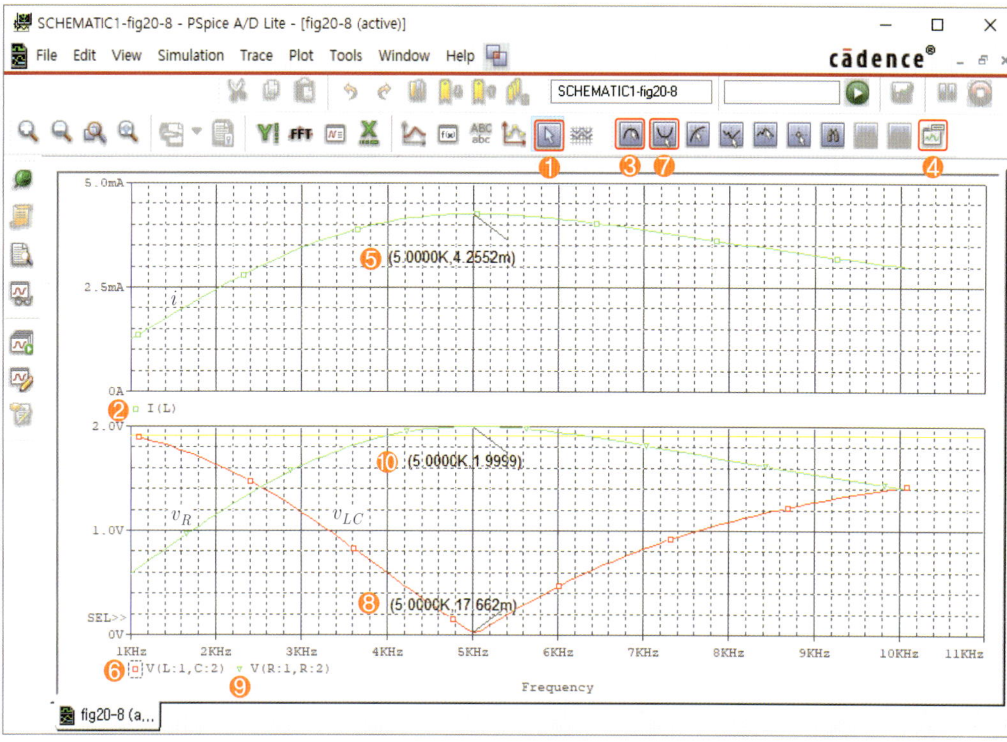

[그림 20-14] 시뮬레이션 결과(피크점 좌표 구하기)

20.5 결과 검토

■ 실험

(1) [표 20-1]에서 f_r(이론값)과 f_r(실험값)을 비교해보라.

(2) [표 20-1]에서 공진일 때, v_{LC}가 0에 가까운 값인지 확인하고, 그 이유를 설명하라.

(3) [표 20-1]에서 $f_r - 2\,[\text{kHz}]$일 때, 위상이 빠른 파형을 확인하고, 그 이유를 설명하라.

(4) [표 20-1]에서 $f_r + 2\,[\text{kHz}]$일 때, 위상이 빠른 파형을 확인하고, 그 이유를 설명하라.

(5) [표 20-2]에서 f_r(이론값)과 f_r(실험값)을 비교해보라.

(6) [표 20-2]에서 공진일 때, i_{LC}가 0에 가까운 값인지 확인하고, 그 이유를 설명하라.

(7) [표 20-2]에서 전류 i_L과 i_C 크기가 같은지 확인하고, 만일 크기가 같다면 그 이유를 설명하라.

■ PSpice 시뮬레이션

(1) [그림 20-9]의 RLC 병렬회로를 시뮬레이션하여 주파수에 따른 전류(i, i_L, i_C, i_{LC})의 변화를 보여라. 시뮬레이션 결과를 이용해 RLC 병렬회로의 공진주파수 f_r을 구하라.

셀프 테스트

(1) RLC 직렬회로에 대한 설명 중에서 옳지 않은 것은 무엇인가?

① v_L은 v_R보다 위상이 빠르다.

② v_C는 v_R 보다 위상이 늦다.

③ v_L은 v_C보다 위상이 빠르다.

④ 임피던스 Z의 식은 $\sqrt{R^2 + (X_L + X_C)^2}$ 이다.

(2) RLC 직렬회로에서 교류신호의 주파수가 공진주파수 f_r보다 작을 때, 회로는 (용량성, 유도성) 리액턴스를 나타낸다.

(3) 다음은 RLC 직렬회로가 공진일 때의 특성이다. 옳은 것은 무엇인가?

① 전압과 전류 사이에 생기는 위상차가 줄어든다.

② 회로의 임피던스가 최대이다.

③ 회로의 전류는 최대이다.

④ v_R은 0이 된다.

(4) RLC 직렬회로 및 RLC 병렬회로의 공진주파수 f_r을 나타내는 식은 같다. f_r의 식을 쓰라.

(   )

(5) RLC 병렬회로에 대한 설명 중에서 옳은 것은 무엇인가?

① i_L은 i_R보다 위상이 빠르다.

② i_C는 i_R보다 위상이 늦다.

③ i_C는 i_L보다 위상이 빠르다.

④ 임피던스 Z의 식은 $\sqrt{R^2 + (X_L - X_C)^2}$ 이다.

(6) 다음은 RLC 병렬회로가 공진일 때의 특성이다. 옳지 않은 것은 무엇인가?

① 위상차가 생기지 않는다.

② 회로의 어드미턴스 Y는 최소이다.

③ 회로의 전류는 최대이다.

④ i_L과 i_C는 상쇄된다.

Appendix

실습 장비 정보

이 책에 사용된 실습 장비의 모델명과 제조회사, 특징(Features), 규격(Specifications) 등을 간단히 소개한다. 참고로 실습 장비별 사용법을 설명한 실험은 아래와 같다.

1. 디지털 멀티미터

- 실험 01 : 각 부분의 기능, 기본 사용법(전압, 전류, 저항 측정)
- 실험 02 : 전압을 측정할 때의 연결 방법, 전류를 측정할 때의 연결 방법

2. 직류전원 공급장치

- 실험 02 : 각 부분의 기능, 기본 사용법(전압 설정)
- 실험 09 : 정전류원 설정

3. 오실로스코프

- 실험 12 : 각 부분의 기능, 기본 사용법
- 실험 13 : 시정수 측정
- 실험 18 : 위상차 측정

4. 파형발생기

- 실험 12 : 각 부분의 기능, 기본 사용법

1 디지털 멀티미터(Digital Multimeter)

모델명	PROTEK-4000	제조회사	(주)프로텍인스트루먼트

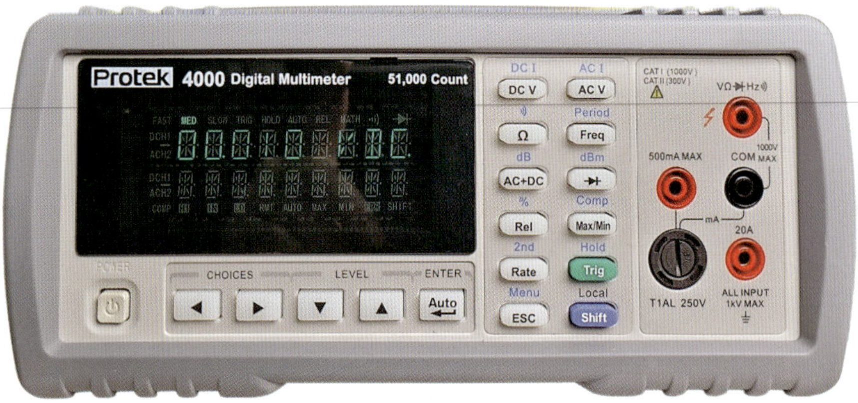

■ 특징(Features)

- 측정
  - DC V(직류전압), AC V(교류전압), DC I(직류전류), AC I(교류전류), Ω(저항)
  - Freq(주파수)/Period(주기), ➔(다이오드), dBm, 도통(연속성)
- RS-232C, USB 등 통신 인터페이스 지원
- 연산 기능 : REL, Max/Min, dBm, Db, Limit 등

■ 규격(Specifications)

종류		측정 범위	±정확도 [%]	기타
DC	전압	500[mV] ~ 1000[V]	0.02 + 0.016 ~	
	전류	5[mA] ~ 20[A]	0.05 + 0.010 ~	
AC	전압	500[mV] ~ 750[V](20[Hz] ~ 100[kHz])	0.35 + 0.02 ~ 3.0 + 0.16 ~	RMS
	전류	5[mA] ~ 20[A](20[Hz] ~ 20[kHz])	0.5 + 0.10 ~	RMS
저항		500[Ω] ~ 500[MΩ] (측정 범위)	0.10 + 0.01 ~	분해능 10[mΩ]
주파수		5[Hz] ~ 1[MHz]	0.01 + 0.03 ~	
다이오드 테스트		2.0[V] 범위 100[μV] 분해능	0.05 + 0.01 ~	
도통 테스트		500[Ω] ~ 0.5[mA]	0.1 + 0.04 ~	

2 직류전원 공급장치(DC Power Supply)

모델명	PROTEK PL3003T	제조회사	(주)프로텍인스트루먼트

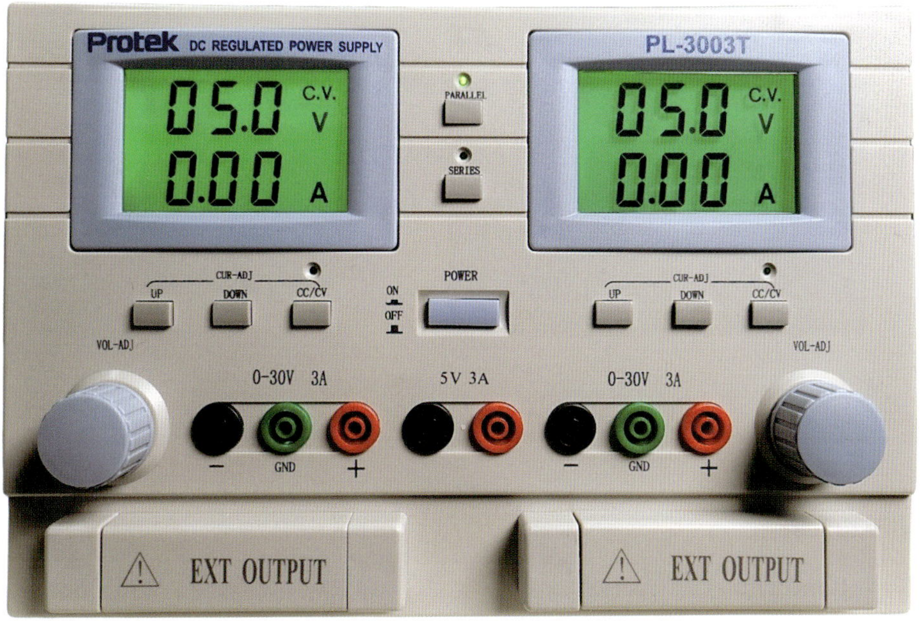

■ **특징 및 규격(Features & Specifications)**

- 2개의 가변 출력 : 0~30[V] / 3[A]
- 1개의 고정 출력 : 5[V] / 3[A]
- 출력 전력 : 900[W]
- 정확도 : ±0.05[%] 이내, 전압(100[mV]), 전류(10[mA])
- 전류(Stepwise) : 30[mA] ± 3[mA]
- 디스플레이 : 3자릿수 듀얼 백라이트 LCD
- 제품 무게 : 11.5[kg]

3 오실로스코프(Oscilloscope)

모델명	TBS 1072B-EDU	제조회사	Tektronix

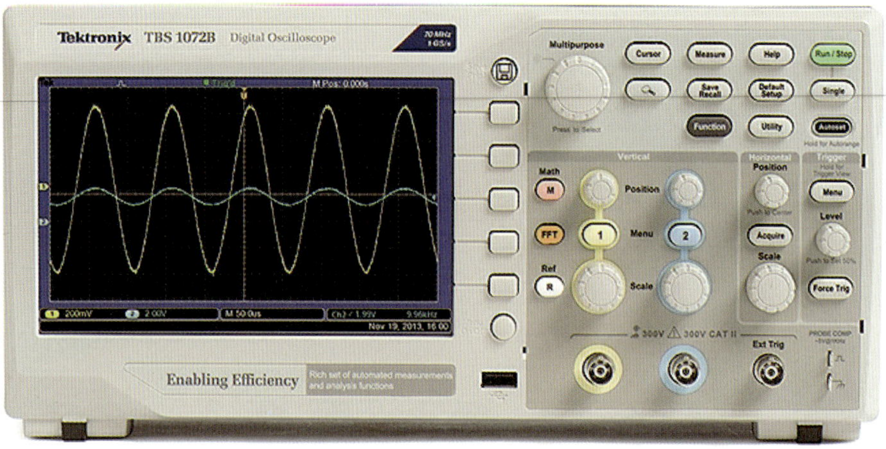

■ 특징(Features)

- 대역폭(Bandwidth) : 70[MHz]
- 2개의 채널
- 자동 설정(Auto Set) 및 자동 측정(Automatic Measurements) 기능
- 7인치 컬러 디스플레이
- 1.0 GS/s의 최대 샘플링 속도(Maximum Sample Rate)

■ 규격(Specifications)

구분	규격
입력 감도(Input Sensitivity)	2[mV/div] ~ 5[V/div]
수직 해상도(Vertical Resolution)	8비트
자동 측정 항목	주기(Period), 주파수(Frequency), 진폭(Amplitude), 상승 시간(Rise Time), 하강 시간(Fall Time), 첨두치(Peak-Peak), 커서(Cursor) 등
트리거 Type	Edge(Rising or Falling), Video, Pulse Width
트리거 Source	CH1, CH2, Ext, AC Line 등
커서 Type	진폭(Amplitude), 시간(Time)
측정 항목	$-\Delta T$, $1/\Delta T$, ΔV

4 파형발생기(Function Generator)

모델명	PROTEK GD-1000N	제조회사	(주)프로텍인스트루먼트

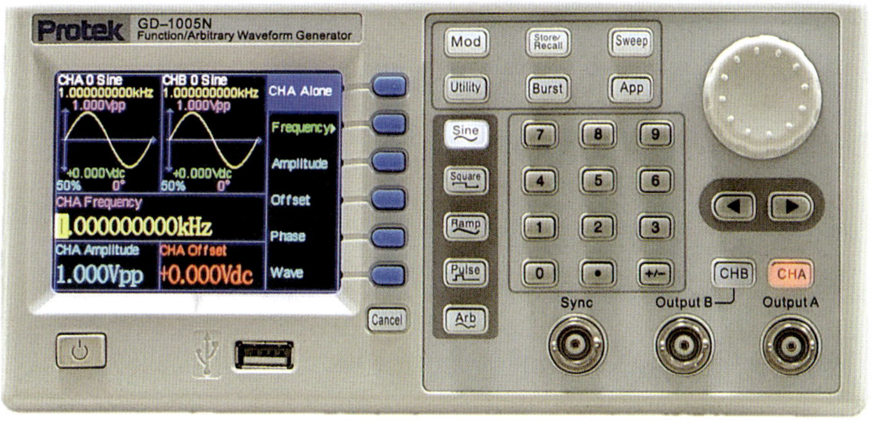

■ 특징(Features)

- 3.5인치 TFT 컬러 LCD 화면
- 샘플링 속도 : 100[MSa/s]
- 수직축 분해능 : 12[bit]
- 변조 : AM, FM, ASK, FSK, Sweep, Burst
- Sine, Pulse, Square, Ramp, Noise, Arb 등 33종류의 파형
- 2개의 출력 포트

■ 규격(Specifications)

구분		규격
최대 출력 주파수	Sine Wave, Square Wave	$1[\mu\mathrm{Hz}] \sim 5[\mathrm{MHz}]$
	Ramp Wave	$1[\mathrm{mHz}] \sim 1[\mathrm{MHz}]$
	Pulse Wave	$1[\mu\mathrm{Hz}] \sim 3[\mathrm{MHz}]$
진폭 출력	$50[\Omega]$	$2[\mathrm{mV_{PP}}] \sim 10[\mathrm{V_{PP}}]$
	Open Circuit	$4[\mathrm{mV_{PP}}] \sim 20[\mathrm{V_{PP}}]$
	정확도	$\pm 1[\%] + 2[mV_{\mathrm{rms}}]$, High Impedance, RMS, Frequency $1[\mathrm{kHz}]$
DC Offset	범위	$\pm 10[\mathrm{V}]$(High Impedance), 분해능(Resolution) : $20[\mathrm{mV}]$
	정확도	$\pm(1[\%] + 20[\mathrm{mV}])$

D

E F

G H I

K L

M N

O P

R

S

T

V W